BIOLOGIA

Título original: EVERYTHING YOU NEED TO ACE BIOLOGY IN ONE BIG FAT NOTEBOOK: The Complete High School Study Guide

Copyright © 2021 por Workman Publishing Co., Inc.

Copyright da tradução © 2025 por GMT Editores Ltda.

Publicado mediante acordo com Workman Publishing Co., Inc., Nova York.

Todos os direitos reservados. Nenhuma parte deste livro pode ser utilizada ou reproduzida sob quaisquer meios existentes sem autorização por escrito dos editores.

tradução: Cláudio Biasi
coordenação editorial: Gabriel Machado
produção editorial: Guilherme Bernardo
preparo de originais: Luíza Côrtes
revisão técnica: Roberta Mansini e Vinícius Camargo Penteado
avaliação de conteúdo: Fernando Alves de Souza

revisão: Laura Andrade e Luis Américo Costa
adaptação de capa, miolo e ilustrações adicionais: Ana Paula Daudt Brandão
ilustrações: Chris Pearce
designer: Jessie Gang
redator: Matthew Brown
impressão e acabamento: Geográfica e Editora Ltda.

CIP-BRASIL. CATALOGAÇÃO NA PUBLICAÇÃO
SINDICATO NACIONAL DOS EDITORES DE LIVROS, RJ

G779

    O grande livro de biologia do manual do mundo : anotações incríveis e divertidas para você aprender sobre plantas, animais, o corpo humano e o funcionamento da vida / (organização Workman Publishing) ; redator Matthew Brown ; ilustração Chris Pearce ; tradução Cláudio Biasi. - 1. ed. - Rio de Janeiro : Sextante, 2025.
    512 p. : il. ; 21 cm.

    Tradução de: Everything you need to ace biology in one big fat notebook : the complete high school study guide
    ISBN 978-65-5564-990-1

    1. Biologia (Ensino médio) - Estudo e ensino. 2. Biologia - Guias de estudo. I. Workman Publishing. II. Brown, Matthew, 1994. III. Pearce, Chris. IV. Biasi, Cláudio.

24-95688

CDD: 570.76
CDU: 573(075.3)

Meri Gleice Rodrigues de Souza - Bibliotecária - CRB-7/6439

Todos os direitos reservados, no Brasil, por
GMT Editores Ltda.
Rua Voluntários da Pátria, 45 – 14º andar – Botafogo
22270-000 – Rio de Janeiro – RJ
Tel.: (21) 2538-4100
E-mail: atendimento@sextante.com.br
www.sextante.com.br

O GRANDE LIVRO DE BIOLOGIA DO Manual do Mundo

Anotações **INCRÍVEIS** e **DIVERTIDAS** para você aprender sobre as **PLANTAS**, os **ANIMAIS**, o **CORPO HUMANO** e o funcionamento da **VIDA**

SEXTANTE

APRESENTAÇÃO

A Biologia sempre esteve no nosso DNA! Nas nossas redes sociais, publicamos inúmeros vídeos sobre vírus, bactérias, vacinas, animais, ecologia, o funcionamento do corpo humano, etc. O mundo está cheio de mistérios biológicos, desde os menores organismos até os recantos mais remotos, sempre oferecendo algo novo a se descobrir.

Continuando a parceria com a coleção Big Fat Notebook, mais uma vez contamos com uma equipe de especialistas que nos ajudaram a avaliar, revisar e adaptar o conteúdo.

O Grande Livro de Biologia do Manual do Mundo traz as informações mais importantes sobre a ciência da vida de uma forma divertida e acessível, com um projeto todo ilustrado e colorido, que lembra o caderno de um aluno.

Ao longo dos capítulos você vai entender os conceitos-chave da Biologia, desde o funcionamento de cada parte das células até ecossistemas e genética, passando pelos mais diversos reinos de seres vivos e os sistemas do corpo humano – sempre com macetes de memorização para usar nas provas e exercícios com gabarito para aprender mais rápido.

Nos últimos anos, a Biologia ganhou muita importância, pois está à frente das descobertas sobre meio ambiente e sustentabilidade, combate às doenças e biotecnologia.

Neste livro, você vai encontrar não só informações fundamentais para ser o melhor aluno da turma, como também inspiração para mudar o mundo.

Iberê Thenório & Mari Fulfaro

O GRANDE LIVRO DE BIOLOGIA
DO MANUAL DO MUNDO

OLÁ!

Este livro tem como objetivo servir de apoio aos seus estudos de Biologia. É como se fosse um apanhado com as anotações do aluno mais esperto da turma, aquele que entende muito bem as aulas e passa tudo a limpo no caderno, com clareza e precisão.

Em cada capítulo você vai encontrar conceitos importantes de Biologia apresentados de forma organizada e fácil de entender. Explicações sobre a teoria celular, o funcionamento de vírus e bactérias, o universo dos fungos, o Reino Animal, os sistemas do corpo humano e muito mais são mostradas em uma linguagem supersimples e acessível.

Para manter tudo organizado:

- Os termos técnicos estão destacados em **AMARELO**, com definições claras.
- Os termos e conceitos relacionados estão escritos com CANETA AZUL.
- Junto aos conceitos, são incluídos gráficos, explicações e ilustrações.

Se você não ama de paixão os livros da escola e fazer anotações durante as aulas não é seu forte, este livro é para você. Ele trata de muitos assuntos importantes que são ensinados em Biologia na escola.

SUMÁRIO

UNIDADE 1: FUNDAMENTOS DA BIOLOGIA 1

1. Introdução à Biologia **2**
2. O pensamento crítico na Biologia **11**
3. Características da vida **19**
4. Classificação biológica **29**

UNIDADE 2: A QUÍMICA DA VIDA 43

5. Átomos e moléculas **44**
6. A importância da água **59**
7. Compostos orgânicos **67**
8. Reações químicas e enzimas **73**

UNIDADE 3: TEORIA CELULAR 81

9. Estrutura e funções celulares **82**
10. Energia química e ATP **95**
11. Fotossíntese **101**
12. Respiração celular **107**
13. Mitose **117**
14. Meiose **129**

UNIDADE 4: BACTÉRIAS, VÍRUS, PRÍONS E VIROIDES 139

15. Bactérias **140**
16. Vírus **151**
17. Príons e viroides **161**
18. Doenças **167**

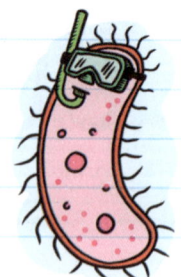

UNIDADE 5: PROTISTAS E CROMISTAS 175

19. Reino Protista **176**
20. Protozoários **183**
21. Algas **189**
22. Reino Cromista **195**

UNIDADE 6: FUNGOS 203

23. Reino dos Fungos **204**
24. Reprodução dos fungos **212**
25. A ecologia dos fungos **219**

UNIDADE 7: PLANTAS 225

26. Reino Vegetal **226**
27. Estrutura e funcionamento das plantas **237**
28. A reprodução das plantas **244**
29. Adaptação das plantas **253**

UNIDADE 8: ANIMAIS 263

30. Reino Animal **264**
31. Invertebrados **271**
32. Artrópodes **281**
33. Cordados **289**
34. Vertebrados anamniotas **299**
35. Vertebrados amniotas **307**

UNIDADE 9: O CORPO HUMANO 323

36. Sistemas corpóreos e homeostase **324**
37. Sistema tegumentar **331**
38. Sistemas muscular e esquelético **337**
39. Sistemas nervoso e endócrino **349**
40. Sistemas respiratório e cardiovascular **363**
41. Sistemas digestório e excretor **376**
42. Sistema imunológico **385**
43. Sistema reprodutor **395**

UNIDADE 10: GENÉTICA **405**
44. Introdução à genética **406**
45. DNA e RNA **421**
46. Engenharia genética **437**

UNIDADE 11: A VIDA NA TERRA **445**
47. Evolução **446**
48. A história da vida **461**

UNIDADE 12: ECOSSISTEMAS E HABITATS **475**
49. O ecossistema **476**
50. Populações **491**

Capítulo 1
INTRODUÇÃO À BIOLOGIA

O QUE É BIOLOGIA?

A **BIOLOGIA** é o estudo da vida e dos seres vivos. Os **BIÓLOGOS** chamam os seres vivos de **ORGANISMOS**. Os organismos, como os seres humanos, os animais e as plantas, dependem uns dos outros para sobreviver.

A maioria dos organismos cresce, muda, se reproduz e morre. A série de mudanças vivenciada por um organismo é chamada de CICLO DE VIDA.

> **BIOLOGIA**
> Estudo da vida e dos seres vivos.

> **BIÓLOGO**
> Cientista que estuda a Biologia.

> **ORGANISMO**
> Qualquer ser vivo.

Ciclo de vida de um ser humano

fecundação

infância

adolescência

vida adulta

Uma parte importante da Biologia é estudar como os organismos interagem e as leis que se aplicam a seus ciclos de vida.

> A Biologia é também chamada de CIÊNCIA DA VIDA, porque é o estudo das formas de vida existentes na natureza.

A palavra *Biologia* é a combinação das palavras gregas *bios*, que significa "vida", e *logia*, que significa "estudo".

A Biologia, portanto, é o "estudo da vida".

Aristóteles (384-322 a.C.) é considerado o primeiro biólogo, porque foi o responsável pelo primeiro estudo organizado do mundo natural.

TIPOS DE BIOLOGIA

A Biologia é dividida em muitos ramos ou **DISCIPLINAS**. As principais disciplinas são as seguintes:

RAMO	ESTUDO
Anatomia	... da estrutura física dos organismos.
Botânica	... das plantas.
Ecologia	... das relações entre organismos.
Microbiologia	... de organismos microscópicos.
Patologia	... das causas e dos efeitos das doenças.
Farmacologia	... de como o corpo e seus sistemas respondem e interagem com substâncias químicas.
Fisiologia	... das funções dos organismos vivos e suas partes.
Taxonomia	... da classificação de organismos.
Toxicologia	... dos riscos à saúde pela exposição a substâncias químicas.
Zoologia	... dos animais.

Os biólogos usam seus conhecimentos de diversas maneiras. Alguns pesquisam alimentos, medicamentos e doenças, outros contribuem para os avanços da agricultura ou estudam soluções para problemas ambientais.

AS FERRAMENTAS DO BIÓLOGO

Às vezes o biólogo precisa usar ferramentas especiais para estudar organismos em ramos específicos da Biologia. Por exemplo, um botânico pode precisar de uma pá ou uma tesoura de jardinagem para coletar espécimes, enquanto um anatomista pode trabalhar com pinças e bisturis.

Microscópios

Independentemente do ramo, a maioria dos biólogos depende de algum tipo de instrumento de imagem. O **MICROSCÓPIO** foi o primeiro do tipo. Ele fornece uma imagem ampliada de um objeto. O conceito mais básico da Biologia, de que os organismos são formados por células, não teria sido descoberto sem a ajuda do microscópio.

Existem dois tipos de microscópio:

- O microscópio ÓPTICO usa a luz visível como fonte de iluminação e possui mais de uma lente (normalmente duas), que pode **AMPLIAR** as amostras em até 1500 vezes o tamanho real. É possível aumentar a ampliação selecionando uma lente que esteja mais próxima do objeto.

aumentar

- O microscópio ELETRÔNICO usa feixes eletrônicos como fonte de iluminação e lentes eletrônicas para ampliar a imagem das amostras em mais de um milhão de vezes o tamanho real.

A primeira etapa de qualquer experimento é a observação. Um microscópio ajuda os cientistas a observar organismos minúsculos e detalhes das células, fibras e outras estruturas invisíveis a olho nu. Existem vários tipos de microscópio óptico e eletrônico, que podem ser fabricados especialmente para a área de estudo de um biólogo. Mas a função básica de todos eles é a mesma: mostrar detalhes de objetos que não poderiam ser vistos a olho nu.

Em geral, os laboratórios escolares contam com pelo menos um **microscópio óptico**. Ele possui dois tipos de lente: a LENTE OCULAR, que fica próxima ao olho, e as LENTES OBJETIVAS, que estão mais próximas da LÂMINA e permitem alterar o grau de ampliação. Só tenha cuidado para não quebrar a lâmina quando ajustar o foco para uma alta ampliação!

Em vez de luz, os MICROSCÓPIOS ELETRÔNICOS usam partículas chamadas ELÉTRONS, que permitem enxergar detalhes muito menores. Existem dois tipos principais:

Lente ocular

Lentes objetivas

Lâmina

Fonte de luz

LÂMINA
Placa de vidro onde é colocada a amostra.

o de transmissão, que deixa os elétrons atravessarem o **ESPÉCIME** para ver o que tem dentro, e o de varredura, que só analisa a superfície e cria imagens 3D. Em vez de lentes de vidro, eles usam ímãs especiais para formar a imagem, que aparece em uma tela.

> **ESPÉCIME**
> A amostra que está sendo observada.

Outros instrumentos de imagem

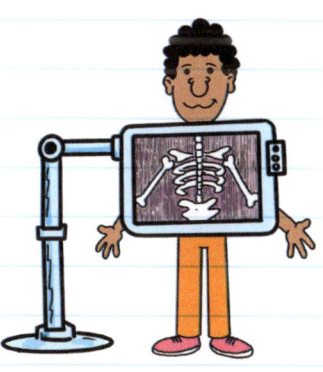

- Os RAIOS X são usados no ramo da Biologia, sobretudo na pesquisa e na prática da medicina. Os raios X são um tipo de **RADIAÇÃO** absorvido de modo diferente por substâncias distintas. Quando uma pessoa ou um animal é submetido a raios X, a imagem revela as estruturas que absorveram mais radiação. Os ossos aparecem em branco porque o cálcio contido neles absorve a maior parte da radiação. O resto do corpo absorve menos radiação, por isso aparece cinza ou preto na imagem.

> **RADIAÇÃO**
> Transmissão de energia na forma de ondas.

> Existem vários tipos de máquina de raios X, e todos funcionam da mesma forma, produzindo radiação de raios X, que é mostrada em uma imagem.

- **IMAGENS POR RESSONÂNCIA MAGNÉTICA (IRMs)** também são muito utilizadas na medicina. Elas usam um campo magnético e ondas de rádio para produzir imagens detalhadas de órgãos internos e músculos que podem não aparecer nos raios X.

Muitos microscópios e instrumentos de imagem que funcionam à base de radiação são ligados a programas de computador para criar e visualizar as imagens de modo mais eficiente.

VERIFIQUE SEUS CONHECIMENTOS

1. O que é Biologia?

2. A Biologia também é chamada de ciência __ ____.

3. O que é o ciclo de vida? Quais são os estágios do ciclo de vida dos seres humanos?

4. Por que existem diferentes disciplinas na Biologia?

5. A anatomia é a disciplina que estuda a _____ _____ ___ _____.

6. Qual é a função das ferramentas usadas pelos cientistas?

7. Para que serve um microscópio?

8. Como é possível ampliar as amostras no microscópio óptico?

9. Por que os ossos aparecem brancos em uma imagem de raios X?

10. O que mostra a imagem de ressonância magnética de um ser humano?

RESPOSTAS

CONFIRA AS RESPOSTAS

1. A Biologia é o estudo da vida e dos seres vivos.

2. da vida

3. O ciclo de vida é a série de mudanças vivenciadas por um organismo. Os principais estágios do ciclo de vida dos seres humanos são: fecundação, infância, adolescência e vida adulta.

4. As disciplinas ajudam os cientistas a focar em partes específicas da Biologia.

5. estrutura física dos organismos

6. As ferramentas ajudam os cientistas a estudar sua disciplina.

7. O microscópio mostra detalhes que não podem ser observados pela visão humana.

8. Trocando as lentes objetivas, que possuem diferentes níveis de aumento, e ajustando o foco para visualizar os detalhes.

9. Porque absorvem muita radiação.

10. Órgãos internos e músculos.

Capítulo 2
O PENSAMENTO CRÍTICO NA BIOLOGIA

INVESTIGAÇÃO CIENTÍFICA

O processo de observar e experimentar para formular uma explicação é chamado de INVESTIGAÇÃO CIENTÍFICA, que se inicia a partir da observação de algo desconhecido. Isso leva os cientistas a se questionarem. Eles usam um sistema organizado para conduzir sua investigação. Esse sistema é chamado de MÉTODO CIENTÍFICO.

> **MÉTODO CIENTÍFICO**
> O uso de um sistema de experimentação para analisar observações e responder a perguntas.

Por meio do método científico, os cientistas conseguem encontrar evidências, fazer observações e organizar novas informações. Esse sistema inclui vários passos que os ajudam a conduzir seus experimentos.

O **método científico começa com determinada pergunta.** O tipo de pergunta é que define o escopo da pesquisa e os limites dos experimentos. Quanto mais específica a pergunta, mais focados são os experimentos.

> Usar o método científico é como construir uma casa. Vamos imaginar que a estrutura da casa seja a pergunta inicial de um experimento. Assim como uma estrutura fraca pode fazer a casa desabar, se a pergunta de um experimento não for bem clara e específica, a investigação pode perder o rumo e não produzir nenhum resultado útil.

Depois que a pergunta é formulada, os cientistas fazem uma pesquisa prévia para reunir informações sobre o que já se sabe sobre o assunto e definir o experimento que pretendem realizar.

Os cientistas usam as informações que encontraram para formular uma suposição sobre a resposta para a pergunta que fizeram.

Uma **HIPÓTESE** é uma explicação possível para uma observação ou um problema que pode ser testada por meio de experimentos. Pode haver muitas hipóteses para responder à mesma pergunta.

> **HIPÓTESE**
> Uma resposta possível para uma pergunta científica.

Os biólogos usam **EXPERIMENTOS** para testar hipóteses, estudando VARIÁVEIS, que são fatores que podem mudar durante o experimento. Existem dois tipos: a VARIÁVEL INDEPENDENTE, que você altera de propósito, como a quantidade de luz que uma planta recebe, e a VARIÁVEL DEPENDENTE, que você mede como resultado dessas mudanças, como o número de centímetros que uma planta cresceu. O biólogo pode utilizar instrumentos para coletar informações.

> **EXPERIMENTO**
> Procedimento usado para testar uma hipótese, no qual se observam as variáveis estudadas.

Variável independente
É o que você controla.

→

Variável dependente
É o que você observa como resultado.

Mesmo quando indicam que a hipótese está errada, os dados coletados num experimento devem ser classificados e discutidos na ANÁLISE DOS RESULTADOS, que pode ser feita pela equipe que realizou o experimento ou por outros cientistas. Após a análise dos resultados, é possível chegar a conclusões. Essas conclusões são relevantes e podem indicar a necessidade de novos experimentos, motivo pelo qual também é importante coletar todos os resultados.

Depois de analisar os resultados, os cientistas comparam a conclusão com a hipótese inicial. Eles se perguntam: *A conclusão confirma a hipótese?* Se a resposta for sim, o experimento termina e os resultados passam a ser considerados a resposta para a pergunta.

Quando uma hipótese é confirmada pelos resultados de um experimento, ela se torna uma TEORIA. Se a hipótese não é confirmada, os cientistas precisam formular e testar uma nova hipótese. Nesse caso, o método científico recomeça o ciclo, da conclusão que provou que a hipótese estava errada para uma nova hipótese, que vai levar a novos experimentos.

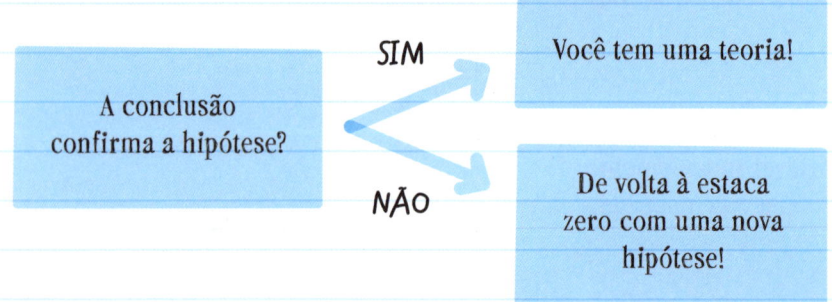

A última etapa do método científico é o COMPARTILHAMENTO DE RESULTADOS. A publicação dos resultados permite que a comunidade científica avalie as descobertas. Também fornece instruções para que outros pesquisadores possam repetir o experimento, aperfeiçoá-lo e confirmar ou não os resultados. O compartilhamento é fundamental para que outros cientistas possam usar esses resultados em experimentos futuros.

> Em geral, os resultados são compartilhados em artigos escritos pelos cientistas que realizaram o experimento e publicados em revistas especializadas. No caso de estudos clínicos, os resultados publicados podem ajudar na tomada de decisões sobre a saúde ou o comportamento do público em geral.

VERIFIQUE SEUS CONHECIMENTOS

1. Qual é a função do método científico?

2. É preciso definir uma _____ antes de usar o método científico.

3. O que ajuda a delimitar o escopo da pesquisa?

4. Por que é preciso fazer uma pesquisa prévia?

5. Como os cientistas conduzem experimentos?

6. Por que é necessário compartilhar resultados?

7. Para que analisar os resultados?

8. Se a conclusão prova que a hipótese está errada, qual é o passo seguinte?

9. O processo de investigação científica pode passar por mais de um _____.

RESPOSTAS

CONFIRA AS RESPOSTAS

1. Ajudar os cientistas a organizar a pesquisa.

2. pergunta

3. Uma pergunta específica.

4. Para descobrir o que já se sabe a respeito do assunto.

5. Por meio de instrumentos científicos e observações das variáveis.

6. Para que outros cientistas e o público em geral possam usar, confirmar e aprimorar os resultados da investigação.

7. Para verificar se os resultados confirmam a hipótese.

8. Usar o método científico para testar uma nova hipótese.

9. ciclo

Capítulo 3
CARACTERÍSTICAS DA VIDA

Todos os seres vivos compartilham as mesmas características da vida:

- São feitos de uma ou mais **CÉLULAS**.

> **CÉLULAS**
> As unidades básicas da vida.

- Precisam de energia para viver.

- Reagem a **ESTÍMULOS**, como a luz, a temperatura e o toque, ou seja, reagem ao ambiente.

> **ESTÍMULO**
> Tudo aquilo que causa uma resposta.

FUNÇÕES VITAIS

Todos os ORGANISMOS (seres vivos) precisam realizar certos processos, conhecidos como **FUNÇÕES VITAIS**. Funções vitais são processos que um organismo executa para sobreviver. As funções vitais mais importantes são as seguintes:

1. Crescimento: aumento do número de células.

Para viver melhor em um ambiente, alguns organismos precisam de mais células. Quando produz novas células, o organismo passa pelo processo de crescimento.

> Os adultos são maiores que os bebês porque têm mais células.

2. Reprodução: a criação de um novo organismo com células próprias.

Um novo organismo é criado a partir dos genitores. Ele é chamado de DESCENDENTE. Alguns descendentes nascem com a mesma aparência dos genitores (os bebês humanos, por exemplo); outros mudam de aparência quando crescem (como os girinos, por exemplo, que se transformam em sapos).

genitora
descendente

A reprodução pode acontecer a partir de um ou dois genitores.

- Quando um genitor se reproduz sozinho, o processo se chama REPRODUÇÃO ASSEXUADA. O descendente se parece com o genitor. As bactérias costumam se reproduzir de forma assexuada.

- Quando a reprodução depende de dois genitores, o processo se chama REPRODUÇÃO SEXUADA. Muitas plantas e animais se reproduzem dessa forma.

3. Nutrição: a absorção de nutrientes (alimentos).

Todos os seres vivos precisam de **NUTRIENTES** para viver. São eles que mantêm o organismo saudável.

Os organismos podem ser classificados de acordo com o modo como obtêm sua nutrição:

> **NUTRIENTE**
> Qualquer substância que promove a vida e fornece energia.

- Os AUTÓTROFOS são organismos que produzem seu próprio alimento, como as plantas.

- Os HETERÓTROFOS são organismos que não produzem seu próprio alimento, como os animais.

Auto vem do grego *autos*, que significa "próprio".
Hetero vem do grego *heteros*, que significa "outro".
-trofo vem do grego *trophos*, que significa "nutrição".

Os autótrofos se alimentam por conta própria e os heterótrofos se alimentam de outros seres vivos ou mortos.

4. Produção de energia: decomposição de nutrientes para gerar energia. Depois que os nutrientes são ingeridos, começa o **METABOLISMO**.

Nessa primeira etapa, chamada de digestão ou CATABOLISMO, os nutrientes são transformados em moléculas mais simples e, portanto, mais fáceis de o organismo processar. A energia liberada é armazenada em pequenas moléculas, utilizadas em outras reações químicas vitais.

METABOLISMO
O conjunto de reações químicas que mantêm a vida de um organismo.

5. Síntese ou ANABOLISMO: o uso de energia para produzir substâncias químicas mais complexas dentro do corpo, como carboidratos e proteínas.

Quando um organismo obtém a energia de que precisa, pode criar substâncias complexas que realizam várias tarefas. Pode, por exemplo, criar proteínas, que ajudam a manter a estrutura e o funcionamento do corpo.

6. Transporte: nos seres humanos, envolve, por exemplo, o transporte de nutrientes do estômago para as células.

Para que as células humanas possam usar nutrientes simples, estes precisam ser transportados do estômago para o resto do corpo, num processo chamado **CIRCULAÇÃO**. Quando os nutrientes chegam às células, são absorvidos e se tornam parte do processo de produção de energia.

> **CIRCULAÇÃO**
> O transporte de alguma coisa pelo interior de um organismo.

7. Excreção: remove resíduos do corpo.

Nem toda substância que ingerimos ou produzimos é um nutriente. Algumas não são úteis para o organismo; nesses casos, o organismo as excreta. Algumas substâncias atuam como nutrientes e também como resíduos. Depois que o organismo as elimina, precisa substituí-las ingerindo ou produzindo novamente essas substâncias.

> A água é um exemplo de nutriente que também é resíduo. Bebemos água e também a eliminamos no suor e na urina.

8. Regulação: Para sobreviver em ambientes diferentes, os organismos ajustam as condições internas do corpo.

Os organismos sentem o que está acontecendo no ambiente e se adaptam para manter a **HOMEOSTASE**.

HOMEOSTASE

É a tendência de um organismo a manter o equilíbrio interno, independentemente do que esteja acontecendo no meio externo. A homeostase mantém um organismo com vida num ambiente em transformação.

Homeostase vem do grego *homeo*, que significa "mesmo", e *stasis*, que significa "estado". Homeostase descreve um estado em que algo permanece igual.

Um exemplo de homeostase nos seres humanos: quando faz calor, transpiramos para resfriar o corpo. Quando está frio, trememos, o que ajuda a aquecer o corpo.

O corpo de um organismo também pode mudar ao longo do tempo para se adequar melhor a um novo ambiente. Esse processo é chamado de **ADAPTAÇÃO**. Algumas espécies de animais adquirem novas características para sobreviver em seu ambiente.

ADAPTAÇÃO

Qualquer comportamento ou característica física que ajuda um organismo a sobreviver ou se reproduzir em seu ambiente.

A adaptação é uma mudança que ocorre em uma espécie ao longo de muitas gerações, como resposta às pressões do ambiente, que são desafios como falta de comida, alteração de temperatura ou presença de predadores. Os organismos não escolhem se adaptar; essas mudanças acontecem naturalmente e podem ocorrer no comportamento ou no corpo (fisiológicas).

Os camelos se adaptaram para viver no deserto. São capazes de sobreviver sem beber água por seis ou sete meses.

NÃO, OBRIGADO. ESTOU SEM SEDE.

VERIFIQUE SEUS CONHECIMENTOS

1. Quais são as três características comuns a todos os seres vivos?

2. O que são funções vitais?

3. Crescimento é o aumento do número de _____ de um organismo.

4. Qual é o resultado da reprodução?

5. Qual é a forma de reprodução da maioria das bactérias?

6. Por que os nutrientes são fundamentais?

7. De que formas os seres vivos podem obter nutrientes?

8. Quando uma substância não é útil para o corpo, ela é _____.

9. Qual é a função da homeostase?

10. Como a adaptação afeta a capacidade do organismo de sobreviver em seu ambiente?

RESPOSTAS

CONFIRA AS RESPOSTAS

1. São feitos de células, precisam de energia para sobreviver e reagem a estímulos.

2. São processos que um organismo executa para poder sobreviver.

3. células

4. A criação de um novo organismo.

5. Reprodução assexuada.

6. Os nutrientes são substâncias que promovem a vida e fornecem energia.

7. Os nutrientes podem ser criados pelo próprio organismo ou ingeridos.

8. excretada

9. Manter constante a estabilidade interna de um organismo vivo em um ambiente em transformação.

10. Ao se adaptar, o organismo pode ganhar novas características que o ajudam a sobreviver em seu ambiente.

Capítulo 4
CLASSIFICAÇÃO BIOLÓGICA

CLASSIFICAÇÃO

O processo de organizar os seres vivos é chamado de **CLASSIFICAÇÃO**. Os cientistas classificam os organismos de acordo com a estrutura e a semelhança com outros organismos. Eles os separam em grupos e categorias com base nas características que têm em comum.

Hierarquia de classificação

Os TAXONOMISTAS, que são os cientistas que classificam os organismos, criaram categorias para organizar todos os organismos já conhecidos ou que venham a ser descobertos. As categorias são as seguintes: DOMÍNIO, REINO, FILO, CLASSE, ORDEM, FAMÍLIA, GÊNERO e ESPÉCIE.

A figura a seguir mostra a ordem das categorias, indo da mais geral (na parte mais larga) até a mais específica (na parte mais estreita):

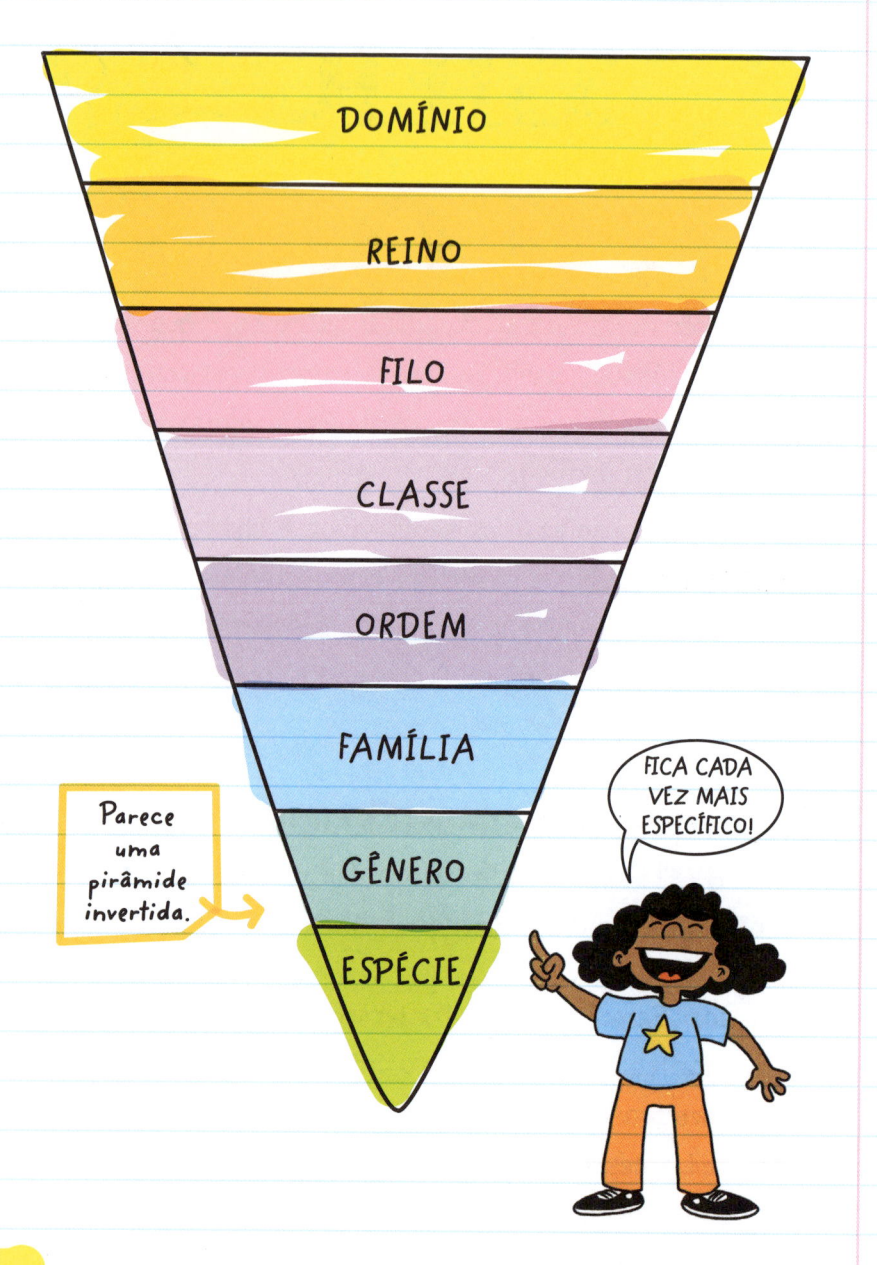

- DOMÍNIO
- REINO
- FILO
- CLASSE
- ORDEM
- FAMÍLIA
- GÊNERO
- ESPÉCIE

Parece uma pirâmide invertida.

FICA CADA VEZ MAIS ESPECÍFICO!

Use este mnemônico para se lembrar do sistema de classificação:

Domingo **R**ei **F**ilipe **C**omeu **O** **F**amoso **G**rande **E**spaguete!

NHAM, NHAM!

(**D**omínio, **R**eino, **F**ilo, **C**lasse, **O**rdem, **F**amília, **G**ênero, **E**spécie)

Quanto mais detalhada a classificação, ou seja, quanto mais se desce na pirâmide invertida, menos seres vivos compartilham o mesmo agrupamento em cada nível. Por exemplo, um reino reúne muito mais organismos do que um gênero.

DOMÍNIO

O domínio é o nível mais elevado no sistema de classificação. Divide as formas de vida em três grupos. Todos os organismos podem ser enquadrados em:

- **Bactérias**: Organismos microscópicos que vivem em quase todos os lugares – no solo, na água e até no corpo humano. Eles são formados por células simples, sem um núcleo organizado.

- **Arqueas**: Semelhantes às bactérias, mas com diferenças importantes na sua estrutura interna, como a composição das membranas e das enzimas. Além disso, costumam viver em ambientes extremos, como fontes termais, regiões muito salgadas ou locais com alta acidez.

- **Eucariontes:** Todos os organismos com células mais complexas, que possuem um núcleo bem definido, como plantas, animais, fungos e muitos seres vivos microscópicos, como certas algas e protozoários.

REINO

O reino é o segundo nível mais amplo na classificação dos seres vivos e é dividido em sete grupos: Arqueobactérias, Eubactérias, Protistas, Cromistas, Fungos, Plantas e Animais.

ARQUEOBACTÉRIAS
- Pertencem ao domínio das Arqueas
- São unicelulares
- Vivem em ambientes extremos: quentes, tóxicos, ácidos ou salgados

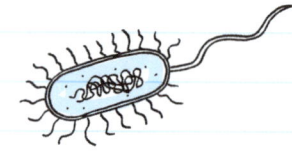

EUBACTÉRIAS
- Pertencem ao domínio das Bactérias
- São unicelulares
- São encontradas em habitats mais comuns como solo, água e até dentro de outros organismos

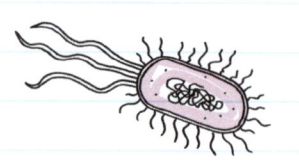

> Existem mais eubactérias vivendo na sua boca que seres humanos vivendo na Terra! Felizmente, quase todas são inofensivas.

PROTISTAS

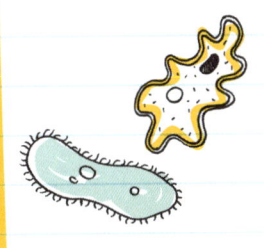

- Pertencem ao domínio dos Eucariontes
- Podem ser unicelulares ou pluricelulares
- Podem ter comportamentos e estruturas semelhantes aos dos organismos enquadrados nos Reinos dos Fungos, das Plantas e dos Animais

CROMISTAS

- Pertencem ao domínio dos Eucariontes
- Podem ser unicelulares ou pluricelulares
- Incluem organismos que realizam fotossíntese, como algas marrons, e outros que são parasitas, como os oomicetos

FUNGOS

- Pertencem ao domínio dos Eucariontes
- Podem ser unicelulares ou pluricelulares
- São decompositores ← Decompõem os nutrientes e os reciclam para o ambiente
- Vivem principalmente no solo

PLANTAS

ISSO AÍ!

- Também conhecido como REINO VEGETAL
- Pertencem ao domínio dos Eucariontes
- São pluricelulares
- São grandes produtores de oxigênio, fundamentais para a vida de quase todos os outros organismos

ANIMAIS

- Também conhecido como REINO ANIMALIA
- Pertencem ao domínio dos Eucariontes
- São pluricelulares
- Respiram oxigênio no processo de metabolismo

FILO

São grupos dentro de cada reino que juntam organismos com estruturas corporais parecidas. É como se cada reino fosse um grande livro e os filos fossem capítulos que separam os seres vivos pelo tipo de corpo que eles têm.

Na Biologia, existem muitos filos diferentes dentro de cada reino, variando conforme as características dos organismos. No **Reino Animal**, também conhecido como **Reino Animalia**, por exemplo, esses filos são agrupados em duas categorias principais: vertebrados e invertebrados.

- INVERTEBRADOS - **não têm coluna vertebral**; são 97% dos filos do Reino Animal. Dividem-se em mais de 30 filos diferentes.
  Exemplos: artrópodes (lagostas, caranguejos, insetos, aranhas), moluscos e vermes.

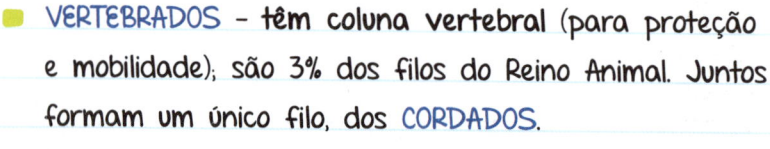

- VERTEBRADOS - **têm coluna vertebral** (para proteção e mobilidade); são 3% dos filos do Reino Animal. Juntos formam um único filo, dos CORDADOS.
  Exemplos: mamíferos, peixes, anfíbios, aves e répteis.

Todos os **CORDADOS** apresentam as estruturas a seguir em algum momento da vida:

- **fendas faríngeas:** aberturas que conectam a garganta com o exterior; às vezes se transformam em guelras no animal adulto.

- **tubo nervoso dorsal:** tubo que se estende ao longo das costas do animal, ligando o cérebro ao restante do corpo.

tubo nervoso dorsal

- **notocorda:** estrutura em formato de bastão que se estende por baixo do tubo nervoso e o sustenta.

- **cauda pós-anal:** uma extensão do corpo localizada atrás do ânus.

Em muitos vertebrados (como os seres humanos), algumas dessas estruturas só existem no embrião (antes do nascimento do organismo).

vestígio de cauda pós-anal

CLASSE

As CLASSES são grupos menores que detalham ainda mais as características em comum entre os organismos. Se os filos são os capítulos, as classes seriam as seções deles, tornando a divisão mais específica.

Por exemplo, dentro do filo dos cordados existem sete classes. Três dessas classes são de peixes: agnatos (sem mandíbula), condríctios (cartilaginosos) e osteíctes (ósseos). As outras quatro classes são:

Anfíbios

Répteis

Aves

Mamíferos

ORDEM

Existem diferentes grupos de animais em cada classe. Esses grupos são chamados de ORDENS. Seguindo a trilha dos vertebrados, podemos escolher os primatas, que são uma ordem da classe dos mamíferos. Animais da ordem dos primatas têm cérebros grandes em comparação com o peso corporal, unhas planas em vez de garras, e são animais sociais.

> Entre os primatas estão os macacos, os gorilas, os orangotangos, os lêmures e os babuínos.

FAMÍLIA

FAMÍLIA é o subgrupo de uma ordem. A ordem dos primatas, por exemplo, é dividida em 16 famílias. Uma delas é a dos HOMINÍDEOS, que são primatas grandes, com postura ereta ou semiereta, polegares opositores e um desenvolvimento cerebral avançado.

> Polegares que podem tocar os outros dedos, o que permite segurar objetos.

Os gorilas e os orangotangos pertencem à família dos hominídeos. Todos os membros dessa família são capazes de se reconhecer no espelho. Esse tipo de autoconsciência é característico de cérebros complexos.

GÊNERO

As famílias se dividem em subgrupos chamados GÊNEROS. A dos hominídeos é dividida em quatro:

- *Homo*: seres humanos
- *Pongo*: orangotangos
- *Gorilla*: gorilas
- *Pan*: chimpanzés e bonobos

O gênero *Homo* é composto de animais bípedes que são capazes de fabricar ferramentas.

> *Homo* vem do latim *homonis*, que significa "ser humano". Atualmente, esse gênero é representado por apenas uma espécie, a dos seres humanos.

ESPÉCIE

A unidade de classificação mais específica é a ESPÉCIE. Espécies são grupos de organismos com características tão semelhantes que são capazes de se reproduzir entre si e gerar descendentes férteis. Os seres humanos, por exemplo, só podem se reproduzir com outros seres humanos.

Já houve muitas espécies dentro do gênero *Homo*, entre as quais o *habilis*, o *erectus* e o *neandertalensis*. Atualmente só existe uma: o *sapiens*. Não existem sobreviventes das outras espécies. O ser humano moderno difere das outras espécies pelo tamanho do crânio, que se desenvolveu para proteger o cérebro grande do *Homo sapiens*.

Olá. Sou um Eucarionte-Animalia--Cordado-Mamífero-Primata--Hominídeo-*Homo sapiens*, ou seja, um ser humano.

Com todas as classificações anteriores, é possível organizar cada organismo em um grupo específico. À medida que descemos na pirâmide, o número de organismos que compartilham o mesmo nível vai diminuindo, até restar apenas um, representando uma única espécie.

A pirâmide a seguir é um exemplo de classificação para um gato doméstico (*Felis catus*). Ele é apenas uma das espécies do gênero Felis, assim como o gato selvagem (*Felis silvestris*) e outros gatos espalhados pelo mundo.

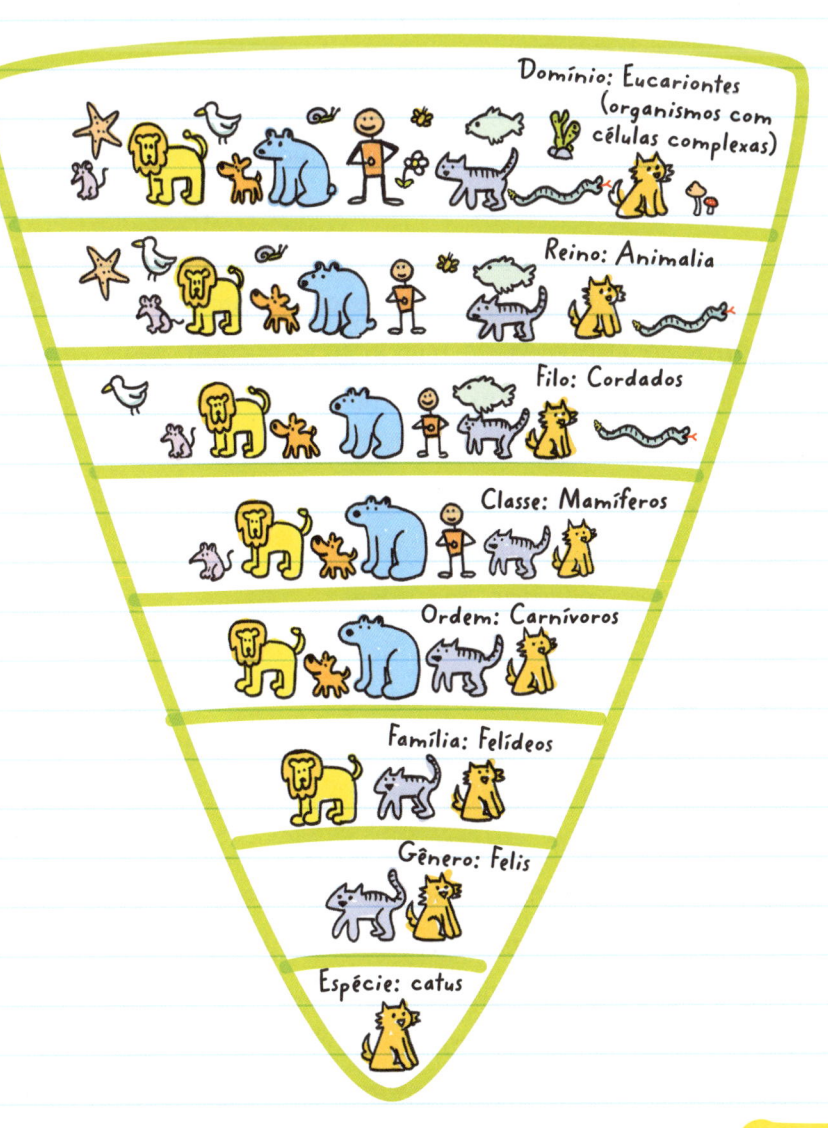

Domínio: Eucariontes (organismos com células complexas)

Reino: Animalia

Filo: Cordados

Classe: Mamíferos

Ordem: Carnívoros

Família: Felídeos

Gênero: Felis

Espécie: catus

Nomenclatura binomial

Os biólogos usam o sistema de classificação de CARLOS LINEU para os seres vivos. Esse sistema nomeia as espécies usando dois termos e é chamado de NOMENCLATURA BINOMIAL, que significa "um nome com duas palavras". A primeira palavra define o **gênero**, que é o menor grupo de espécies semelhantes, e a segunda palavra define a **espécie**. A nomenclatura binomial é como um nome e um sobrenome: um é mais específico do que o outro. A nomenclatura binomial ajuda cientistas do mundo todo a saber quais são os organismos dotados de características semelhantes.

> **Carlos Lineu** (1707-1778) é conhecido como o pai da taxonomia porque o sistema de classificação criado por ele no século XVIII é usado até hoje.

Exemplos do sistema de nomenclatura binomial:
seres humanos: *Homo sapiens*
cachorros: *Canis familiaris*
gatos domésticos: *Felis catus*

Binomial vem do prefixo latino *bi-*, que significa "dois", e do latim *nomia*, que significa "termo". *Nomenclatura* vem do latim *nomen*, que significa "nome", e *clatura*, que significa "chamar". *Nomenclatura binomial* significa "uso de um nome com duas palavras".

VERIFIQUE SEUS CONHECIMENTOS

1. Qual é o objetivo de classificar os seres vivos?

2. Quais são os níveis mais geral e mais específico da classificação dos seres vivos?

3. Qual é a diferença entre eubactérias e arqueobactérias?

4. Qual dos reinos sobrevive melhor em ambientes quentes e ácidos?

5. Qual é a característica mais marcante dos fungos?

6. O filo de organismos com coluna vertebral é chamado de _____.

7. Qual é a relação entre peixes, anfíbios, répteis, aves e mamíferos?

8. Os seres humanos pertencem a que espécie?

9. Um nome com duas palavras é chamado de _____.

10. Quais são os dois grupos que compõem o sistema de nomenclatura binomial?

RESPOSTAS

CONFIRA AS RESPOSTAS

1. Organizar todos os seres vivos já conhecidos ou que venham a ser descobertos.

2. Domínio é a classificação mais geral; espécie é a classificação mais específica.

3. Arqueobactérias vivem em ambientes extremos. Eubactérias vivem em ambientes mais comuns em que as arqueobactérias não vivem.

4. O Reino das Arqueobactérias.

5. Os fungos são decompositores. Eles decompõem os nutrientes e os reciclam para o ambiente.

6. Cordados

7. Todos têm coluna vertebral.

8. *Homo sapiens.*

9. binomial

10. Gênero e espécie.

Unidade 2

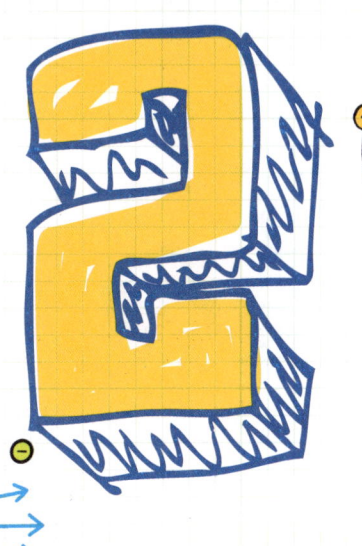

A química da vida

Capítulo 5
ÁTOMOS E MOLÉCULAS

MATÉRIA é qualquer coisa que tenha massa e ocupe um lugar no espaço. A matéria é composta de **ÁTOMOS**. Eles são tão pequenos que não podem ser vistos a olho nu ou por um microscópio óptico.

Da palavra grega atomos, que significa "indivisível".

MATÉRIA
Tudo que possui massa e ocupa um lugar no espaço.

ÁTOMO
Base de construção de todas as substâncias do Universo.

ELEMENTOS

Até onde se sabe, há 118 tipos de átomo, somando os 92 encontrados na natureza e os 26 criados pelos cientistas. Eles são chamados de **ELEMENTOS** e fazem parte da TABELA PERIÓDICA.

ELEMENTO
Substância que não pode ser decomposta em uma substância química mais simples. Existem 118 elementos no total.

Em 1869, o cientista russo Dmitri Ivanovich Mendeleiev criou a tabela periódica no formato que conhecemos.

Na tabela periódica, os elementos estão dispostos de acordo com a LEI PERIÓDICA MODERNA, de forma organizada. Cada elemento fica em um lugar específico, de acordo com o **NÚMERO ATÔMICO** (o número de prótons).

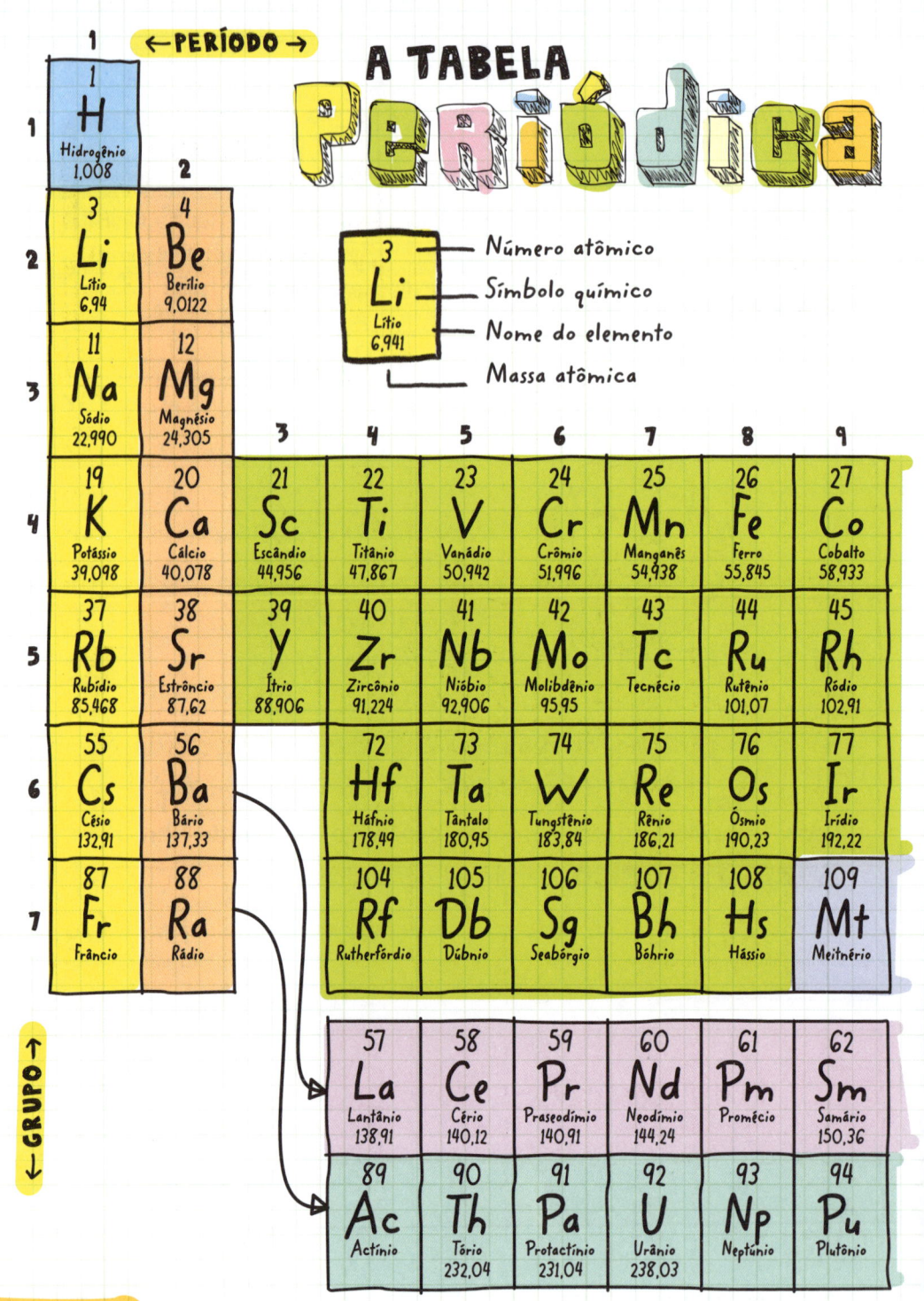

A TABELA PERIÓDICA

← PERÍODO →

Legenda:
- 3 — Número atômico
- Li — Símbolo químico
- Lítio — Nome do elemento
- 6,941 — Massa atômica

↑ GRUPO ↓

Grupo	1	2	3	4	5	6	7	8	9
1	1 H Hidrogênio 1,008								
2	3 Li Lítio 6,94	4 Be Berílio 9,0122							
3	11 Na Sódio 22,990	12 Mg Magnésio 24,305							
4	19 K Potássio 39,098	20 Ca Cálcio 40,078	21 Sc Escândio 44,956	22 Ti Titânio 47,867	23 V Vanádio 50,942	24 Cr Crômio 51,996	25 Mn Manganês 54,938	26 Fe Ferro 55,845	27 Co Cobalto 58,933
5	37 Rb Rubídio 85,468	38 Sr Estrôncio 87,62	39 Y Ítrio 88,906	40 Zr Zircônio 91,224	41 Nb Nióbio 92,906	42 Mo Molibdênio 95,95	43 Tc Tecnécio	44 Ru Rutênio 101,07	45 Rh Ródio 102,91
6	55 Cs Césio 132,91	56 Ba Bário 137,33		72 Hf Háfnio 178,49	73 Ta Tântalo 180,95	74 W Tungstênio 183,84	75 Re Rênio 186,21	76 Os Ósmio 190,23	77 Ir Irídio 192,22
7	87 Fr Frâncio	88 Ra Rádio		104 Rf Rutherfórdio	105 Db Dúbnio	106 Sg Seabórgio	107 Bh Bóhrio	108 Hs Hássio	109 Mt Meitnério

57 La Lantânio 138,91	58 Ce Cério 140,12	59 Pr Praseodímio 140,91	60 Nd Neodímio 144,24	61 Pm Promécio	62 Sm Samário 150,36
89 Ac Actínio	90 Th Tório 232,04	91 Pa Protactínio 231,04	92 U Urânio 238,03	93 Np Neptúnio	94 Pu Plutônio

46

- → METAIS ALCALINOS
- → METAIS ALCALINOTERROSOS
- → LANTANÍDEOS
- → ACTINÍDEOS
- → METAIS DE TRANSIÇÃO
- → PROPRIEDADES DESCONHECIDAS
- → METAIS PÓS-TRANSIÇÃO
- → SEMIMETAIS
- → OUTROS NÃO METAIS
- → HALOGÊNIOS
- → GASES NOBRES

10	11	12	13	14	15	16	17	18
								2 He Hélio 4,0026
			5 B Boro 10,81	6 C Carbono 12,011	7 N Nitrogênio 14,007	8 O Oxigênio 15,999	9 F Flúor 18,998	10 Ne Neônio 20,180
			13 Al Alumínio 26,982	14 Si Silício 28,085	15 P Fósforo 30,974	16 S Enxofre 32,06	17 Cl Cloro 35,45	18 Ar Argônio 39,95
28 Ni Níquel 58,693	29 Cu Cobre 63,546	30 Zn Zinco 65,38	31 Ga Gálio 69,723	32 Ge Germânio 72,630	33 As Arsênio 74,922	34 Se Selênio 78,971	35 Br Bromo 79,904	36 Kr Criptônio 83,798
46 Pd Paládio 106,42	47 Ag Prata 107,87	48 Cd Cádmio 112,41	49 In Índio 114,82	50 Sn Estanho 118,71	51 Sb Antimônio 121,76	52 Te Telúrio 127,60	53 I Iodo 126,90	54 Xe Xenônio 131,29
78 Pt Platina 195,08	79 Au Ouro 196,97	80 Hg Mercúrio 200,59	81 Tl Tálio 204,38	82 Pb Chumbo 207,2	83 Bi Bismuto 208,98	84 Po Polônio	85 At Astato	86 Rn Radônio
110 Ds Darmstádtio	111 Rg Roentgênio	112 Cn Copernício	113 Nh Nihônio	114 Fl Fleróvio	115 Mc Moscóvio	116 Lv Livermório	117 Ts Tennesso	118 Og Oganessônio

63 Eu Európio 151,96	64 Gd Gadolínio 157,25	65 Tb Térbio 158,93	66 Dy Disprósio 162,50	67 Ho Hólmio 164,93	68 Er Érbio 167,26	69 Tm Túlio 168,93	70 Yb Itérbio 173,05	71 Lu Lutécio 174,97
95 Am Amerício	96 Cm Cúrio	97 Bk Berquélio	98 Cf Califórnio	99 Es Einstênio	100 Fm Férmio	101 Md Mendelévio	102 No Nobélio	103 Lr Laurêncio

SÍMBOLOS, NÚMEROS E NOMES DA TABELA PERIÓDICA

Cada elemento da tabela periódica tem um **SÍMBOLO QUÍMICO**, formado por uma ou duas letras. A primeira letra é sempre maiúscula e a segunda (quando existe) é sempre minúscula.

Por exemplo:

Sódio é Na   Magnésio é Mg   Enxofre é S

> **Elemento:** um tipo de átomo
> **Tabela periódica:** tabela com todos os elementos
> **Símbolo químico:** uma ou duas letras que representam um elemento

Cada retângulo (ou quadrado) da tabela periódica costuma ter quatro informações a respeito de um elemento: o número atômico, o símbolo químico, o nome e a massa atômica do elemento.

```
3        ——— Número atômico
Li       ——— Símbolo químico
Lítio    ——— Nome do elemento
6,941    ——— Massa atômica
```

O **número atômico** é o número de prótons que um átomo do elemento contém. Cada elemento possui um número diferente de prótons.

A **massa atômica** é a massa média dos átomos de um elemento.

A tabela periódica lista e organiza os elementos em linhas e colunas. Cada linha é chamada **PERÍODO** e cada coluna é chamada **GRUPO** ou **FAMÍLIA**. Os elementos são dispostos da esquerda para a direita na ordem crescente do **NÚMERO ATÔMICO**. Cada elemento tem um elétron e um próton a mais que o elemento à esquerda.

O hidrogênio (H), por exemplo, tem apenas um próton, o hélio (He) tem dois prótons, e assim por diante. Os elementos da mesma coluna têm propriedades físicas e químicas semelhantes.

Apesar de serem todos diferentes, os elementos contêm as mesmas três partículas: PRÓTONS, NÊUTRONS e ELÉTRONS. Elas são chamadas de **PARTÍCULAS SUBATÔMICAS**.

> **PARTÍCULA SUBATÔMICA**
> Uma forma de matéria menor que um átomo.

ÁTOMO — Nêutron, Próton, Elétron

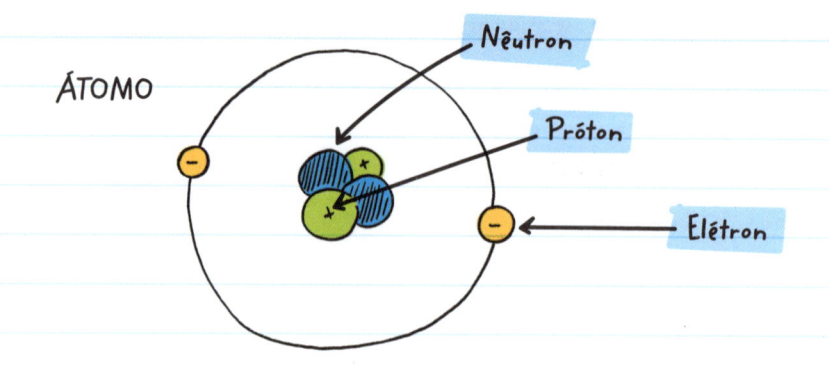

Sub é um prefixo que significa "abaixo" ou "menor"; *subatômico* significa "menor que um átomo". Partículas subatômicas são partículas menores que átomos.

As três partículas subatômicas do átomo têm propriedades diferentes. Os prótons e elétrons têm **CARGAS ELÉTRICAS**. A carga elétrica dos prótons é positiva e a carga elétrica dos elétrons é negativa.

Partículas com cargas elétricas do mesmo tipo se **REPELEM** e partículas com cargas elétricas de tipos diferentes se **ATRAEM**.

REPELIR
Empurrar para longe.

ATRAIR
Trazer para perto.

Os nêutrons não têm carga elétrica, mas ajudam a manter a estabilidade da parte central do átomo, o NÚCLEO, que é composto de prótons e nêutrons.

Os prótons do núcleo dão ao núcleo uma carga positiva. Ela atrai os elétrons, que têm carga negativa e compõem a ELETROSFERA, região ao redor do núcleo.

> Todos os átomos de um elemento possuem o mesmo número de prótons, no entanto o número de nêutrons pode variar. Átomos do mesmo elemento que têm uma quantidade diferente de nêutrons são chamados de *isótopos*. O número de elétrons também pode variar: quando átomos perdem ou adquirem elétrons extras na eletrosfera, há um desequilíbrio na quantidade de cargas positivas e negativas. O átomo adquire uma carga resultante e é chamado de **ÍON**.

Os átomos são tão pequenos que os cientistas precisam usar **modelos** para representá-los. Como não é possível enxergar o átomo a olho nu, os modelos foram sendo aperfeiçoados à medida que os cientistas adquiriam novos conhecimentos.

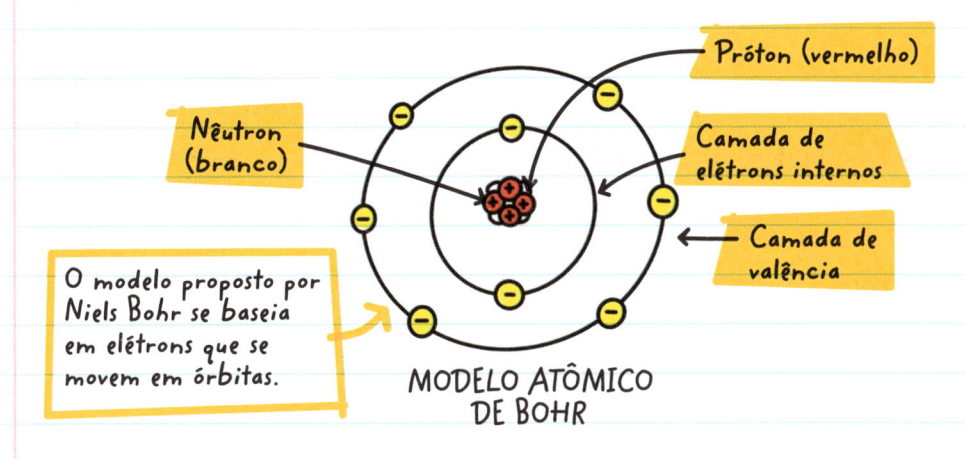

- Próton (vermelho)
- Nêutron (branco)
- Camada de elétrons internos
- Camada de valência

O modelo proposto por Niels Bohr se baseia em elétrons que se movem em órbitas.

MODELO ATÔMICO DE BOHR

CAMADAS DE ELÉTRONS

No modelo de Bohr, os elétrons ocupam várias **CAMADAS**, ou níveis de energia, na região próxima do núcleo. A camada mais próxima do núcleo é a camada 1, a seguinte é a camada 2, e assim por diante.

A relação entre o núcleo e as camadas de elétrons pode ser comparada à relação entre o Sol e os planetas no sistema solar. Os planetas giram em órbita a distâncias específicas do Sol. Alguns deles, como Mercúrio, Vênus e Terra, têm órbitas pequenas, enquanto Marte, Júpiter e Saturno têm órbitas maiores. As órbitas de todos os planetas são afetadas pela gravidade do Sol, mas os planetas que estão mais distantes da nossa estrela sofrem menos o efeito da gravidade.

No átomo, as camadas são as órbitas ocupadas pelos elétrons e o núcleo faz o papel do Sol. Os elétrons das camadas mais próximas do núcleo são chamados de **ELÉTRONS INTERNOS**.

> **ELÉTRONS INTERNOS**
> Os elétrons das camadas mais próximas do núcleo.

Os elétrons internos são atraídos com mais força pelo núcleo e, portanto, são os mais estáveis. Partículas subatômicas estáveis são as que têm menos energia dentro do átomo.

Os elétrons da camada mais distante do núcleo são chamados de **ELÉTRONS DE VALÊNCIA**. São mais instáveis que os elétrons internos e têm mais energia, por isso têm mais probabilidade de se libertar da influência do núcleo.

> **ELÉTRONS DE VALÊNCIA**
> Os elétrons da camada mais distante do núcleo.

É possível ter mais de um elétron de valência na mesma camada. O número máximo vai depender da camada em que ele está orbitando.

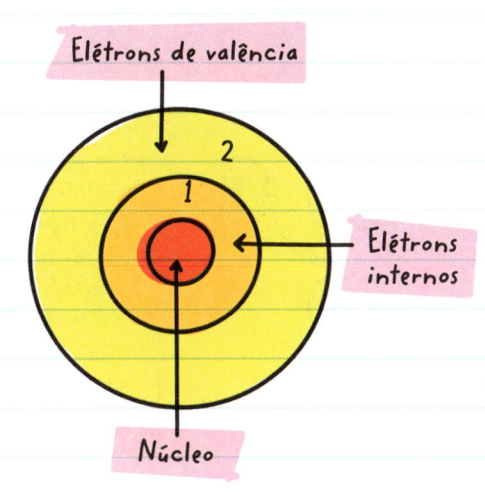

LIGAÇÕES ATÔMICAS

Um átomo normalmente busca um estado mais estável, e para isso tende a preencher completamente suas camadas eletrônicas. Quando a camada de valência está incompleta, os elétrons mais externos interagem com átomos vizinhos, formando LIGAÇÕES QUÍMICAS para alcançar essa estabilidade.

Existem diferentes tipos de ligações químicas. Um dos mais comuns é a **LIGAÇÃO COVALENTE**. Nela, os átomos compartilham pares de elétrons. Os pares compartilhados completam as camadas de valência dos átomos envolvidos.

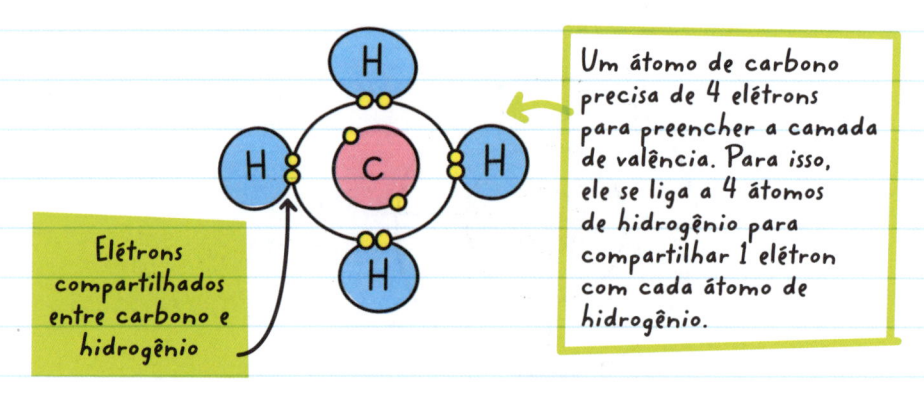

Elétrons compartilhados entre carbono e hidrogênio

Um átomo de carbono precisa de 4 elétrons para preencher a camada de valência. Para isso, ele se liga a 4 átomos de hidrogênio para compartilhar 1 elétron com cada átomo de hidrogênio.

LIGAÇÃO COVALENTE ENTRE 1 ÁTOMO DE CARBONO E 4 ÁTOMOS DE HIDROGÊNIO

Os átomos se ligam ao número de átomos necessário para completar sua camada de valência, formando grupos chamados de **MOLÉCULAS**. Quando uma molécula é formada

MOLÉCULAS
Grupos de átomos ligados.

por dois ou mais elementos diferentes, recebe o nome de **COMPOSTO**.

> **COMPOSTO**
> Combinação de dois ou mais átomos distintos.

Quando a molécula é formada por dois átomos iguais, é considerada uma substância simples e diatômica. O oxigênio, o hidrogênio, o nitrogênio, o flúor, o cloro, o bromo e o iodo são exemplos. A maioria deles é um gás, e muitos são essenciais para processos no corpo, como a respiração e a formação de proteínas.

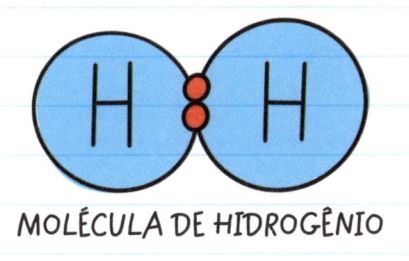

MOLÉCULA DE HIDROGÊNIO

MATÉRIA

Os cientistas definem a matéria como tudo aquilo que possui massa e ocupa lugar no espaço. Suas propriedades dependem da forma como os átomos se ligam. A matéria pode existir em diferentes estados: sólido, líquido e gasoso. A organização e o comportamento das partículas (átomos ou moléculas) determinam as características de cada estado e dependem de como se movem e da distância entre elas. Além desses três estados comuns, existem outros, como o plasma, que é parecido com o gás, mas com partículas eletricamente carregadas (como no Sol e nos relâmpagos), e os condensados, que se formam a temperaturas superbaixas – os átomos ficam tão imóveis que agem como se fossem um único átomo.

ESTADO DA MATÉRIA	DEFINIÇÃO	EXEMPLO
Sólido (partícula)	• Partículas fortemente ligadas • Estrutura rígida, com partículas em posições fixas	• Pedra • Gelo
Líquido (partícula)	• Partículas próximas umas das outras, mas não a ponto de estarem fortemente ligadas • Partículas passam próximas umas das outras, de modo que a substância não tem forma definida	• Água • Gasolina
Gasoso (partícula)	• Partículas relativamente distantes umas das outras • Não possuem uma forma nem um volume constantes	• Ar • Vapor d'água • Dióxido de carbono

VERIFIQUE SEUS CONHECIMENTOS

1. Quantos elementos foram incluídos até hoje na tabela periódica dos elementos?

2. O que é uma partícula subatômica?

3. Quais são as três partículas que compõem os átomos?

4. O que prótons e elétrons têm que não existe num nêutron?

5. Elétrons _____ são os elétrons das camadas mais próximas do núcleo.

6. Por que um átomo se liga a outro?

7. O que acontece em uma ligação covalente?

8. Qual é a diferença entre um átomo e uma molécula?

9. Qual é a diferença entre um sólido e um gás?

RESPOSTAS

CONFIRA AS RESPOSTAS

1. 118 elementos.

2. Uma partícula menor que um átomo.

3. Prótons, elétrons e nêutrons.

4. Uma carga elétrica.

5. internos

6. Para reduzir sua energia e aumentar sua estabilidade.

7. Os átomos compartilham elétrons com outros átomos.

8. Um átomo é a menor unidade de um elemento que pode ou não existir independentemente. Uma molécula é um grupo de átomos ligados.

9. Nos sólidos, os átomos estão fortemente ligados. Nos gases, estão afastados e se movem com mais liberdade.

Capítulo 6
A IMPORTÂNCIA DA ÁGUA

PROPRIEDADES DA ÁGUA

A água é uma das moléculas mais importantes para todos os seres vivos. É também uma das moléculas mais abundantes no planeta Terra. A água é formada por moléculas com dois átomos de hidrogênio e um átomo de oxigênio, unidos por ligações covalentes, formadas pelo compartilhamento de elétrons entre os átomos.

> As ligações O-H formam um ângulo de 104,5° por causa dos outros elétrons presentes no oxigênio

← Oxigênio
← Hidrogênio

MOLÉCULA DE ÁGUA

A molécula de água tem uma característica especial chamada POLARIDADE, que a faz funcionar como um pequeno ímã com dois polos, representada com os símbolos $\delta+$ e $\delta-$. Isso acontece porque o oxigênio atrai mais para perto de si os elétrons que compartilha com os hidrogênios. Essa propriedade se chama ELETRONEGATIVIDADE e é maior no oxigênio do que no hidrogênio.

ELETRONEGATIVIDADE
Capacidade de atrair elétrons.

Essa diferença cria um **DIPOLO ELÉTRICO** no interior da molécula.

A palavra *dipolo* é a combinação do prefixo *di-*, que significa "dois", com a palavra *polo*, que indica posição. O termo dipolo se refere às duas regiões que se formam dentro de uma molécula, uma negativa e uma positiva.

Os elétrons dos átomos de hidrogênio, representados pelas bolinhas vermelhas, são atraídos para o oxigênio, o que torna o átomo de oxigênio mais negativo, e os átomos de hidrogênio, mais positivos.

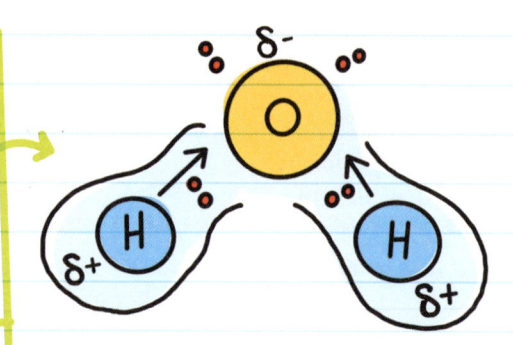

Esse dipolo permite a formação de LIGAÇÕES DE HIDROGÊNIO entre moléculas de água. Essas "pontes" são um tipo especial de ligação química que ocorre quando o hidrogênio já ligado a um átomo eletronegativo (como oxigênio, flúor ou nitrogênio) é atraído por outro átomo eletronegativo próximo. Na água, a região negativa do oxigênio de uma molécula é atraída pela região positiva do hidrogênio de outra, formando essa LIGAÇÃO INTERMOLECULAR (entre moléculas).

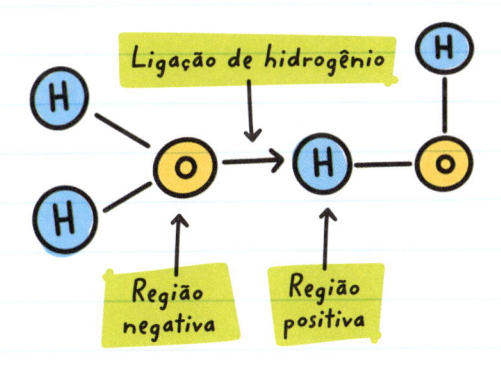

Embora essas ligações sejam fracas e se rompam facilmente, há tantas delas se formando e se desfazendo o tempo todo que acabam mantendo as moléculas de água "grudadas". Essa interação cria a **TENSÃO SUPERFICIAL**

TENSÃO SUPERFICIAL
Rigidez de um líquido causada pelas ligações entre as moléculas da superfície.

da água, tornando sua superfície mais resistente e elástica. Por isso, a água forma gotinhas arredondadas e permite que alguns insetos caminhem sobre ela sem afundar.

A tensão superficial elevada também faz a água líquida ser muito resistente a mudanças de estado físico. Isso significa que é necessário mais energia para mudar seu estado físico (como passar de líquido para sólido ou para vapor) em comparação com outros líquidos à temperatura ambiente. Essa propriedade é essencial para a Biologia, pois ajuda a manter o ambiente estável para reações químicas e processos biológicos, garantindo que organismos possam sobreviver e se adaptar mesmo com variações de temperatura.

O ponto de ebulição da água é 100°C e o ponto de solidificação é 0°C. Na Terra, a temperatura do ar nunca é tão alta a ponto de a água entrar em ebulição e só é baixa a ponto de congelar a água nos polos e no inverno dos países frios.

A ÁGUA NA BIOLOGIA

Os biólogos descobriram que a história dos seres vivos teve início há cerca de quatro bilhões de anos. Muitos cientistas acreditam que os primeiros organismos vivos surgiram no fundo dos oceanos, perto de fontes hidrotermais que forneciam o calor necessário para a vida. Desde então, todos os organismos dependeram da água para sobreviver. Por exemplo: as plantas precisam de água para fazer a fotossíntese e os peixes precisam de água para respirar.

Mais de 60% do corpo humano é água. Os pulmões, a pele, os rins, os músculos e o cérebro são mais líquidos do que sólidos. A principal razão para o ser humano respirar é liberar energia e produzir água pelo processo de respiração celular. A água é tão importante que precisamos bebê-la constantemente para manter a homeostase.

O elemento mais abundante no ser humano é o oxigênio, que não apenas permite nossa respiração como também participa da estrutura das moléculas de água construídas no nosso corpo.

O cérebro, o coração e os pulmões são compostos de mais de 60% de água, assim como a maior parte dos músculos.

A água também tem importância biológica porque dissolve muitas outras substâncias. O sangue, por exemplo, tem uma parte líquida, chamada **PLASMA**, e uma parte sólida, composta por vários tipos de célula. O plasma sanguíneo é uma mistura de proteínas, **SAIS MINERAIS** e outras pequenas moléculas dissolvidos em água.

SAIS MINERAIS são substâncias inôrganicas (compostos por diversos metais associados a não metais) absorvidas pelos organismos como nutrientes. São formados por íons que atuam em diversos processos químicos vitais para os organismos.

VERIFIQUE SEUS CONHECIMENTOS

1. Qual é a composição química da água?

2. Que átomos são necessários para formar uma ligação de hidrogênio?

3. O que é eletronegatividade?

4. Qual é a relação entre a ligação de hidrogênio e os dipolos elétricos?

5. Qual é o efeito das ligações de hidrogênio na água?

6. A água é resistente a mudanças de estado físico porque tem elevada _____ _____.

7. Quanto maior a resistência de um líquido a mudanças de estado físico, maior a variação de _____ necessária para que ela ocorra.

8. Do que é composto o plasma sanguíneo?

RESPOSTAS

CONFIRA AS RESPOSTAS

1. A água é composta por moléculas com dois átomos de hidrogênio e um átomo de oxigênio.

2. Um átomo de hidrogênio e um ou mais átomos de oxigênio, flúor ou nitrogênio.

3. É a capacidade de um átomo de atrair elétrons.

4. A ligação de hidrogênio é a ligação entre a parte negativa de um dipolo e a parte positiva de outro dipolo quando o átomo de hidrogênio está ligado a átomos muito eletronegativos.

5. As ligações de hidrogênio aumentam a tensão superficial da água.

6. tensão superficial

7. energia

8. De proteínas, sais minerais e outras pequenas moléculas dissolvidos em água.

Capítulo 7
COMPOSTOS ORGÂNICOS

A água é uma das moléculas mais importantes para a vida por causa da sua participação em vários processos metabólicos, capacidade de solubilizar várias substâncias e atuação na homeostase. É composta de oxigênio e hidrogênio, os elementos mais abundantes na Terra e nos seres vivos. No entanto, para que haja vida não basta que o hidrogênio e o oxigênio se liguem. A vida também depende do CARBONO.

Junto com o oxigênio, o carbono e o hidrogênio correspondem a mais de 90% da composição dos organismos. As moléculas formadas pela ligação de carbono e hidrogênio a outros elementos são chamadas de **COMPOSTOS ORGÂNICOS**.

> *Orgânico* significa "relacionado a organismos". Tudo que é orgânico está relacionado aos seres vivos. A química orgânica é a área da química que estuda os compostos orgânicos.

CARBONO

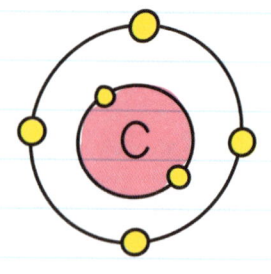

O carbono possui quatro elétrons de valência. Para se tornar estável, ele os compartilha com até quatro átomos diferentes. Quando os compartilhamentos são realizados com outros átomos de carbono, formam-se cadeias de átomos chamadas CADEIAS CARBÔNICAS.

O hidrogênio é o elemento que se liga com mais frequência ao carbono nos organismos, formando o tipo mais simples de composto orgânico, o **HIDROCARBONETO**.

> Carbono + Carbono = Cadeia carbônica
> Hidrogênio + Carbono = Hidrocarboneto

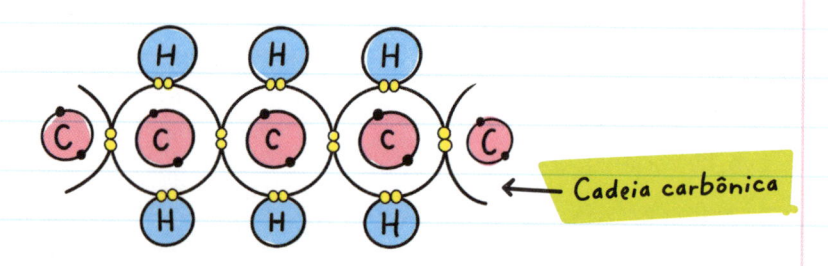

← Cadeia carbônica

> O ser humano contém moléculas com as mais diversas cadeias carbônicas: grandes, pequenas, lineares, ramificadas, abertas, fechadas...

COMPOSTOS ORGÂNICOS ESSENCIAIS

Os compostos orgânicos produzidos pelos seres vivos são chamados BIOMOLÉCULAS e costumam ter cadeias carbônicas mais complexas do que as de hidrocarbonetos. Apresentam também outros elementos e, dependendo de como estão ligados, podem apresentar diferentes propriedades e funções. São quatro tipos mais frequentes:

> Todos os açúcares são carboidratos.

Os **CARBOIDRATOS** possuem átomos de oxigênio (geralmente na proporção 1 C : 1 O : 2 H) e fornecem energia ao organismo. Nos seres humanos e nas plantas, o carboidrato mais importante é um açúcar chamado **GLICOSE**, que é decomposto para produzir energia.

Os **LIPÍDIOS** têm um número bem maior de átomos de carbono e hidrogênio que de oxigênio. São usados para armazenar energia. O corpo humano converte carboidratos em lipídios e lipídios em carboidratos, dependendo da necessidade momentânea de energia.

As **PROTEÍNAS** contêm oxigênio, nitrogênio e, em alguns casos, enxofre na cadeia de hidrocarboneto. Elas são fundamentais para o funcionamento do corpo, incluindo sua estrutura e regulação.

Nos **ÁCIDOS NUCLEICOS**, o hidrocarboneto se liga a oxigênio, nitrogênio e fósforo. Eles armazenam as informações de que o corpo necessita para fabricar proteínas. Esses compostos orgânicos são necessários para a reprodução. O DNA de todos os organismos é composto de ácidos nucleicos.

QUATRO COMPOSTOS ORGÂNICOS ESSENCIAIS

COMPOSTOS ORGÂNICOS	ÁTOMOS ENVOLVIDOS	FUNÇÃO
Carboidratos	carbono, hidrogênio, oxigênio	Fornecem energia ao organismo
Lipídios	carbono, hidrogênio, oxigênio (em baixas quantidades)	Armazenam energia
Proteínas	carbono, hidrogênio, oxigênio, nitrogênio (e enxofre, em alguns casos)	Ajudam no funcionamento do corpo, incluindo sua estrutura e regulação
Ácidos nucleicos	carbono, hidrogênio, oxigênio, nitrogênio, fósforo	Armazenam as informações de que o corpo necessita para fabricar proteínas

VERIFIQUE SEUS CONHECIMENTOS

1. Quais são os três elementos mais necessários para a vida?

2. Os átomos de carbono, hidrogênio e oxigênio correspondem a que porcentagem da composição dos seres vivos?

3. O que faz com que a água seja tão parecida com os compostos orgânicos?

4. Um átomo de carbono pode fazer no máximo quantas ligações covalentes?

5. Qual é o elemento mais comum que se liga ao carbono nos organismos?

6. Qual é a base de todos os compostos orgânicos complexos?

7. De que átomos são feitos os carboidratos e os lipídios?

8. De que átomos são feitas as proteínas?

9. Qual é a função dos ácidos nucleicos?

RESPOSTAS

CONFIRA AS RESPOSTAS

1. Carbono, hidrogênio e oxigênio.

2. Mais de 90%.

3. Assim como a água, os compostos orgânicos são formados por ligações covalentes.

4. Quatro.

5. Hidrogênio.

6. A cadeia carbônica.

7. Carbono, hidrogênio e oxigênio.

8. Carbono, hidrogênio, oxigênio, nitrogênio e, em alguns casos, enxofre.

9. Armazenar as informações de que o corpo necessita para fabricar proteínas.

Capítulo 8
REAÇÕES QUÍMICAS E ENZIMAS

Átomos e moléculas tentam reduzir sua energia para o menor estado possível. Para isso, costumam recorrer a LIGAÇÕES QUÍMICAS. As ligações químicas mudam as propriedades das substâncias em comparação às substâncias originais. Por exemplo, quando dois átomos de hidrogênio e um átomo de oxigênio se ligam, o resultado é a água, uma substância diferente tanto do gás hidrogênio quanto do gás oxigênio.

Toda vez que ligações químicas são formadas ou desfeitas, acontece uma REAÇÃO QUÍMICA. Em todas as reações químicas, existem os REAGENTES, que são as substâncias que interagem, e os PRODUTOS, as substâncias formadas pela reação.

> A água é o produto de dois reagentes: hidrogênio e oxigênio.

REAÇÕES QUÍMICAS

Alguns tipos bem comuns de reações químicas:

TIPOS DE REAÇÃO QUÍMICA

REAÇÃO DE SÍNTESE
Dois ou mais reagentes (substâncias) formam um único produto.

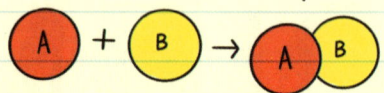

A + B → AB

REAÇÃO DE DECOMPOSIÇÃO
Uma substância (reagente) se torna duas ou mais substâncias mais simples (produtos).

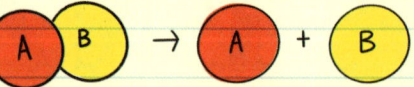

AB → A + B

REAÇÃO DE COMBUSTÃO
Uma molécula (atuando como combustível) reage com um comburente (em geral o oxigênio) e libera energia – se for um hidrocarboneto, produz dióxido de carbono (CO_2) e água (H_2O).

REAÇÃO DE DESLOCAMENTO
Um reagente substitui um átomo (ou uma parte da molécula) de outro reagente.

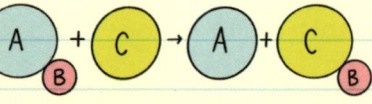

AB + C → A + CB

REAÇÃO DE DUPLA TROCA
Um átomo ou molécula troca de lugar com um átomo (ou uma parte da molécula) de outro reagente.

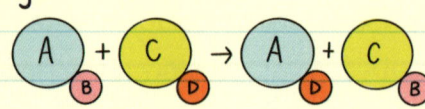

AB + CD → AD + CB

REAÇÕES DE SÍNTESE

Dois ou mais reagentes se combinam para formar uma molécula. Quando existem muitos reagentes, é provável que seja criado mais de um produto.

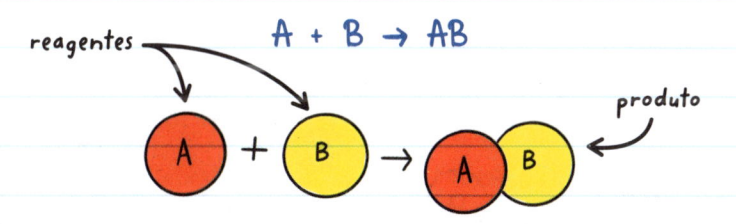

reagentes

$A + B \rightarrow AB$

produto

Um exemplo de reação de síntese é a que dá origem à água: duas moléculas de oxigênio e uma molécula de hidrogênio reagem para formar água.

REAÇÕES DE DECOMPOSIÇÃO

São o oposto das reações de síntese: acontecem quando uma substância complexa se transforma em substâncias mais simples.

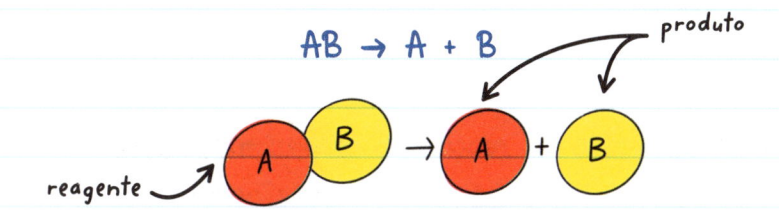

$AB \rightarrow A + B$

produto

reagente

REAÇÕES DE COMBUSTÃO

São reações químicas em que um combustível reage com um comburente (geralmente o oxigênio). Se o combustível for um hidrocarboneto, os produtos formados serão dióxido de carbono (CO_2), água (H_2O) e energia.

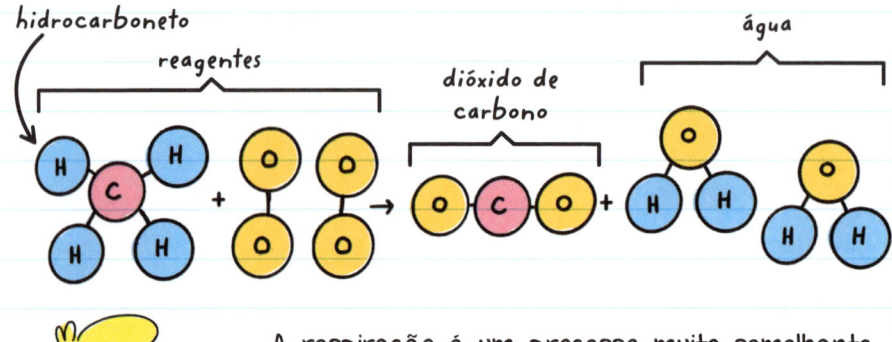

A respiração é um processo muito semelhante à combustão! Também libera energia, mas ocorre de forma muito mais controlada.

REAÇÕES DE DESLOCAMENTO

São aquelas em que um ou mais reagentes substituem uma parte da estrutura de um composto.

Também é chamada de reação de simples troca, em que um átomo ou molécula passa de um reagente para outro.

$$AB + C \rightarrow A + CB$$

REAÇÕES DE DUPLA TROCA

Em uma reação de dupla troca, dois átomos ou grupos de átomos trocam de posição em dois reagentes diferentes.

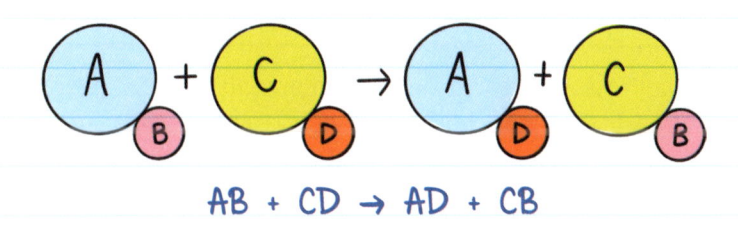

AB + CD → AD + CB

ENZIMAS

Reações químicas não acontecem aleatoriamente. Muitas vezes, os reagentes precisam ter uma energia mínima para que a reação aconteça. Se não fosse assim, qualquer átomo que estivesse perto de outro seria capaz de se ligar a ele, o que poderia gerar consequências ruins. A energia necessária para iniciar uma reação química é chamada de **ENERGIA DE ATIVAÇÃO**.

Uma reação química é como uma montanha que os reagentes precisam escalar. Na base da montanha existem dois ou mais reagentes. Para que os reagentes formem um produto, precisam subir a montanha, atingir o pico e descer pelo outro lado.
A altura do pico é a energia de ativação.

Devido à necessidade de energia, o organismo pode controlar quando a reação acontece. Se não fosse assim, os reagentes seriam consumidos aleatoriamente e poderia não haver reagentes suficientes quando preciso.

> Se não houvesse energia de ativação, o organismo teria que gastar a maior parte do tempo, talvez até todo ele, consumindo nutrientes para substituir os reagentes usados nas reações químicas.

Os organismos usam **ENZIMAS** (proteínas que atuam como reguladores biológicos) para facilitar e acelerar reações químicas. Elas fornecem aos reagentes um caminho alternativo com uma energia de ativação mais baixa para a formação de produtos. Em outras palavras, as enzimas reduzem consideravelmente a energia de ativação. É como se a montanha da energia de ativação ficasse mais baixa porque os reagentes encontraram um atalho para chegar ao outro lado.

As enzimas controlam a velocidade das reações químicas e são chamadas de CATALISADORES ou REGULADORES.

As enzimas são componentes necessários para o funcionamento dos organismos, mas só funcionam perfeitamente em ambientes adequados. A temperatura, por exemplo, é um fator relevante para o funcionamento das enzimas. Animais de sangue frio, como os répteis, se aquecem com o calor do ambiente para que suas enzimas funcionem corretamente. Quando as enzimas de um organismo não funcionam bem, esse organismo corre sério risco de morrer.

VERIFIQUE SEUS CONHECIMENTOS

1. Por que os átomos estabelecem ligações?

2. O que acontece quando uma ligação é formada ou desfeita?

3. O que cria os produtos de uma reação química?

4. Que tipo de reação acontece quando dois ou mais reagentes se combinam para formar um produto?

5. Quais são os produtos de uma reação de combustão entre um hidrocarboneto e oxigênio?

6. A energia necessária para os reagentes participarem de uma reação química é chamada de _____ __ _____.

7. Por que é bom que os reagentes precisem de energia mínima para que uma reação aconteça?

8. O que fazem as enzimas?

9. Cite dois fatores fundamentais para o bom funcionamento das enzimas.

10. O que pode acontecer se não houver as condições necessárias para o bom funcionamento das enzimas?

RESPOSTAS

CONFIRA AS RESPOSTAS

1. Para reduzir sua energia e se tornar mais estáveis.

2. Uma reação química.

3. Uma interação entre reagentes.

4. A reação de síntese.

5. Dióxido de carbono e água.

6. energia de ativação

7. Isso evita que reações químicas desnecessárias aconteçam.

8. Fornecem aos reagentes um caminho alternativo que requer uma energia de ativação menor.

9. A temperatura e o ambiente.

10. A morte do organismo.

Unidade 3

Teoria celular

Capítulo 9
ESTRUTURA E FUNÇÕES CELULARES

Para a vida existir, é preciso haver estruturas onde as funções essenciais aconteçam. Essas estruturas são as células. A célula é a base da vida. Elas realizam a maior parte das reações químicas dentro de um organismo e formam todas as partes do corpo.

Existem três princípios aplicáveis a todas as células:

1. Todos os organismos são compostos por células (uma ou mais).

2. A célula é o tijolo básico da vida (em estrutura e função).

3. Toda célula vem de outra célula preexistente (elas se dividem para formar novas células).

Geralmente, em organismos mais desenvolvidos, as células se unem em grupos chamados TECIDOS. Os tecidos se unem para formar ÓRGÃOS, como o coração e o cérebro. Os órgãos trabalham em parceria dentro de um organismo, realizando diferentes funções para mantê-lo vivo.

> Muitas células → tecidos
> Muitos tecidos → órgãos
> Todos os órgãos → organismo

As células animais e vegetais são capazes de realizar funções diferentes por causa das **ORGANELAS**. As organelas são partes de uma célula, cada uma com uma função. Elas podem, por exemplo:

- produzir energia
- fabricar novas proteínas
- destruir e digerir substâncias ou outras estruturas

ORGANELAS
As partes de uma célula.

> *Organela* significa "órgão pequeno". São os órgãos pequenos que ajudam a célula a funcionar, assim como o coração, o cérebro e os pulmões ajudam o corpo humano a funcionar.

CÉLULAS ANIMAIS

Todas as células animais têm estrutura parecida:

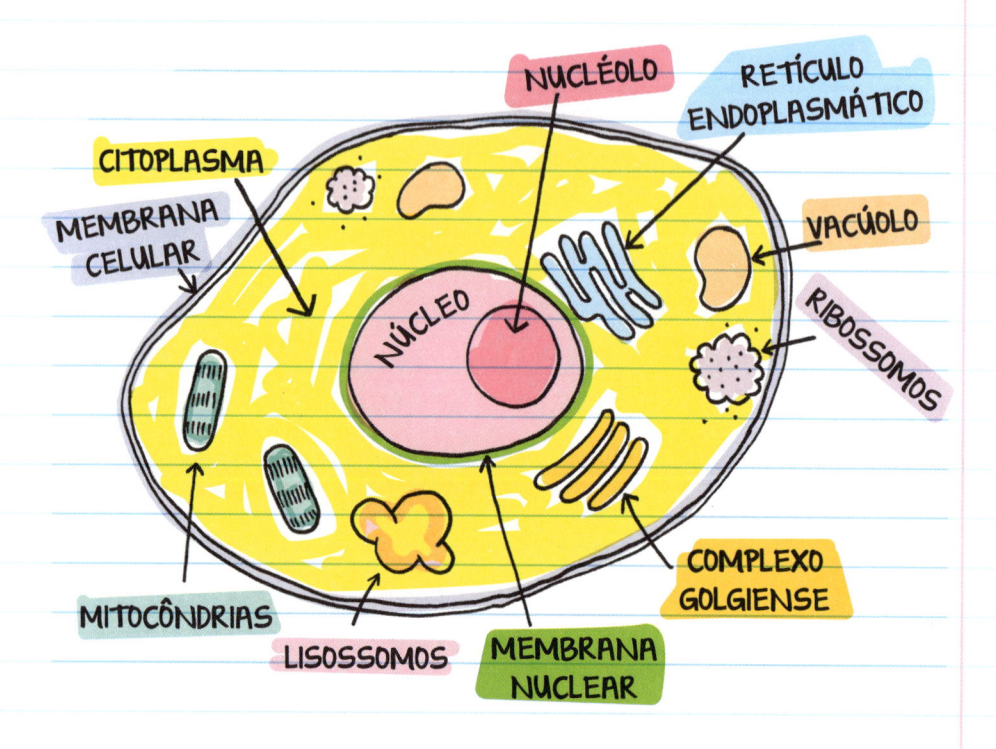

Diagrama de célula animal com as seguintes estruturas identificadas: CITOPLASMA, MEMBRANA CELULAR, NUCLÉOLO, RETÍCULO ENDOPLASMÁTICO, VACÚOLO, NÚCLEO, RIBOSSOMOS, COMPLEXO GOLGIENSE, MEMBRANA NUCLEAR, LISOSSOMOS, MITOCÔNDRIAS.

Uma célula animal típica é composta por:

1. **Membrana celular**
   A camada externa da célula dos seres humanos e animais é chamada de MEMBRANA CELULAR. Ela é **SEMIPERMEÁVEL**. Também é flexível, ou seja, pode mudar de forma.

   > **SEMIPERMEÁVEL**
   > Pode deixar alguns materiais passarem e manter outros do lado de fora (ou de dentro) propositadamente.

> As células são como casas. Para entrar em uma casa com a porta trancada, você precisa de uma chave que encaixe na fechadura. As substâncias só podem entrar nas células se tiverem a chave certa para abrir a porta.

2. Citoplasma

Dentro da membrana celular existe uma substância gelatinosa na qual estão todas as organelas. Essa substância é o CITOSOL. O citosol é feito principalmente de água, mas também tem um **CITOESQUELETO**, uma rede de fibras proteicas finas e tubos proteicos ocos que mantêm a estrutura da célula e ajudam a movimentar as organelas.

> O citoplasma atua como um suporte para as organelas e como um sistema de estradas para transportar proteínas e outras substâncias.

3. Ribossomo

O RIBOSSOMO é uma organela pequena que produz proteínas. As proteínas são produzidas de acordo com informações fornecidas pelos ácidos nucleicos do organismo. A célula em que estão os ribossomos lhes diz que tipo de proteína eles devem fabricar.

> O sufixo *-somo* vem do grego *soma*, que significa "corpo". *Ribo-* se refere ao carboidrato **ribose**, um composto orgânico que forma a espinha dorsal do ribossomo.

4. Retículo endoplasmático

O RETÍCULO ENDOPLASMÁTICO (RE) é uma organela composta de sacos achatados e tubos que produzem e empacotam proteínas, transportam substâncias pelo citoplasma, sintetizam lipídios e eliminam resíduos produzidos por outras organelas dentro da célula.

Os ribossomos podem se prender às paredes do RE da célula. Isso permite que a célula fabrique proteínas que serão empacotadas e enviadas para dentro ou fora dela.

5. Complexo golgiense

O COMPLEXO GOLGIENSE funciona em parceria com o retículo endoplasmático. Essas organelas são sacos achatados que temporariamente armazenam, empacotam e transportam substâncias para dentro e para fora da célula.

> **EMPACOTAMENTO:** algumas moléculas, como as proteínas, possuem cadeias tão grandes que precisam de ajuda de outras moléculas para se organizar no espaço tridimensional. Sem essa organização, elas não funcionam corretamente.

6. Lisossomo

Um LISOSSOMO é uma organela que funciona como um saco com enzimas que decompõem qualquer tipo de comida, resíduo celular ou organismos invasores destruídos, como bactérias e vírus. Quando é necessário descartar resíduos celulares, o complexo golgiense os envia aos lisossomos.

Quando uma célula está ferida ou danificada, os lisossomos liberam enzimas no citoplasma, digerindo a célula por dentro.

7. Vacúolo

Nem tudo o que chega à célula (ou que é fabricado por ela) precisa ser usado imediatamente. Os VACÚOLOS são organelas responsáveis pelo armazenamento de água e nutrientes até que a célula precise deles. Eles também funcionam como uma bolha de armazenamento de resíduos. Em resumo, são depósitos para as células. Estão presentes em células animais como pequenas bolsas, mais conhecidas como VESÍCULAS.

8. Mitocôndria

> muitas vezes chamada de usina de energia da célula

A MITOCÔNDRIA está entre as organelas mais importantes para a sobrevivência de um organismo. Nas mitocôndrias, oxigênio e açúcares dos alimentos interagem em uma série de reações químicas para gerar energia. Cada tipo de célula tem determinada quantidade de mitocôndrias. As células musculares são as que mais precisam de energia, e elas têm grande quantidade de mitocôndrias. Por outro lado, algumas células, como as hemácias, não têm mitocôndrias, porque a única função das hemácias é transportar oxigênio dos pulmões para as células.

9. Núcleo

O NÚCLEO é chamado de "cérebro" da célula porque armazena as informações necessárias para realizar a maioria de suas funções. Essa organela costuma ser a maior e mais importante organela da célula animal. Em células saudáveis, o núcleo contém CROMATINA, fitas compactas de DNA (um acrônimo para ácido desoxirribonucleico), o código para traços genéticos como cabelo, pele e cor dos olhos. Essa informação genética é passada de célula para célula quando elas se reproduzem.

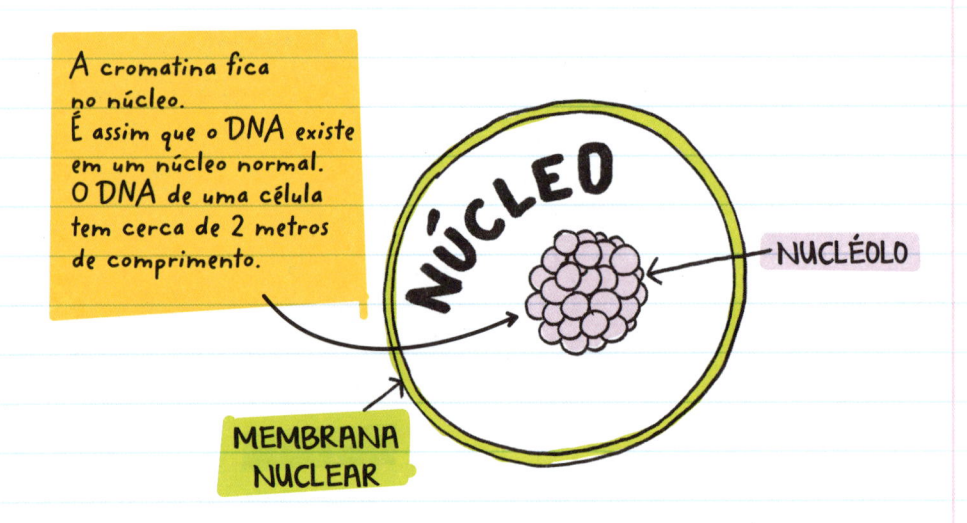

> A cromatina fica no núcleo.
> É assim que o DNA existe em um núcleo normal.
> O DNA de uma célula tem cerca de 2 metros de comprimento.

NÚCLEO

NUCLÉOLO

MEMBRANA NUCLEAR

O núcleo tem sua própria MEMBRANA NUCLEAR. Essa membrana é diferente das membranas das outras organelas e mais parecida com a membrana celular. Outras organelas têm membrana de uma só camada que as separa do citoplasma, mas a membrana nuclear possui duas camadas, que oferecem uma proteção adicional. A membrana nuclear também contém poros (pequenos buracos) para que as substâncias possam entrar e sair do núcleo.

O núcleo tem um NUCLÉOLO, que cria o RNA (acrônimo de ácido ribonucleico). O RNA existe para ler e executar as instruções dadas no DNA. Ao contrário do DNA, que está preso dentro do núcleo, o RNA é capaz de sair pelas aberturas na membrana nuclear para fornecer instruções.

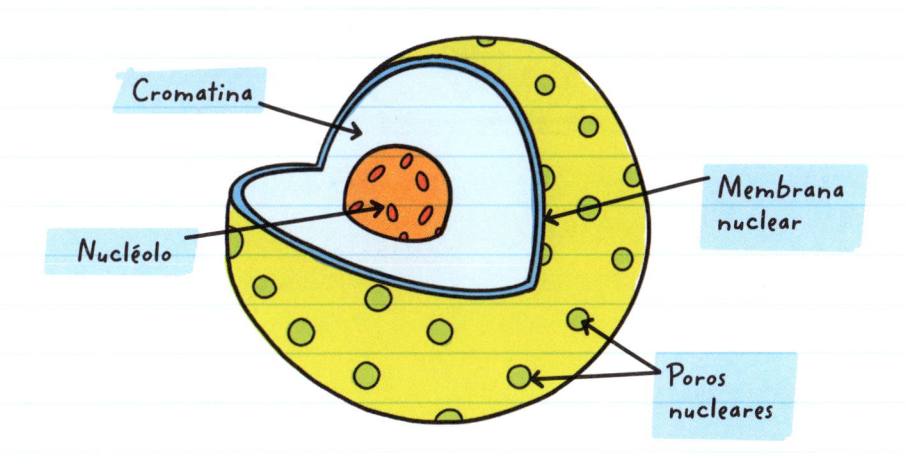

- Cromatina
- Nucléolo
- Membrana nuclear
- Poros nucleares

CÉLULAS VEGETAIS

As células vegetais contêm as mesmas organelas que as células animais, além de uma camada de proteção e estrutura extras.

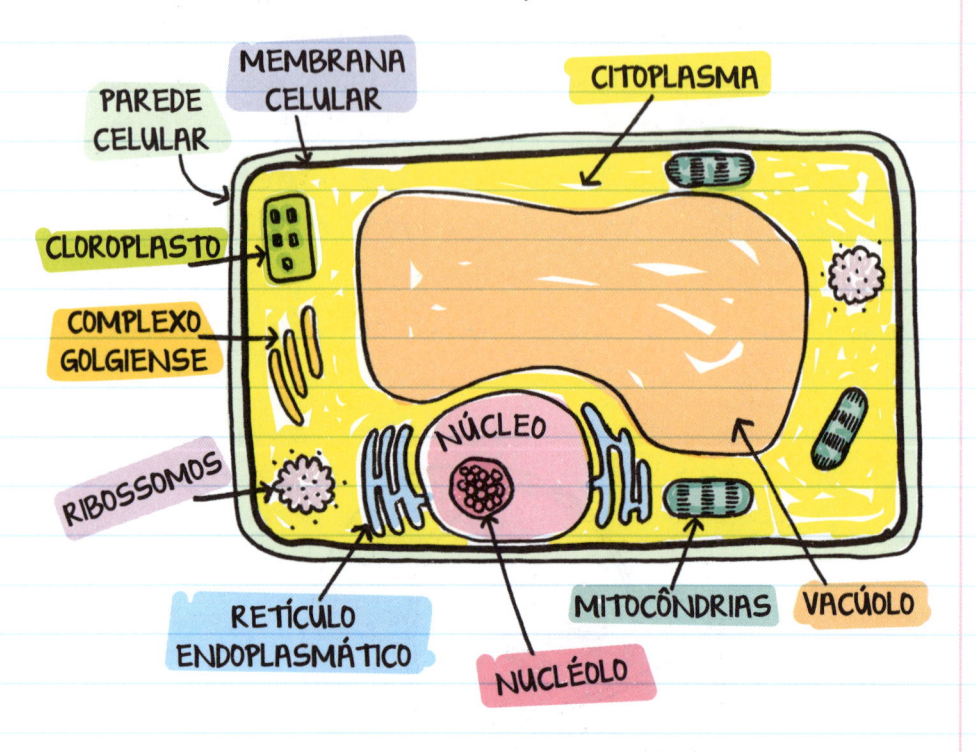

Diagrama da célula vegetal com os seguintes elementos identificados: PAREDE CELULAR, MEMBRANA CELULAR, CITOPLASMA, CLOROPLASTO, COMPLEXO GOLGIENSE, RIBOSSOMOS, RETÍCULO ENDOPLASMÁTICO, NÚCLEO, NUCLÉOLO, MITOCÔNDRIAS, VACÚOLO.

1. **Parede celular**

    A parede celular de uma célula vegetal fica do lado de fora da membrana celular. Ela protege a célula, como um escudo. Funciona como um esqueleto que dá estrutura e ajuda a manter a planta de pé. As paredes celulares, e também as membranas celulares, são semipermeáveis, para que as células possam levar substâncias para dentro delas. As paredes celulares vegetais são feitas de um carboidrato chamado **CELULOSE**.

Ao contrário dos seres humanos, as plantas não têm esqueleto, mas abrem caminho pelo solo, e algumas, como a sequoia, podem chegar a 120 metros de altura.

> A celulose é o principal componente da fibra de algodão e da madeira e é usada na produção de papel. As células dos fungos, das bactérias, das algas e de algumas arqueas também têm paredes celulares. Mas elas têm uma composição diferente das paredes celulares dos vegetais. As paredes celulares bacterianas, por exemplo, são compostas de um polímero de açúcares e aminoácidos chamado peptidoglicano.

2. Cloroplasto

As plantas usam luz e dióxido de carbono para gerar glicose por meio da fotossíntese. O processo acontece nos CLOROPLASTOS, organelas que contêm CLOROFILA, a substância que proporciona a síntese. A clorofila é o pigmento que confere a cor verde às plantas.

> Os cloroplastos são painéis solares naturais. Assim como os painéis solares nas casas, os cloroplastos usam a luz solar para criar energia.

CÉLULAS VEGETAIS *VERSUS* CÉLULAS ANIMAIS

Animais e plantas têm estruturas gerais adaptadas para funções muito diferentes: os animais são organismos mais complexos e dinâmicos, que precisam de células capazes de se movimentar e interagir entre si para formar tecidos flexíveis e sistemas especializados. Para manter sua estrutura, contam com estruturas como ossos, cartilagens, tecidos conjuntivos, músculos, entre outros. Já as plantas, com uma estrutura fixa, dependem de células que garantem suporte e armazenamento de energia.

Por isso, as células vegetais têm uma parede celular rígida que oferece suporte, ajudando a planta a se manter ereta. Além disso, possuem cloroplastos, que permitem a produção de alimento por meio da fotossíntese, e vacúolos grandes, que armazenam água e nutrientes. Em contraste, as células animais têm apenas uma membrana plasmática mais flexível, o que lhes permite se adaptar a diferentes formas e funções, formando tecidos como músculos e nervos.

VERIFIQUE SEUS CONHECIMENTOS

1. Todos os organismos são formados por _ _ _ _ _ _ _ _ .

2. Qual é a função de uma organela?

3. O que significa dizer que uma membrana celular é semipermeável?

4. Os ribossomos se prendem a que organela?

5. Que organelas transportam resíduos para fora da célula?

6. Como os lisossomos decompõem substâncias?

7. Qual é a função das mitocôndrias?

8. Qual é o papel do núcleo na célula?

9. Que molécula é responsável por transportar a informação para fora do núcleo?

10. Que organela permite às plantas criar glicose?

RESPOSTAS

CONFIRA AS RESPOSTAS

1. células

2. Uma organela realiza tarefas específicas dentro de uma célula.

3. Semipermeável significa que uma membrana celular permite que algumas substâncias atravessem a célula.

4. Ao retículo endoplasmático.

5. O retículo endoplasmático e o complexo golgiense.

6. Os lisossomos decompõem substâncias usando enzimas.

7. As mitocôndrias produzem energia para a célula.

8. O núcleo fornece as instruções para as outras organelas dentro da célula.

9. RNA.

10. O cloroplasto.

Capítulo 10
ENERGIA QUÍMICA E ATP

Para que um organismo funcione, suas células precisam de energia. E o primeiro passo para gerar energia é a ingestão ou produção de **NUTRIENTES**, compostos orgânicos complexos que podem ser decompostos por organismos no processo de metabolismo.

Nutriente é tudo aquilo que nutre o organismo e pode ser metabolizado.

A glicose é uma das biomoléculas mais simples utilizada como nutriente. As células a decompõem nas mitocôndrias para produzir a maior parte de sua energia.

> A glicose contém seis átomos de carbono, seis átomos de oxigênio e doze átomos de hidrogênio. Quando as ligações entre os átomos são quebradas, a molécula fornece energia à célula.

Cada organismo usa um meio diferente para obter glicose. Algas, plantas e algumas bactérias utilizam um processo chamado **FOTOSSÍNTESE**. Durante o processo, produzem glicose e oxigênio usando luz, água e dióxido de carbono. Esses organismos são chamados de autótrofos.

> **FOTOSSÍNTESE**
> Processo no qual plantas, algas e algumas bactérias produzem glicose usando luz, água e dióxido de carbono.

Animais, fungos e bactérias que não são capazes de produzir a própria glicose (a maioria) precisam obtê-la ingerindo autótrofos que fabricam glicose. Esses organismos são chamados de heterótrofos.

> Autótrofos muitas vezes são chamados de produtores, enquanto heterótrofos costumam ser chamados de consumidores. Nem todo consumidor é herbívoro (organismo que come plantas).

Quando existe glicose disponível, as células realizam a RESPIRAÇÃO CELULAR para transformar o açúcar em ATP, uma molécula orgânica rica em energia.

ATP
Trifosfato de adenosina ou adenosina trifosfato (do inglês **A**denosine **T**ri**P**hosphate): a molécula que fornece energia às células.

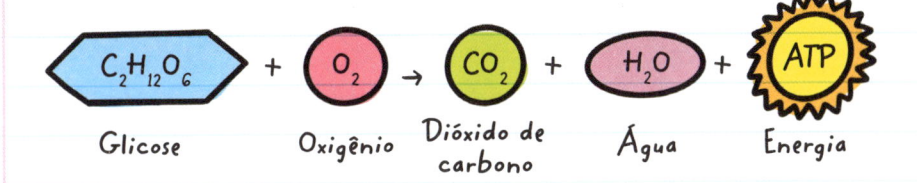

$$C_2H_{12}O_6 + O_2 \rightarrow CO_2 + H_2O + ATP$$

Glicose + Oxigênio → Dióxido de carbono + Água + Energia

EXEMPLO DE RESPIRAÇÃO CELULAR

> O ser humano consome diariamente mais do que o seu peso em ATP. Isso é possível porque essa molécula é constantemente reciclada em nosso corpo.

O ATP é formado por uma molécula de adenosina (composta por adenina e ribose) ligada a três grupos fosfato. O termo *trifosfato* refere-se aos três (tri-) grupos fosfato.

Quando há necessidade de energia, uma das ligações de fosfato é decomposta, liberando energia e transformando a molécula em difosfato de adenosina (ADP), também chamada de adenosina difosfato.

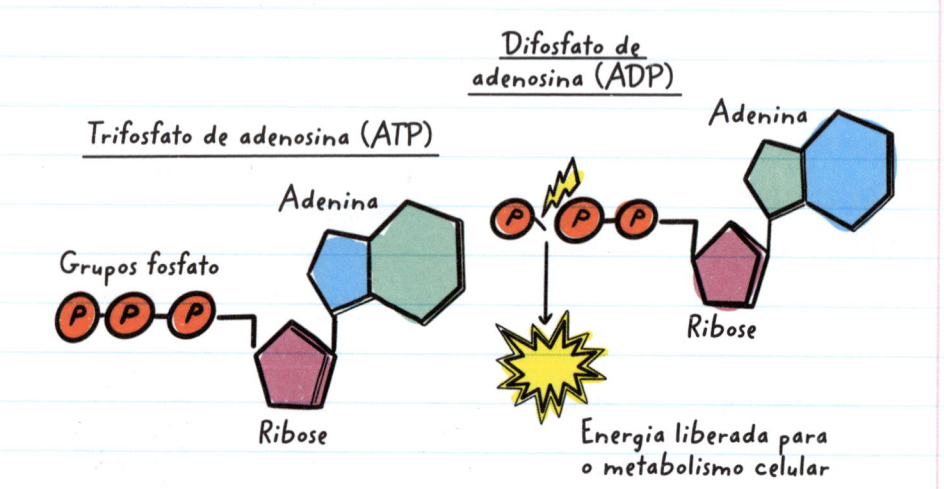

Trifosfato de adenosina (ATP)

- Grupos fosfato
- Adenina
- Ribose

Difosfato de adenosina (ADP)

- Adenina
- Ribose
- Energia liberada para o metabolismo celular

VERIFIQUE SEUS CONHECIMENTOS

1. A capacidade de funcionamento de um organismo está ligada à quantidade de _ _ _ _ _ _ _ que ele possui.

2. Por que os nutrientes são importantes?

3. Qual o papel do metabolismo sobre os nutrientes produzidos ou consumidos por um organismo?

4. Qual é o composto orgânico mais simples que serve como principal fonte de energia para as células?

5. O que acontece no processo de fotossíntese?

6. Quais organismos realizam fotossíntese?

7. O que são organismos autótrofos?

8. O que são organismos heterótrofos?

9. Que organismos são heterótrofos?

10. Qual é o nome do processo de conversão da glicose em energia?

RESPOSTAS

CONFIRA AS RESPOSTAS

1. energia

2. Os nutrientes são decompostos para produzir energia.

3. Decompor os nutrientes para obtenção de energia.

4. É a glicose.

5. Na fotossíntese, a glicose e o oxigênio são produzidos usando luz, água e dióxido de carbono.

6. Plantas, algas e algumas bactérias.

7. Organismos que podem produzir seus próprios nutrientes.

8. Organismos que obtêm seus nutrientes por meio da ingestão de outros organismos.

9. Animais, fungos e a maioria das bactérias.

10. Respiração celular.

Capítulo 11
FOTOSSÍNTESE

A fotossíntese é o processo no qual um organismo usa dióxido de carbono, água e luz para produzir oxigênio e um carboidrato simples chamado glicose. Todos os organismos que realizam fotossíntese utilizam reações químicas semelhantes. Os vegetais que contêm **CLOROPLASTOS** realizam a fotossíntese. Esses organismos não precisam consumir alimento para obter seus nutrientes.

> **CLOROPLASTO**
> Organela das células da maioria dos vegetais onde ocorre a fotossíntese.

Alguns organismos, como certas algas e bactérias, não possuem cloroplastos, mas ainda assim conseguem fazer fotossíntese, graças a pigmentos fotossintéticos espalhados pela célula, que cumprem a mesma função.

O prefixo *foto-* vem do grego "luz". A raiz *síntese* vem de uma palavra grega que quer dizer "juntar". Nesse processo, as plantas usam a energia da luz para produzir nutrientes juntando água e dióxido de carbono.

> A luz solar fornece a energia necessária para a reação acontecer. Sem a luz, a água e o dióxido de carbono não têm energia suficiente para interagir.

LUZ SOLAR
ÁGUA + **DIÓXIDO DE CARBONO** → **OXIGÊNIO** + **GLICOSE**

O Reino Vegetal é o mais eficaz no processo de fotossíntese, pois as folhas das plantas capturam a maior quantidade possível de luz solar e dióxido de carbono, enquanto as raízes absorvem a água necessária. As algas e bactérias não possuem estruturas com essas características.

Anatomia vegetal e fotossíntese

1. A planta suga água e sais minerais do solo por meio das raízes.

2. As folhas absorvem dióxido de carbono do ar e liberam oxigênio.

3. A luz solar fornece aos cloroplastos a energia necessária para fabricar glicose (açúcar).

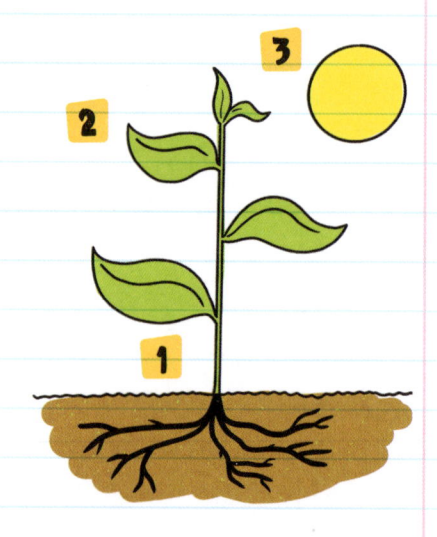

Um dos dois produtos da fotossíntese é o oxigênio. Por causa disso, as plantas são fundamentais para a sobrevivência dos organismos que precisam do oxigênio. E todos os organismos que respiram oxigênio produzem dióxido de carbono. Isso cria um ciclo eterno em que plantas e animais dependem uns dos outros para sobreviver.

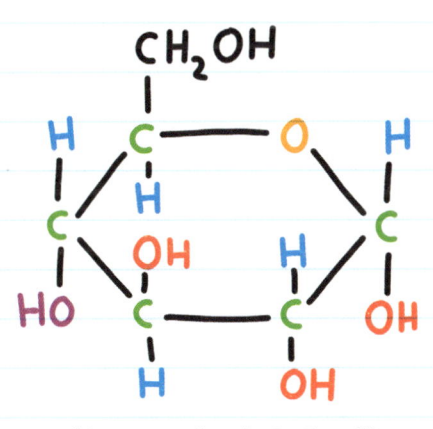

ESTRUTURA DA GLICOSE

O outro produto da fotossíntese, a glicose, é mais importante para a própria planta do que para o ambiente. Usando parte do oxigênio que a planta armazenou, a glicose é decomposta em trifosfato de adenosina (ATP) para produzir energia.

Nem toda a glicose produzida pela fotossíntese é necessária para a vida da planta ou do animal. Parte da glicose é armazenada na forma de um carboidrato mais complexo chamado AMIDO. O amido é

AMIDO
Carboidrato complexo fabricado pelo encadeamento de várias moléculas de glicose.

produzido pelo encadeamento de várias moléculas de glicose. Ele fornece uma reserva para o caso de o organismo não conseguir fabricar glicose na fotossíntese.

> A fotossíntese acontece principalmente de dia porque depende da luz solar. Entretanto, a ATP pode ser produzida a partir da glicose a qualquer momento.

ESTRUTURA DO AMIDO

VERIFIQUE SEUS CONHECIMENTOS

1. O que acontece durante a fotossíntese?

2. Onde acontece a fotossíntese nas células dos vegetais?

3. Qual é a função das folhas nas plantas?

4. Qual é a função das raízes nas plantas?

5. Por que a fotossíntese é importante mesmo para organismos que não a realizam?

6. O que acontece com a glicose depois que é produzida?

7. ATP significa _____ __ _____.

8. Do que é feito o amido?

9. Quando o amido é útil?

RESPOSTAS

CONFIRA AS RESPOSTAS

1. O dióxido de carbono e a água são transformados em glicose e oxigênio.

2. A fotossíntese acontece nos cloroplastos.

3. As folhas capturam a luz solar para a fotossíntese, absorvem dióxido de carbono e liberam gás oxigênio.

4. As raízes absorvem água e sais minerais.

5. Porque a fotossíntese produz oxigênio, essencial para os organismos que não a realizam.

6. Pode ser decomposta para fornecer energia ao organismo ou usada na produção de amido para estocar energia.

7. trifosfato de adenosina

8. O amido é feito de cadeias de moléculas de glicose.

9. Quando o organismo não é capaz de produzir glicose e precisa recorrer a um estoque de energia.

Capítulo 12
RESPIRAÇÃO CELULAR

Seja lá como o organismo recebe a glicose, suas células precisam transformá-la em trifosfato de adenosina (ATP), a fonte de energia das células. Isso é feito pelo processo de RESPIRAÇÃO CELULAR.

Existem dois tipos de respiração celular: **RESPIRAÇÃO ANAERÓBICA** e **RESPIRAÇÃO AERÓBICA**. A respiração anaeróbica não requer oxigênio e produz uma quantidade muito pequena de energia. A respiração aeróbica requer oxigênio e produz a maior parte da energia.

As mitocôndrias são as organelas nas quais acontece a respiração aeróbica, produzindo a maior parte da energia de que as células necessitam.

> *Anaeróbico* significa "sem oxigênio", e *aeróbico* significa "com oxigênio".

> Lembre-se dos exercícios aeróbicos.

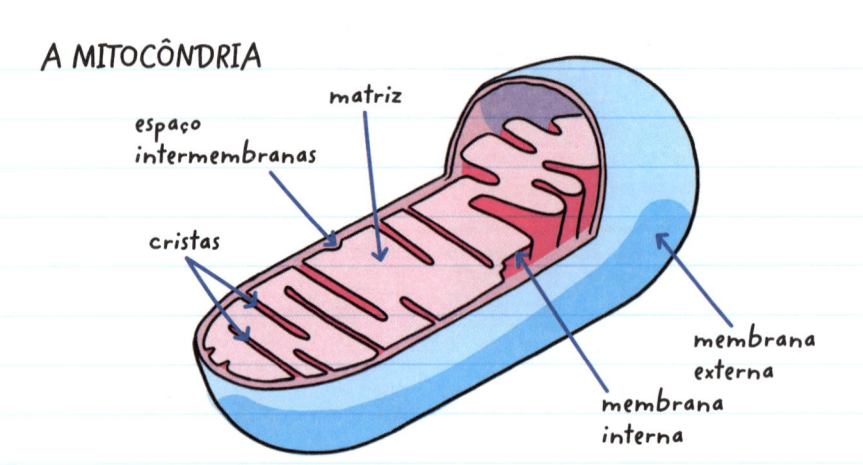

A MITOCÔNDRIA

Diagrama da mitocôndria com as seguintes legendas: espaço intermembranas, matriz, cristas, membrana externa, membrana interna.

- A MEMBRANA EXTERNA separa a mitocôndria do citoplasma, onde acontece a respiração anaeróbica. As moléculas do citoplasma conseguem atravessar com facilidade a membrana externa da mitocôndria.
- O ESPAÇO INTERMEMBRANAS separa as membranas externa e interna.
- A MEMBRANA INTERNA separa o espaço intermembranas da matriz, onde acontecem reações químicas. As moléculas só podem atravessar a membrana interna usando proteínas de transporte.
- As CRISTAS são os espaços criados por dobras da membrana interna.
- A MATRIZ é o espaço no interior da membrana interna onde acontece a respiração aeróbica.

A primeira parte de qualquer processo de respiração celular envolve a decomposição da glicose em uma molécula ainda menor chamada PIRUVATO. O processo de transformar a glicose em piruvato é chamado de GLICÓLISE. Uma molécula de glicose produz duas moléculas de piruvato e uma pequena quantidade de ATP. Depois, a presença, ou não, de oxigênio determinará o tipo de respiração que pode ocorrer.

> O piruvato possui três átomos de carbono, hidrogênio e oxigênio, enquanto a glicose possui seis átomos de carbono, doze átomos de hidrogênio e seis átomos de oxigênio. Apenas duas moléculas de piruvato podem ser criadas a partir de uma molécula de glicose.

RESPIRAÇÃO ANAERÓBICA

Quando o oxigênio não está presente no momento em que o piruvato é produzido, a respiração prossegue e entra na etapa de **FERMENTAÇÃO**, na qual são produzidos ATP e um **SUBPRODUTO**. Nos animais, o subproduto é o ÁCIDO LÁTICO; em muitas bactérias e em alguns fungos, o subproduto é o ETANOL e outros ácidos orgânicos.

FERMENTAÇÃO
O processo no qual o piruvato é decomposto sem a presença de oxigênio, produzindo ATP e um subproduto.

SUBPRODUTO
Produto adicional de reações químicas que pode ou não ser intencional e pode ou não ser aproveitado.

respiração celular → GLICOSE
fermentação → PIRUVATO ← fermentação
Bactérias: ATP, ETANOL e ácidos orgânicos
Animais: ATP e ÁCIDO LÁTICO

RESPIRAÇÃO AERÓBICA

Quando há oxigênio após a criação do piruvato, ocorre a respiração aeróbica. Durante esse processo, o piruvato penetra a matriz das mitocôndrias e entra no **CICLO DE KREBS**, em que a molécula passa por várias mudanças para liberar seus elétrons de alta energia.

CICLO DE KREBS
Série de reações que libera elétrons de alta energia do piruvato.

Hans Krebs: Biólogo, médico e bioquímico alemão que demonstrou o "ciclo do ácido cítrico" (atualmente conhecido como ciclo de Krebs) em 1937, explicando a respiração aeróbica.

Os elétrons de alta energia gerados no ciclo de Krebs não conseguem se mover sozinhos dentro das mitocôndrias. Moléculas conhecidas como TRANSPORTADORAS DE ELÉTRONS são produzidas para levar esses elétrons até a última etapa da respiração aeróbica, chamada de **CADEIA TRANSPORTADORA DE ELÉTRONS** ou cadeia respiratória.

Essas moléculas carregam os elétrons até a membrana interna das mitocôndrias, onde uma série de proteínas funciona como uma esteira rolante, movendo os elétrons de uma proteína para outra.

À medida que os elétrons passam por essas proteínas, eles liberam energia, que é utilizada para bombear **ÍONS** de hidrogênio da matriz mitocondrial para o espaço intermembranas. Esse movimento cria um acúmulo de íons em uma região específica.

> **ÍONS**
> Átomos ou moléculas que têm carga positiva ou negativa.

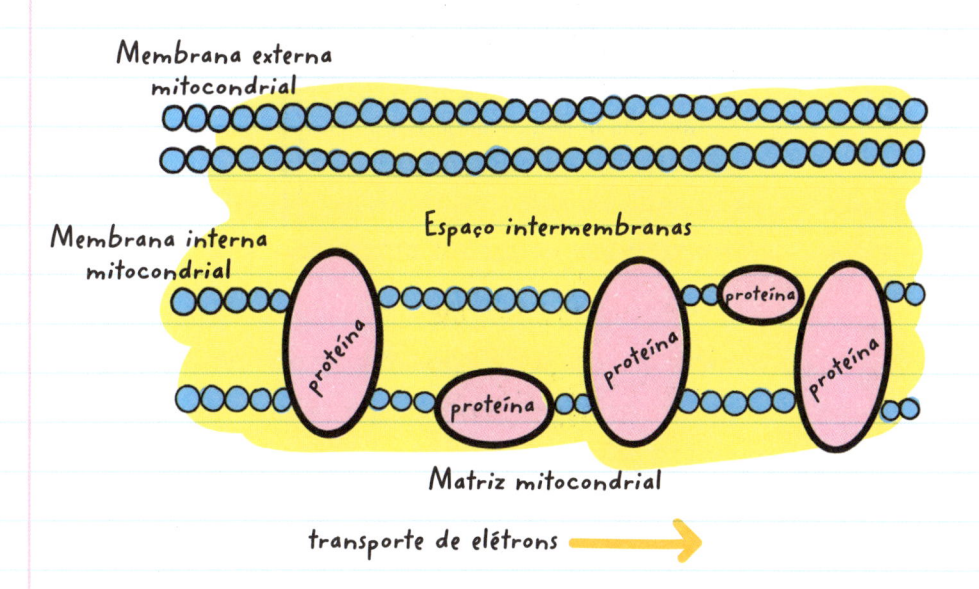

Membrana externa mitocondrial

Membrana interna mitocondrial

Espaço intermembranas

proteína

Matriz mitocondrial

transporte de elétrons ⟶

Quando há uma alta concentração de íons de um lado e uma baixa concentração do outro, os íons se movimentam, voltando para a matriz mitocondrial num processo chamado DIFUSÃO. Só que os íons não se movem livremente, eles fazem isso por meio da última proteína complexa da cadeia transportadora de elétrons, a ATP SINTASE.

A ATP sintase funciona como uma porta giratória, daqueles de agências bancárias: à medida que os íons de hidrogênio passam, ela gira tanto que vira uma "turbina" e usa a energia desse fluxo para produzir ATP em um processo chamado **QUIMIOSMOSE**.

> **QUIMIOSMOSE**
> Processo em que a energia liberada pelo movimento de íons através de uma membrana é utilizada para produzir ATP.

Por fim, os elétrons que saem da cadeia transportadora precisam ser capturados por algum elemento. É aqui que entra o oxigênio, que atua como o receptor final de elétrons unindo-se aos íons de hidrogênio para formar água. Essa é a razão pela qual precisamos respirar: o oxigênio é essencial para remover os elétrons e evitar que eles fiquem acumulados na cadeia, bloqueando a produção de energia.

Esse conjunto de reações, envolvendo a cadeia transportadora de elétrons, quimiosmose e a formação de água, é chamado de **FOSFORILAÇÃO OXIDATIVA**.

> Esse processo gera 90% do ATP do corpo humano.

```
                    Fosforilação oxidativa
                              |
        ┌─────────────────────┴─────────────────────┐
Cadeia transportadora de elétrons  +  Quimiosmose  →  Água
```

Assim como é produzido quando o organismo precisa de energia para se manter, o ADP se torna reagente no processo de respiração, sendo reconvertido em ATP.

Exercício físico

Quando você está em repouso, o oxigênio que você inspira é suficiente para manter as células funcionando normalmente, já que ele é usado na respiração celular para gerar energia de forma eficiente. No entanto, durante a prática de exercícios intensos, as células musculares precisam de muito mais energia do que o normal. Para suprir essa demanda extra, você começa a respirar mais rápido, tentando fornecer oxigênio suficiente para que as células continuem produzindo energia pela RESPIRAÇÃO AERÓBICA.

Porém, quando o esforço é muito intenso, o oxigênio disponível não consegue acompanhar a demanda dos músculos. Nessa situação, as células começam a usar a rota de emergência da FERMENTAÇÃO ANAERÓBICA, que produz energia sem usar oxigênio.

O problema é que esse processo tem um efeito colateral: ele gera ÁCIDO LÁTICO, que se acumula nos músculos, causando a sensação de cansaço e dor.

O ácido lático é então levado para o fígado, onde é transformado novamente em glicose para ser utilizado em processos futuros. Esse ciclo é a maneira que o corpo encontra de continuar fornecendo energia em situações de alta demanda, mesmo quando não há oxigênio suficiente disponível.

☆ ☆ ☆

VERIFIQUE SEUS CONHECIMENTOS

1. O que acontece na respiração celular?

2. Quando acontece a respiração anaeróbica?

3. Quais são os subprodutos da fermentação nas bactérias?

4. Qual é o produto mais importante do ciclo de Krebs?

5. Em que região da mitocôndria fica a cadeia transportadora de elétrons?

6. O que as proteínas da cadeia transportadora de elétrons fazem quando os elétrons passam por elas?

7. Qual é a função da ATP sintase?

8. O que é quimiosmose na cadeia transportadora de elétrons?

9. A cadeia transportadora de elétrons, a quimiosmose e a produção de água, juntas, são chamadas de _____ _____.

10. Por que o exercício físico produz ácido lático?

RESPOSTAS

CONFIRA AS RESPOSTAS

1. A glicose é convertida em energia.

2. Quando não há oxigênio após a criação do piruvato.

3. O etanol e alguns ácidos orgânicos.

4. Moléculas chamadas "transportadoras de elétrons", pois transportam os elétrons de alta energia obtidos do piruvato.

5. Fica na membrana interna da mitocôndria.

6. Elas bombeiam íons de hidrogênio da matriz para o espaço intermembranas.

7. A ATP sintase produz ATP.

8. O movimento de íons de hidrogênio através da membrana interna de uma área de alta concentração para uma área de baixa concentração.

9. fosforilação oxidativa

10. Porque, quando você se exercita, não inspira oxigênio suficiente, por isso a cadeia transportadora de elétrons para, forçando o corpo a realizar também o processo anaeróbico de fermentação, que produz como subproduto o ácido lático.

Capítulo 13

MITOSE

A função primária de uma célula é manter o equilíbrio do organismo trabalhando em conjunto com outras células. Entretanto, quando elas envelhecem, muitos dos seus sistemas começam a falhar, impedindo que o corpo opere com eficiência.

> Organismos são como máquinas. Quando as peças ficam velhas, as máquinas começam a apresentar defeitos.

Novas células podem ser produzidas a partir de células existentes, em processos chamados de DIVISÃO CELULAR. Quando atingem um determinado estágio do **CICLO CELULAR**, elas passam pelo processo de **REPRODUÇÃO CELULAR**, dividindo-se em duas cópias exatas de si mesmas. Um suprimento constante de células novas garante que o organismo continue a funcionar corretamente antes que as mais antigas comecem a falhar.

A reprodução celular é o processo pelo qual a maioria das células se divide para formar duas novas células. A célula original, chamada de "mãe", cria duas cópias idênticas de si mesma, chamadas de "filhas".

> **CICLO CELULAR**
> A vida de uma célula normal.

Todos os organismos precisam duplicar seu material genético para se reproduzir. Nos eucariontes (como seres humanos, plantas e fungos), o material genético fica dentro de um núcleo bem definido. Já nos procariontes, como as bactérias, não há núcleo; o material genético fica disperso no citoplasma.

> **REPRODUÇÃO CELULAR**
> O processo de uma célula se dividir em cópias exatas de si mesma.

> Como a mitose envolve a divisão do núcleo, apenas as células dos eucariontes podem passar por esse processo.

Embora muitos eucariontes sejam multicelulares, alguns, como certas algas e alguns fungos, também podem ser unicelulares.

O CICLO CELULAR

A reprodução das células é dividida em várias fases que formam o ciclo celular. Durante a maior parte desse ciclo, a célula cresce e se prepara para se dividir. A **DIVISÃO CELULAR** acontece várias vezes ao longo da vida de um organismo, permitindo que ele cresça e se desenvolva. Quando os organismos

> **DIVISÃO CELULAR**
> O ato de uma célula se dividir em duas.

crescem, não é porque as células ficam maiores, mas porque se dividem e produzem muitas cópias de si mesmas.

Interfase

O ciclo celular se inicia na INTERFASE, o período de crescimento da célula. Enquanto está crescendo, a célula se prepara para a divisão. A interfase pode ser dividida em três fases menores: G1, S e G2.

- **G1:** Nessa primeira fase, a célula começa a crescer e criar as proteínas necessárias para uma fase de crescimento rápido. Antes da próxima fase, a célula faz uma autoverificação. No PONTO DE VERIFICAÇÃO G1, a célula confere:
  * Se existe algum dano ao DNA.
  * Se atingiu um tamanho grande o bastante.
  * Se possui uma quantidade suficiente de ATP para se dividir.

- **S (SÍNTESE):** O DNA na forma de cromatina (fios longos e desorganizados) é copiado. As cópias idênticas permanecem unidas por uma região chamada CENTRÔMERO até a divisão. Essas cópias são chamadas de **CROMÁTIDES-IRMÃS**.

Durante essa fase, os **CENTROSSOMOS** também se duplicam. Eles serão responsáveis por formar o FUSO MITÓTICO, uma rede de fibras que irá se ligar ao material genético e garantir que as cópias sejam separadas corretamente durante a divisão celular.

> **CENTROSSOMO**
> Estrutura que organiza as fibras de divisão celular.

■ **G2**: Nessa última fase antes da divisão, a célula se prepara completando seu crescimento e produzindo mais proteínas. Em alguns organismos, essa fase pode ser ausente, mas em muitos animais é essencial para garantir que tudo esteja pronto para a mitose. No PONTO DE VERIFICAÇÃO G2, a célula verifica se:
* Não há danos no DNA.
* Todo o material genético (cromatina) foi replicado corretamente.

Mitose

A mitose envolve as quatro fases da divisão celular: prófase, metáfase, anáfase e telófase.

■ **Prófase**

Durante a prófase, a membrana nuclear se dissolve e a cromatina (material genético) se compacta, formando os CROMOSSOMOS. Cada cromossomo é composto por duas cromátides-irmãs idênticas, unidas no centrômero, criando a clássica forma de X.

moléculas de DNA condensado

- DNA: Molécula que carrega a informação genética.
- Cromatina: Forma descompactada do DNA no núcleo.
- Cromossomo: Forma compacta e organizada do DNA durante a divisão celular.
- Cromátides: Cópias idênticas de um cromossomo, ligadas pelo centrômero, presentes antes da separação na divisão.

PRÓFASE

Centrossomo

Membrana nuclear se dissolvendo

DNA (com suas cópias)

Cromossomos (cada vez mais condensados)

Centrômero

Cromátides-irmãs

Fibras do fuso

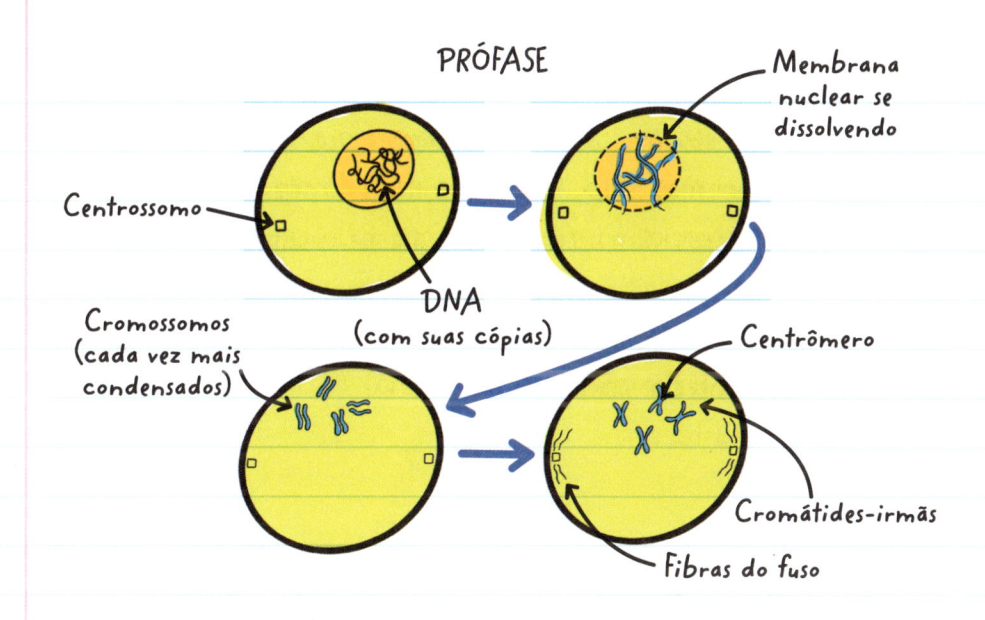

Enquanto isso, os centrossomos (que se duplicaram na interfase) começam a produzir as FIBRAS DO FUSO. Essas fibras se conectam aos cromossomos e irão puxar as cromátides para polos opostos na próxima fase, garantindo que cada célula-filha receba a quantidade correta de material genético.

A prófase é essencial porque organiza o material genético de modo que ele seja distribuído corretamente, evitando que informações importantes se percam durante a divisão.

> Os cromossomos são tão grossos que podem ser vistos com um microscópio óptico potente. Os seres humanos têm 46 cromossomos, um caracol tem 24, as ovelhas têm 54, os elefantes têm 56 e os burros, 62.

Metáfase

Durante a metáfase, os cromossomos se alinham no centro da célula. As fibras do fuso criadas na prófase se fixam aos centrômeros dos cromossomos. Nesse momento, a célula passa pelo último ponto de verificação, o PONTO DE VERIFICAÇÃO M, no qual confere se todos os cromossomos estão afixados às fibras do fuso.

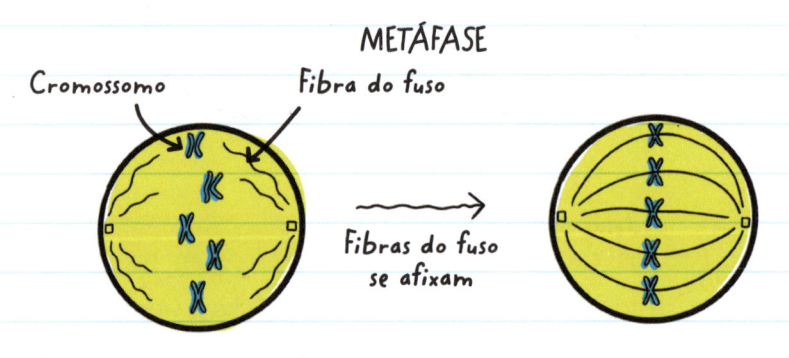

METÁFASE

Cromossomo — Fibra do fuso

Fibras do fuso se afixam →

Os cromossomos se alinham no centro da célula

Anáfase

Os centrômeros afastam os pares de cromossomos, separando as cromátides-irmãs e as arrastando para lados opostos da célula. Durante essa fase a célula começa a se alongar.

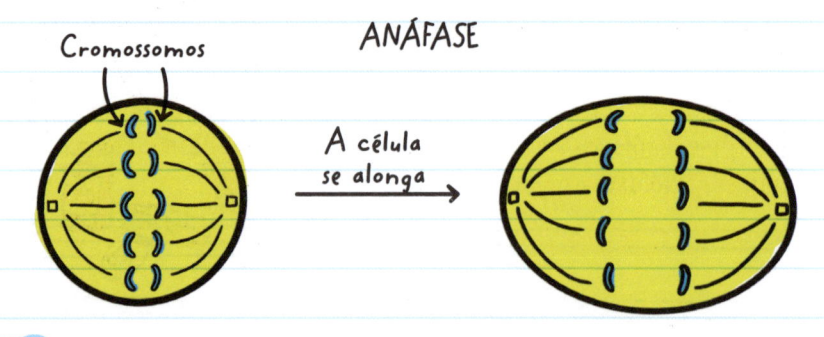

ANÁFASE

Cromossomos

A célula se alonga →

Telófase

Na telófase, uma nova membrana se forma em torno dos novos núcleos, que agora estão em extremidades opostas da célula. Com a membrana nuclear e o nucléolo, os cromossomos se descondensam (se desenrolam e relaxam). As fibras do fuso que afastaram as cromátides começam a se decompor.

Nesse ponto da mitose, a célula continua a se alongar, preparando-se para se dividir em duas.

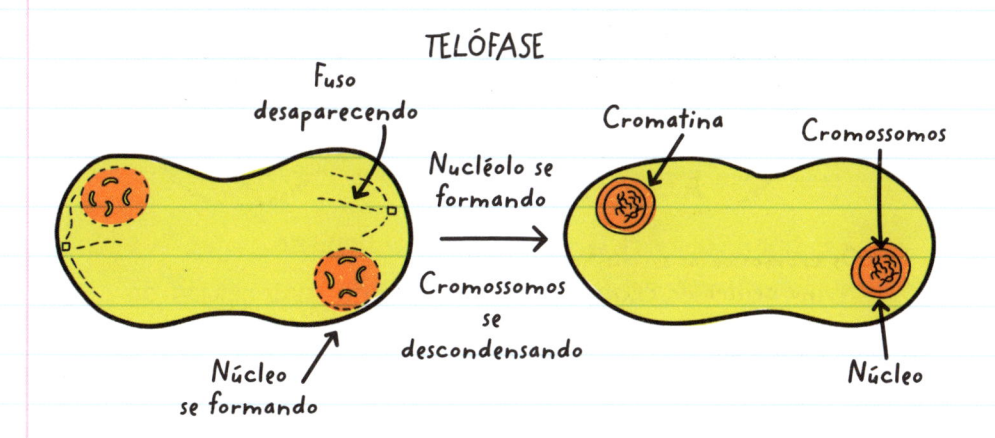

TELÓFASE

(Fuso desaparecendo; Núcleo se formando; Nucléolo se formando; Cromossomos se descondensando → Cromatina; Cromossomos; Núcleo)

Use este mnemônico para lembrar as fases do ciclo celular.

IPMAT: Ivone Prepara Macarronada À Tarde

(Interfase, Prófase, Metáfase, Anáfase, Telófase)

Citocinese

É o estágio final da divisão celular, no qual a célula-mãe se estreita no meio e se separa para criar duas células-filhas. A partir daí, as células-filhas entram na interfase para recomeçar o ciclo celular.

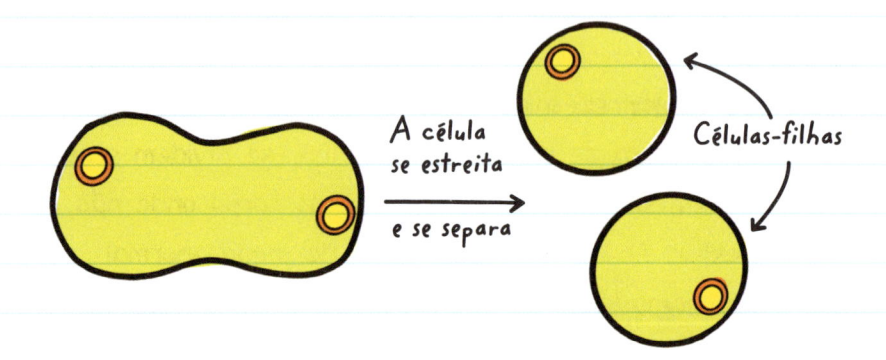

A célula se estreita e se separa → Células-filhas

> *Cito-* significa "célula", e *-cinese* significa "movimento". Citocinese é o movimento das células ao se separarem.

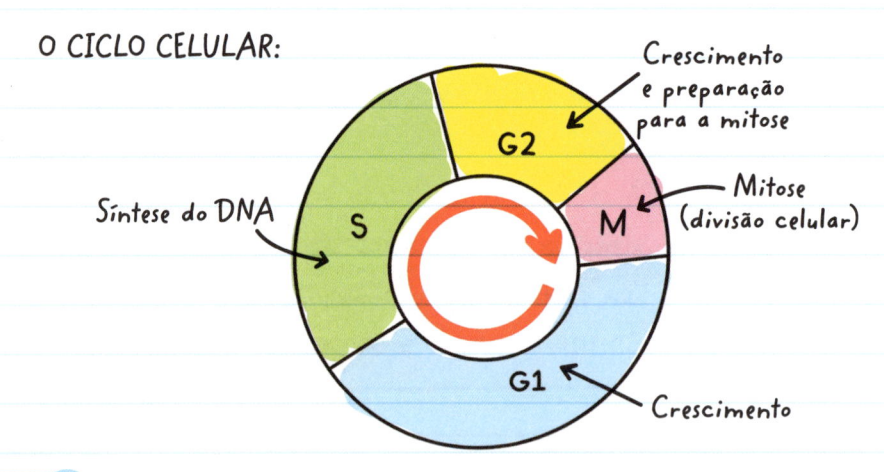

O CICLO CELULAR:

- G2 — Crescimento e preparação para a mitose
- M — Mitose (divisão celular)
- G1 — Crescimento
- S — Síntese do DNA

QUANDO OS SINAIS SÃO IGNORADOS

Os vários pontos de verificação da mitose produzem sinais dentro da célula para garantir que o processo aconteça da forma apropriada. Mas as células também recebem sinais de células vizinhas com informações sobre o corpo e pedidos de ajuda. Às vezes o DNA da célula sofre uma mutação que desequilibra seu ciclo celular. Em vez de parar o crescimento e a divisão celular, ela inicia um superpovoamento do local. Elas se tornam CÉLULAS CANCERÍGENAS, que se dividem sem parar e podem se espalhar para áreas do corpo onde não deveriam estar. As células que crescem de modo anormal formam os chamados TUMORES.

FASE	DESCRIÇÃO
Interfase	• G1: A célula cresce. • S: O material genético é replicado (copiado). Cromátides-irmãs são criadas, afixadas ao centrômero. • G2: A célula continua a crescer.
Prófase	• A cromatina duplicada se condensa e se transforma em cromossomos. Cada cópia de um cromossomo é chamada de cromátide-irmã. • Os centrossomos produzem fibras do fuso.

FASE	DESCRIÇÃO
Metáfase	• Os cromossomos se alinham no centro da célula. • As fibras do fuso se afixam aos cromossomos no centrômero.
Anáfase	• As fibras do fuso separam as cromátides-irmãs. • A célula se alonga.
Telófase	• Membranas nucleares começam a se formar em volta de cada núcleo. • Os cromossomos se descondensam. • As fibras do fuso se desfazem.
Citocinese	• As células se estreitam e se dividem ao meio.

VERIFIQUE SEUS CONHECIMENTOS

1. Por que as células se reproduzem?

2. O que é o ciclo celular?

3. O que acontece durante a fase S da interfase?

4. Qual é a função dos centrossomos?

5. Por que é importante que cada célula-filha tenha o mesmo material genético?

6. Qual é a função das fibras do fuso?

7. O que fazem os cromossomos na metáfase?

8. Em que fase a célula começa a se alongar?

9. Na telófase, as _____ _____ começam a se formar em torno dos cromossomos.

10. Em que fase as fibras do fuso se desfazem?

RESPOSTAS

CONFIRA AS RESPOSTAS

1. Para manter a estabilidade do organismo e permitir que ele cresça.

2. O ciclo celular é a vida de uma célula normal.

3. Na fase S, a cromatina e os centrossomos são copiados.

4. Os centrossomos organizam as fibras do fuso da célula.

5. Toda célula-filha se torna mais tarde uma célula-mãe, e para isso precisa de um conjunto completo do material genético.

6. As fibras do fuso existem para separar cromátides-irmãs.

7. Os cromossomos se alinham no centro da célula.

8. Na anáfase.

9. membranas nucleares

10. Na telófase.

Capítulo 14
MEIOSE

REPRODUÇÃO ASSEXUADA E SEXUADA

A mitose é o processo de divisão que ocorre na maioria das células do corpo para permitir o crescimento e a reparação de tecidos. Já a reprodução do organismo envolve a transmissão dos **GENES** para novos indivíduos, garantindo a continuidade da espécie.

> **GENE**
> Sequência de DNA que contém informações que determinam as características de um ser vivo e como ele irá funcionar para garantir sua sobrevivência.

Isso pode ocorrer de duas maneiras: por REPRODUÇÃO ASSEXUADA, quando um único organismo gera descendentes idênticos a si mesmo, ou por REPRODUÇÃO SEXUADA, que combina os genes de dois indivíduos para formar um novo organismo.

> A reprodução assexuada costuma acontecer em organismos unicelulares, como as bactérias.

> A reprodução sexuada costuma acontecer em organismos pluricelulares, como as plantas e os animais.

Na reprodução sexuada, um macho e uma fêmea combinam seu material genético para gerar um descendente. Ao contrário do que acontece na reprodução assexuada, em que o organismo e o descendente são geneticamente iguais, a reprodução sexuada resulta em um organismo geneticamente diferente.

Para gerar um organismo novo a partir de dois genitores, estes precisam ter um tipo especial de célula que contém metade do número normal de cromossomos da espécie. Essas células – chamadas HAPLOIDES, com um número de cromossomos representado por "n" – podem se combinar para criar um organismo com um conjunto completo de cromossomos, com células DIPLOIDES (2n). As células com metade do número normal de cromossomos são chamadas de **GAMETAS** e criadas pelo processo de MEIOSE. As células que geram os gametas possuem o material genético herdado dos pais, garantindo a transmissão das informações de geração em geração. Dessa forma, o novo organismo terá características oriundas dos dois genitores.

> **GAMETA**
> Célula com metade do número normal de cromossomos. Nos seres humanos, os gametas são os espermatozoides e os óvulos.

CROMOSSOMOS HOMÓLOGOS

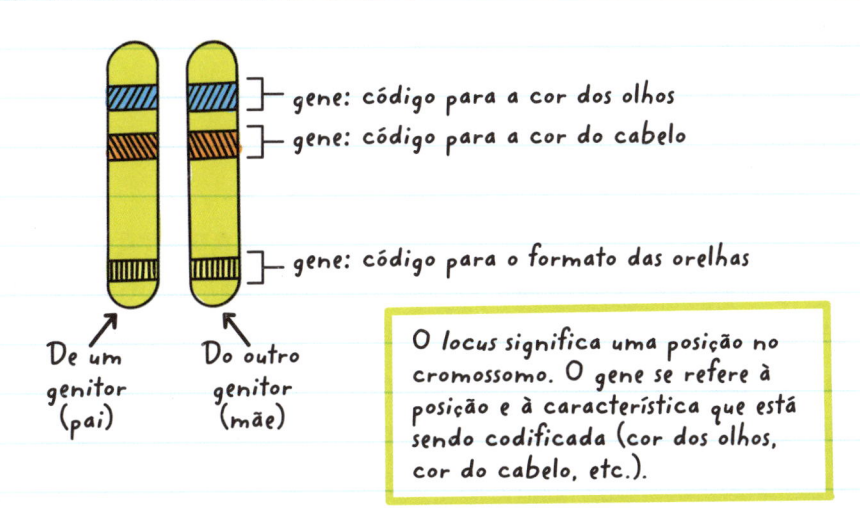

Os seres humanos têm 46 cromossomos organizados em 23 pares: cada par é formado por um cromossomo herdado da mãe e outro do pai. Esses pares, chamados de **HOMÓLOGOS**, possuem genes para as mesmas características, como altura e cor dos olhos, localizados nos mesmos pontos de cada cromossomo, chamados de *LOCUS*.

> O plural de *locus* é *loci*.

Homo- vem do grego antigo *homos*, que significa "mesmo", e *-logo* vem do grego *logos*, que significa "relação". Homólogo significa que duas coisas têm a mesma relação.

CROMOSSOMOS HOMÓLOGOS

- gene: código para a cor dos olhos
- gene: código para a cor do cabelo
- gene: código para o formato das orelhas

De um genitor (pai) | Do outro genitor (mãe)

> O *locus* significa uma posição no cromossomo. O gene se refere à posição e à característica que está sendo codificada (cor dos olhos, cor do cabelo, etc.).

Embora ocupem o mesmo *locus*, as informações desses genes podem ser diferentes. Essas variações são chamadas de ALELOS. Por exemplo, um cromossomo pode ter o alelo para "olhos castanhos", enquanto outro pode ter o alelo para "olhos azuis". É essa combinação de alelos que define as características de cada pessoa e é responsável pela VARIABILIDADE GENÉTICA, muito importante para a sobrevivência e evolução da espécie.

> A razão de os seres humanos parecerem tão diferentes uns dos outros, mesmo sendo parentes (com exceção dos gêmeos idênticos), é a forma como os alelos interagem na reprodução sexuada.
>
> FALA, MANA!

A informação presente nos genes é chamada de GENÓTIPO. O resultado prático dessa informação (como a cor do cabelo) é chamado de FENÓTIPO. O fenótipo, entretanto, depende também de influências externas: uma pessoa pode ter genes que facilitam o surgimento de uma doença, mas isso também depende de seus hábitos de saúde.

MEIOSE

Meiose é o processo em que os gametas são criados. As mesmas fases da mitose - interfase, prófase, metáfase, anáfase e telófase (IPMAT) - acontecem na meiose. Mas, para dividir pela metade o número de cromossomos de uma célula, a divisão celular precisa acontecer duas vezes. Isso resulta em quatro gametas (n) a partir de uma única célula-mãe (2n).

Para dar conta de cada divisão celular, a meiose é dividida em duas categorias: meiose I e meiose II.

MEIOSE I

A meiose I é a divisão de uma célula-mãe em duas células-filhas.

- **Interfase**
  O material genético da célula é duplicado e os centrossomos, que organizam as fibras do fuso, são produzidos.

Prófase I

Metáfase I

Anáfase I

Telófase I

Citocinese

→ Meiose II

> Após a meiose I, não existe interfase. A célula não precisa de um período de crescimento antes de passar para a meiose II.

- **Prófase I**
  A cromatina duplicada se condensa em duas cópias de cromossomos, as cromátides-irmãs. As duas cromátides são unidas pelo centrômero. Os centrossomos produzem fibras do fuso.

  Nessa etapa, os cromossomos homólogos (que vieram dos pais desse organismo) se emparelham lado a lado, formando pares. A proximidade permite que eles troquem segmentos de DNA entre si em um processo chamado permutação, resultando em **RECOMBINAÇÃO** genética.

> **RECOMBINAÇÃO**
> A troca de DNA entre dois cromossomos homólogos.

Depois disso, a membrana nuclear se dissolve, liberando os cromossomos no citoplasma para continuar a divisão celular.

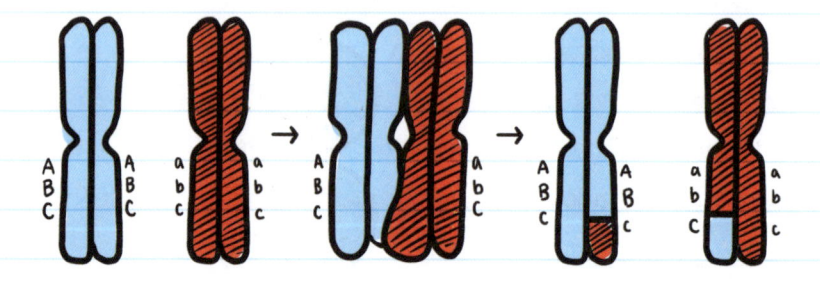

- Metáfase I

Os pares de cromossomos se alinham no centro da célula e as fibras do fuso se afixam aos centrômeros.

> É por causa da recombinação que os filhos podem ser muito diferentes dos pais. Ela é uma mistura do DNA deles.

- Anáfase I

Os cromossomos homólogos afixados são separados pelo fuso, que os arrasta para lados opostos da célula. Cada cromossomo continua com duas cromátides, porém, devido à recombinação por causa da permutação, elas não são mais idênticas.

- **Telófase I**

    Um núcleo e uma membrana nuclear se formam em volta dos dois conjuntos de cromossomos. As fibras do fuso são decompostas. A célula se alonga.

Citocinese

A célula se estreita no meio para formar duas células-filhas, cada uma contendo um conjunto de cromossomos, mas cada um com duas cromátides ligadas. Se a divisão parasse aqui, a célula resultante teria a mesma quantidade de material genético que uma célula normal, já que o DNA foi duplicado no início e depois dividido ao meio. No entanto, um gameta precisa ter apenas metade do material genético para poder se combinar com o gameta do outro genitor e formar uma nova célula completa. Sendo assim, é necessária mais uma divisão.

MEIOSE II

Na meiose II, as duas células-filhas têm suas cromátides separadas. Como não existe necessidade de replicar DNA ou aumentar o tamanho das células, não existe interface.

Prófase II

Metáfase II

Anáfase II

Telófase II

Citocinese

O processo é basicamente o mesmo que o da mitose.

- **Prófase II**

    A membrana nuclear e o núcleo se dissolvem, liberando os cromossomos. Novas fibras do fuso são criadas.

- **Metáfase II**

    Os cromossomos se alinham no centro de cada célula e as fibras do fuso se afixam aos centrômeros.

- **Anáfase II**

    As cromátides são separadas em cromossomos individuais e arrastadas para as extremidades opostas de cada célula.

- **Telófase II**

    Um núcleo se forma em volta de cada conjunto de cromossomos. As fibras do fuso são decompostas. A célula se alonga.

Citocinese

As duas células se dividem, produzindo quatro células-filhas, cada uma com DNA diferente das outras células. Elas têm metade do número de cromossomos do organismo e são chamadas de gametas.

Nos animais, os gametas são produzidos nos ovários (óvulos) e nos testículos (espermatozoides) e ficam armazenados ali até serem utilizados. Para formar um novo ser vivo, um gameta masculino e um feminino precisam se unir, formando uma célula completa com o número padrão de cromossomos.

VERIFIQUE SEUS CONHECIMENTOS

1. Por que os genes de qualquer organismo precisam ser transmitidos para um novo organismo?

2. O que é reprodução assexuada?

3. O que é reprodução sexuada?

4. Qual é o resultado da meiose?

5. O que são cromossomos homólogos?

6. Várias formas de genes de cromossomos homólogos que fazem parte de um mesmo *locus* são conhecidas como _____.

7. Qual é a consequência da permutação entre cromossomos homólogos?

8. Existe uma etapa de interfase antes da meiose II? Por quê?

9. Em que fase se separam as cromátides ligadas na prófase I?

10. A meiose II cria _____ células-filhas.

RESPOSTAS

CONFIRA AS RESPOSTAS

1. Porque a reprodução celular começa a falhar com o passar do tempo, impedindo a manutenção da vida.

2. É a produção de um organismo com os mesmos genes do genitor.

3. É a produção de um organismo com uma combinação dos materiais genéticos dos dois genitores de mesma espécie.

4. O processo de meiose produz gametas, células que contêm metade do número de cromossomos da espécie.

5. São aqueles que, em certas posições, têm um gene para o mesmo traço genético.

6. alelos

7. A recombinação através da troca de DNA entre dois cromossomos homólogos, que leva à variabilidade genética.

8. Não existe uma etapa de interfase antes da meiose II porque não é necessário replicar o DNA ou aumentar o tamanho das células antes da divisão celular.

9. Na anáfase II.

10. quatro

Unidade 4

Bactérias, vírus, príons e viroides

Capítulo 15
BACTÉRIAS

FISSÃO BINÁRIA

As **BACTÉRIAS** são **MICRORGANISMOS** com apenas uma célula. São **PROCARIONTES**. A maioria das bactérias tem parede celular.

As bactérias se reproduzem por meio de um processo chamado **FISSÃO BINÁRIA**, que tem duas etapas:

> **MICRORGANISMO**
> Ser vivo tão pequeno que não é visível a olho nu.
>
> **PROCARIONTES**
> Células mais simples que as eucariontes, nas quais o material genético não está protegido dentro de um núcleo, ficando livre no citoplasma.

1. A célula duplica o material genético e depois se alonga, fazendo-o se dividir.

2. A célula se divide ao meio, produzindo duas células-filhas novas, que são idênticas à célula-mãe.

- célula-mãe
- o DNA se duplica
- a célula começa a se dividir
- células-filhas

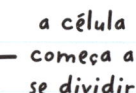

> Algumas espécies de bactéria crescem e se reproduzem em apenas 20 minutos. A maioria das células humanas leva cerca de 24 horas para sofrer uma nova mitose. Isso significa que as bactérias podem se reproduzir cerca de 72 vezes mais rápido que uma célula humana!

Antonie van Leeuwenhoek
Cientista holandês que descobriu as bactérias no final do século XVII. Ele as observou pela primeira vez ao raspar tártaro dos próprios dentes e colocá-lo no microscópio. Na época, Antonie chamou as bactérias de "animáculos" porque se movimentavam como animais.

A classificação de bactérias mudou muitas vezes. Inicialmente, todos os tipos de bactéria faziam parte de um reino chamado MONERA, porque se acreditava que suas funções eram semelhantes. Mais tarde, os cientistas descobriram que havia diferenças entre vários tipos de bactéria, como o modo de obter energia e os lugares onde vivem.

Hoje em dia, o Reino Monera é dividido em dois reinos:

- o Reino das Arqueobactérias

- o Reino das Eubactérias

ARQUEOBACTÉRIAS

As **ARQUEOBACTÉRIAS** são um tipo de bactéria que pode sobreviver em ambientes inóspitos. Muitas são **ANAERÓBICAS**, e suas paredes celulares são compostas por uma substância chamada PSEUDOMUREÍNA, um carboidrato complexo.

Como não precisam de oxigênio, muitas arqueobactérias sobrevivem numa ampla gama de ambientes, são capazes de produzir energia por vários meios e podem gerar vários subprodutos.

> **ARQUEOBACTÉRIA**
> Um tipo de bactéria que pode sobreviver em ambientes inóspitos.

> **ANAERÓBICO**
> Qualquer organismo que pode sobreviver sem oxigênio.

Tipos de arqueobactéria

METANOGÊNICAS: Emitem metano quando produzem energia. Vivem no fundo de lagos e pântanos, onde existe pouco ou nenhum oxigênio, e também no intestino dos seres humanos e de outros animais.

Células comuns seriam incapazes de produzir energia em um ambiente sem oxigênio e morreriam. Muitas bactérias metanogênicas usam hidrogênio em vez de oxigênio para produzir a energia de que necessitam.

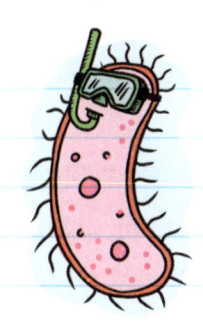

> *Metanogênico* vem de *metano + -gênico*. *Gênico* significa "aquilo que gera".
>
> Organismos metanogênicos são aqueles que produzem metano.

HALÓFILAS: Arqueobactérias que vivem em lugares com alta concentração de sal. Normalmente, o sal faz as células perderem água e murcharem, mas as halófilas contêm substâncias que evitam a perda de água, permanecendo estáveis.

> *Halófilo* vem de *halo- + -filo*. *Halo-* significa "sal" e *-filo* significa "que gosta de".
>
> Halófilos são organismos que gostam de sal.

TERMÓFILAS: Arqueobactérias que vivem em lugares muito quentes, como vulcões e fontes termais. Outros tipos de célula seriam danificados em ambientes do tipo, parariam de funcionar e, em algum momento, morreriam. Mas as termófilas têm enzimas que só funcionam em temperaturas elevadas.

> As bactérias termófilas são consideradas as mais antigas da Terra. Isso porque, em tempos remotos, a Terra era extremamente quente, chegando a alcançar milhares de graus.

Termófilo vem de *termo-* + *-filo*. *Termo-* significa "calor", e *-filo* significa "que gosta de".

Termófilos são organismos que gostam de calor.

EUBACTÉRIAS

As eubactérias não gostam de ambientes inóspitos. Como vivem em condições mais normais, elas costumam ser chamadas de "bactérias verdadeiras". As paredes celulares das eubactérias são feitas de PEPTIDOGLICANO, um carboidrato semelhante à pseudomureína (o material das paredes celulares das arqueobactérias).

As paredes celulares das eubactérias são muito mais espessas e resistentes que as das arqueobactérias. Podem ser tão espessas a ponto de impedir algumas bactérias de se mover.

> Quando falamos de *bactérias* no dia a dia, geralmente nos referimos às eubactérias.

Somente as eubactérias podem ser **PATOGÊNICAS**, ou seja, causar doenças e infecções.

> **PATÓGENOS**
> Bactérias, vírus e outros organismos (como fungos e protistas) que podem causar doenças.

CLASSIFICAÇÃO DAS BACTÉRIAS

Todas as bactérias têm formas semelhantes, seja de que reino forem. As três formas mais comuns são as seguintes:

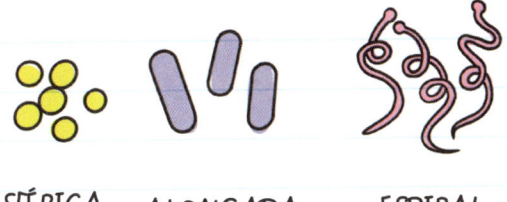

ESFÉRICA — COCOS

ALONGADA — BACILOS

ESPIRAL — ESPIRILOS

As bactérias também podem ser agrupadas como:

- células independentes ou ligadas em pares chamados **diplo**:

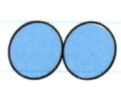

- cadeias chamadas **strepto**:

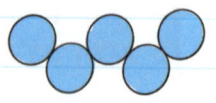

- AGLOMERADOS chamados **estafilo**, grupos de bactérias que ajudam uns aos outros a sobreviver:

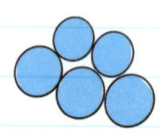

O gênero das bactérias é uma combinação da sua forma com o modo como estão agrupadas. Por exemplo, bactérias alongadas que se agrupam em colônias pertencem ao gênero Estafilobacilos.

estafilo + bacilos

A faringite estreptocócica (dor de garganta) e as infecções estafilocócicas (que causam furúnculos e infecções na pele) recebem esses nomes devido às bactérias que as provocam:

Estreptococos e **Estafilo**cocos.

A IMPORTÂNCIA DAS BACTÉRIAS

As bactérias são essenciais para a vida. Algumas produzem seu próprio alimento (autotróficas) e outras consomem nutrientes de outros organismos (heterotróficas).

As **BACTÉRIAS AUTOTRÓFICAS** costumam ser encontradas em áreas ensolaradas, onde fazem fotossíntese para obter nutrientes.

As **BACTÉRIAS HETEROTRÓFICAS** são encontradas nos lugares onde existe matéria orgânica morta, como o solo, a água e até dentro dos sistemas digestórios dos animais.

As bactérias que vivem em organismos vivos costumam ser **MUTUALISTAS**, ou seja, ambas as partes se beneficiam. Por exemplo, as que vivem em nossa pele nos protegem de microrganismos mais perigosos e, em troca, recebem um ambiente estável e nutrientes. Bactérias presentes no sistema digestório das vacas as ajudam a digerir a comida e, em troca, têm acesso contínuo a alimentos.

MUTUALISTA
Interação de dois organismos em que ambos são beneficiados.

Os biólogos aproveitam esse relacionamento mutualista, usando bactérias que produzem vitaminas para criar suplementos que ajudam na promoção da saúde humana.

As bactérias também são usadas pelos pesquisadores para testar **ANTIBIÓTICOS**, aumentar o crescimento das plantas e até decompor substâncias não biodegradáveis, como os plásticos.

> **ANTIBIÓTICO**
> Tipo de remédio que mata bactérias.

VERIFIQUE SEUS CONHECIMENTOS

1. O que são os procariontes?

2. Qual é a função da fissão binária?

3. Como Antonie van Leeuwenhoek descobriu as bactérias?

4. Quais são os dois reinos em que foi dividido o Reino Monera?

5. Onde vivem as arqueobactérias?

6. Que nome os biólogos dão às arqueobactérias que vivem em lugares com alta concentração de sal?

7. Qual a forma das bactérias chamadas diplobacilos?

8. Que reino de bactérias pode causar doenças?

9. Onde costumam ser encontradas as bactérias autotróficas?

10. O que significa dizer que uma bactéria é mutualista?

RESPOSTAS

CONFIRA AS RESPOSTAS

1. Os procariontes são organismos cujas células não têm núcleo e organelas ligadas à membrana, como a mitocôndria ou os lisossomos.

2. A fissão binária permite que as bactérias produzam cópias idênticas de si próprias.

3. Antonie van Leeuwenhoek raspou tártaro dos próprios dentes e observou as bactérias em um microscópio.

4. Arqueobactérias e Eubactérias.

5. As arqueobactérias vivem em ambientes inóspitos.

6. Halófilas.

7. Bactérias alongadas que se ligam em pares.

8. Somente o Reino das Eubactérias pode causar doenças.

9. As bactérias autotróficas costumam ser encontradas em áreas ensolaradas.

10. Significa que a bactéria beneficia um organismo e é, ao mesmo tempo, beneficiada por ele.

Capítulo 16

VÍRUS

CARACTERÍSTICAS DOS VÍRUS

Um VÍRUS é uma cadeia de ácido nucleico (informação genética) envolto por uma cápsula de proteína. É um pacote simples de DNA ou RNA.

Os vírus são singulares. Os cientistas não chegaram a um consenso sobre se eles podem ser considerados seres vivos, porque os vírus não são células e não apresentam muitas características típicas dos seres vivos. Ao contrário das bactérias, os vírus não têm estrutura ou membranas e não têm organelas que necessitem de energia ou oxigênio. Os vírus não são capazes de fazer nada por si mesmos, como sobreviver ou se reproduzir. Para realizar a maioria das tarefas, precisam de um **HOSPEDEIRO**.

> **HOSPEDEIRO**
> Organismo que abriga e/ou nutre outro organismo, seja ele parasita ou não.

Muitos seres vivos também dependem de hospedeiros – por exemplo, algumas bactérias e insetos, que vivem dentro de outros organismos em relações de mutualismo, em que ambos se beneficiam.

> **PARASITA**
> Agente que vive na superfície ou no interior de um organismo de outra espécie e prejudica o hospedeiro.

No entanto, os vírus são diferentes. Eles são **PARASITAS**, ou seja, invadem o hospedeiro, se multiplicam e acabam causando danos a ele, sem oferecer nenhum benefício em troca.

> Os vírus não são considerados organismos porque não apresentam as características dos seres vivos. Os biólogos os chamam de "agentes infecciosos".

ESTRUTURA DOS VÍRUS

Os vírus podem ter diversas estruturas. São elas que determinam o modo como eles infectam os hospedeiros. Um vírus encaixa suas proteínas superficiais nos receptores de um hospedeiro (veja mais na página 154). As estruturas de alguns vírus são compatíveis com vários hospedeiros, enquanto outras são compatíveis com apenas um hospedeiro.

Tipos de estrutura viral:

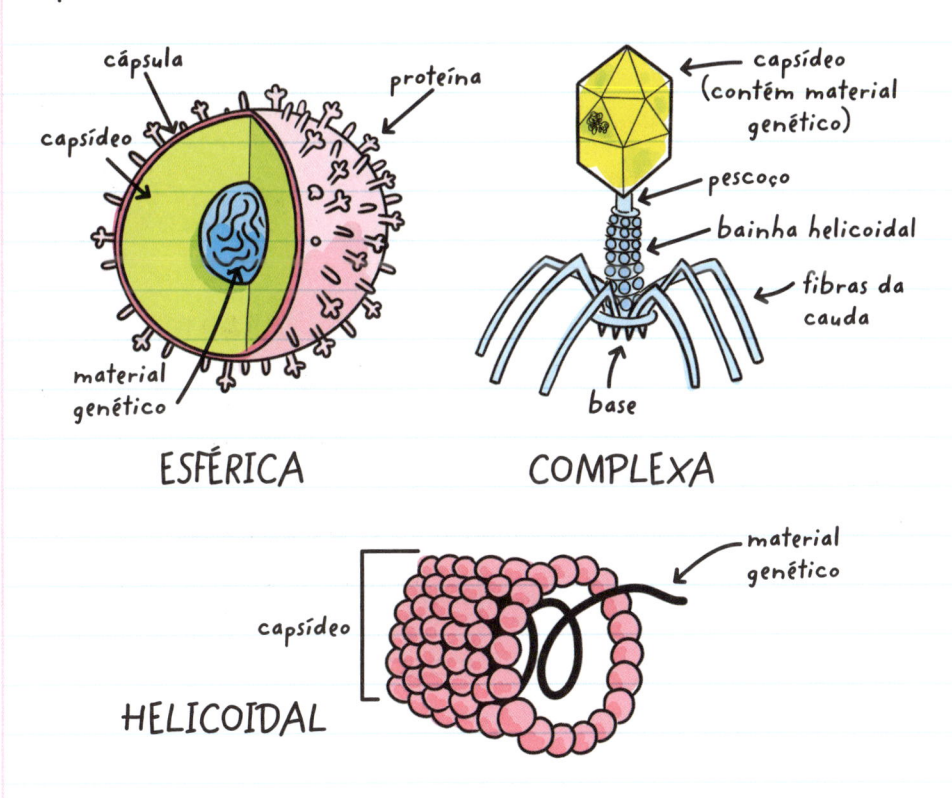

ESFÉRICA
- cápsula
- proteína
- capsídeo
- material genético

COMPLEXA
- capsídeo (contém material genético)
- pescoço
- bainha helicoidal
- fibras da cauda
- base

HELICOIDAL
- capsídeo
- material genético

Proteínas

Uma das semelhanças entre os seres vivos e os vírus é o objetivo de se reproduzir. Entretanto, os vírus não se reproduzem de forma sexuada ou assexuada. Em vez disso, **INFECTAM** as células e transmitem suas informações genéticas para o hospedeiro, obrigando-o a produzir cópias do vírus. Para inserir seu material genético na célula, os vírus precisam se ligar à célula e entrar nela.

> **INFECTAR**
> Invadir um organismo.

As proteínas virais ficam na superfície do vírus. Existem proteínas de dois tipos:

PROTEÍNAS-CHAVE: Os vírus são capazes de enganar as membranas celulares. Para isso, usam a "chave" correta para "destrancar" as membranas e fazê-las pensar que devem aceitar os vírus. Essa chave é chamada de **LIGANTE**. A "fechadura" da membrana celular é o **RECEPTOR**. O ligante do vírus se conecta ao receptor da membrana celular, destrancando-o e iniciando o processo de infecção.

> **LIGANTE**
> Qualquer molécula que se liga a uma proteína.

> **RECEPTOR**
> Qualquer proteína que reage a outra molécula se ligando a ela.

> Apenas as células com receptores específicos podem ser infectadas por vírus específicos.

PROTEÍNAS-NUTRIENTES: Os receptores nas membranas celulares geralmente servem para permitir a entrada de nutrientes, como glicose e aminoácidos, que circulam pelo corpo. Nesse caso, a "chave" não é uma proteína específica, mas o próprio nutriente. Alguns vírus aproveitam esse truque ao se cobrir com proteínas

> Vírus que não têm proteínas-chave costumam usar esse método.

que imitam os nutrientes que a célula espera receber, enganando a membrana para permitir sua entrada.

Quando as proteínas se parecem com um nutriente de que a célula precisa, a membrana celular "abre a porta" para o vírus entrar.

Capsídeo

O **CAPSÍDEO** é a cobertura externa do vírus. É composto de proteínas simples e protege o material genético no interior. As várias proteínas que compõem o capsídeo proporcionam aos vírus muitas formas diferentes. Depois que o vírus entra na célula, o capsídeo se degrada e libera todo o material genético do vírus.

degrada → decompõe

CAPSÍDEO
Cobertura externa de um vírus, composta de proteínas.

Cápsula

Alguns vírus têm uma **CÁPSULA** protetora, que contém proteínas virais e possui estrutura semelhante a uma membrana celular. Essa semelhança é importante porque permite à cápsula se ligar à membrana celular para permitir a entrada do vírus sem que a célula saiba que foi infectada.

CÁPSULA
Camada protetora de um vírus. Tem estrutura semelhante às membranas celulares.

Material genético

O material genético de um vírus depende de sua **ESPÉCIE VIRAL**. Algumas contêm **DNA**, ácido desoxirribonucleico, e outros contêm **RNA**, ácido ribonucleico.

> **ESPÉCIE VIRAL**
> Embora vírus não sejam seres vivos, a virologia utiliza esse termo para classificá-los com base em sua similaridade.

> **DNA**
> **(ÁCIDO DESOXIRRIBONUCLEICO)**
> Ácidos nucleicos que codificam as proteínas de que a célula precisa para viver (ou seja, armazenam as informações que orientam a produção dessas proteínas).
>
> **RNA**
> **(ÁCIDO RIBONUCLEICO)**
> Ácidos nucleicos que são usados dentro da célula como mensageiros, lendo o DNA e permitindo a transmissão das informações genéticas.

Após a infecção por um vírus de DNA, o material genético viral é usado para produzir uma cópia de RNA dentro da célula. A célula hospedeira lê o RNA achando que é o seu próprio e envia as instruções aos ribossomos, que começam a fabricar proteínas do vírus sem perceber. Enquanto isso, o DNA viral passa pelo processo de **REPLICAÇÃO** no núcleo.

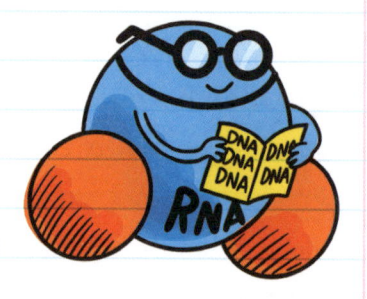

> **REPLICAÇÃO**
> Processo de copiar alguma coisa.

Com a replicação das proteínas e do DNA do vírus, um vírus inteiro pode ser fabricado dentro da célula hospedeira.

> Os vírus de DNA entram em uma célula, criam várias cópias de todos os seus componentes e fabricam uma grande quantidade de novos vírus por meio da replicação. Apenas um vírus pode formar milhares de vírus.

Já os vírus de RNA primeiro transformam seu RNA em DNA em um processo chamado **TRANSCRIÇÃO REVERSA**. No início da infecção, usam suas próprias enzimas para criar o DNA, mas depois dependem das organelas da célula hospedeira para se multiplicar. Uma vez formado, o DNA viral segue o mesmo caminho dos vírus de DNA, enganando a célula para produzir mais vírus.

Transcrição significa "escrita".

TRANSCRIÇÃO REVERSA
A criação de DNA a partir de RNA: o contrário da transcrição normal, na qual o RNA é criado a partir do DNA.

Transcrição: **DNA → RNA**

Transcrição reversa: **RNA → DNA**

Quando são usados para fabricar vírus, os mecanismos da célula hospedeira não são capazes de fabricar as proteínas vitais para o funcionamento da célula. Com isso, os vírus acabam matando a célula hospedeira, porque ela não consegue funcionar direito.

A IMPORTÂNCIA DOS VÍRUS

Como os vírus são capazes de inserir seu material genético nas células, os cientistas conseguem usá-los para introduzir genes benéficos nas pessoas. Essa prática é chamada de TERAPIA GÊNICA. Os cientistas usam vírus para forçar as células a criar proteínas necessárias para um organismo debilitado sobreviver. Esse tipo de terapia pode ser usado para tratar diversas doenças, como as do coração, a diabetes e o câncer. Os vírus são classificados de acordo com seu material genético. O HIV (vírus da imunodeficiência humana), o SARS-CoV-2 (síndrome respiratória aguda grave coronavírus 2) e o influenza são espécies virais cujo material genético são moléculas de RNA. A catapora e varíola, por sua vez, são vírus de DNA.

VERIFIQUE SEUS CONHECIMENTOS

1. Os vírus são considerados seres vivos? Por quê?

2. Do que um vírus precisa para se reproduzir?

3. Como os vírus se reproduzem?

4. Quais são os dois meios de um vírus entrar em uma célula?

5. Por que a cápsula de um vírus é capaz de se ligar a uma membrana celular?

6. O que acontece ao capsídeo do vírus quando ele entra na célula?

7. Que material genético os vírus podem conter?

8. Qual é a função da replicação?

9. Por qual passo adicional os vírus de RNA precisam passar?

10. Como funciona a terapia gênica?

RESPOSTAS

CONFIRA AS RESPOSTAS

1. Não, porque não apresentam todas as características da vida.

2. De um hospedeiro.

3. Os vírus se reproduzem infectando as células e obrigando-as a fazer cópias deles.

4. Os vírus podem entrar na célula usando o ligante que se encaixa na membrana celular ou fazendo a célula achar que se trata de um nutriente.

5. Porque a cápsula tem estrutura semelhante à de uma membrana celular.

6. O capsídeo se degrada, liberando o material genético.

7. DNA ou RNA.

8. A replicação permite que o DNA do vírus seja copiado.

9. Os vírus de RNA precisam passar por uma transcrição reversa, na qual o RNA é transformado em DNA.

10. Na terapia gênica os cientistas alteram os vírus, inserindo genes benéficos ao ser humano, depois infectam os pacientes com os vírus alterados.

Capítulo 17
PRÍONS E VIROIDES

PRÍONS

Os príons são um tipo de proteína. Não têm material genético. Isso significa que, assim como os vírus, os príons não são considerados seres vivos. Além disso, os príons não são capazes de se movimentar por conta própria. Para encontrar um hospedeiro, os príons precisam se associar a organismos que não podem infectar, como plantas. Esses organismos são consumidos por organismos suscetíveis a uma infecção por príons. Até onde se sabe, só os animais são suscetíveis a essa infecção, incluindo os seres humanos.

O príon está na grama, mas infecta o animal, não a grama.

Dobramento das proteínas

Os príons causam danos ao mudar o empacotamento das proteínas, afetando o funcionamento delas no hospedeiro e, geralmente, trazendo malefícios à saúde.

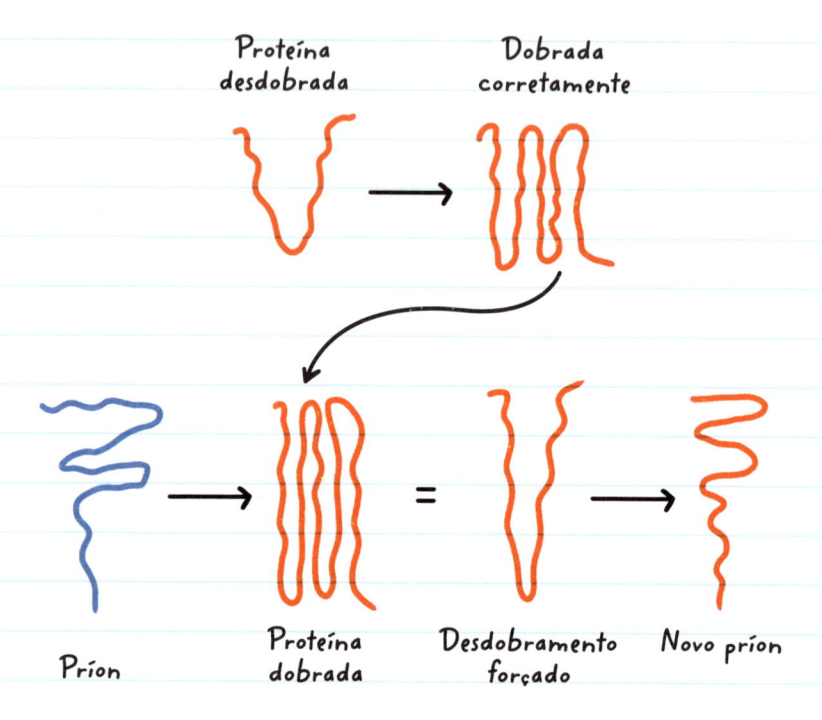

Proteína desdobrada → Dobrada corretamente

Príon → Proteína dobrada = Desdobramento forçado → Novo príon

Uma proteína só funciona adequadamente quando tem a organização tridimensional correta. Quando um príon se aproxima de uma proteína, pode desdobrá-la e dobrá-la de volta, alterando seu empacotamento. Mas, ao se dobrar de volta, a proteína passa a ter a mesma forma do príon, criando um novo príon. Esse processo danifica a célula, porque impede o funcionamento normal das proteínas. O dobramento é também um meio de reprodução do príon (o príon cria uma proteína idêntica a ele).

> Os príons costumam afetar as proteínas do cérebro dos animais infectados, destruindo os tecidos cerebrais.

VIROIDES

Os **VIROIDES** são os menores patógenos conhecidos, menores que os vírus. Não têm capsídeo e se comportam de maneira diferente dos príons:

- São subvirais.

- Os viroides são compostos de uma única molécula de RNA, sem proteínas.

- Os viroides infectam somente plantas, causando doenças.

Os viroides usam uma enzima chamada RNA POLIMERASE para se reproduzir. Essa enzima, presente em todas as células, normalmente é responsável por ler a informação contida no DNA e transcrevê-la em moléculas de RNA, durante os processos normais da célula. No entanto, o RNA do viroide engana a RNA polimerase fazendo-a acreditar que o RNA viral é como se fosse DNA da própria célula, levando à reprodução do viroide.

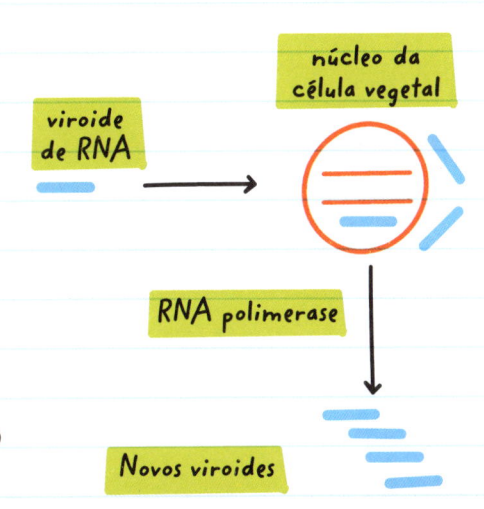

viroide de RNA → núcleo da célula vegetal → RNA polimerase → Novos viroides

Os viroides costumam ser transmitidos por meio de sementes e equipamentos contaminados.

Os viroides foram descobertos em 1971 pelo **DR. THEODOR O. DIENER**, um patologista norte-americano.

VERIFIQUE SEUS CONHECIMENTOS

1. Por que os príons não são considerados seres vivos?

2. Do que são compostos os príons?

3. Como os príons encontram um hospedeiro?

4. Que organismos não são afetados por príons?

5. De que modo um animal é infectado por um príon?

6. Como o príon se reproduz?

7. Qual é a diferença entre os organismos infectados por viroides e por príons?

8. De que são compostos os viroides?

9. Como os viroides se reproduzem?

RESPOSTAS

CONFIRA AS RESPOSTAS

1. Porque faltam aos príons elementos essenciais à vida, como material genético.

2. Os príons são compostos de proteína.

3. Os príons são transportados por organismos que não conseguem infectar e ingeridos por animais infectáveis.

4. Príons não infectam plantas e fungos, apenas animais.

5. Os príons se ligam a um organismo, sem infectá-lo. Esse organismo em seguida é ingerido por um animal. O príon infecta esse animal.

6. O príon altera o empacotamento de proteínas do hospedeiro, conferindo-lhes formato parecido com o dele. Ou seja, transforma-as em outros príons.

7. Os viroides infectam plantas; os príons infectam animais.

8. Os viroides são compostos de uma única molécula de RNA.

9. Os viroides enganam a RNA polimerase da célula do hospedeiro, fazendo-a pensar que o RNA do viroide é o DNA da célula. Com isso, a célula do hospedeiro duplica o RNA do viroide.

Capítulo 18
DOENÇAS

PATÓGENOS

Quando bactérias, vírus, príons ou viroides nocivos infectam um organismo, tornam-se PATÓGENOS, agentes que podem causar **DOENÇAS**. Os patógenos podem ser mortais e existem em todos os lugares da Terra.

> **DOENÇA**
> Condição que impede o organismo de funcionar normalmente.

Patógeno vem do grego *pathos* + *-geno*. *Pathos* significa "doença" e *-geno* significa "aquilo que gera".

Patógeno é aquilo que causa doenças.

⭐ ⭐ ⭐

Todos os seres vivos reagem de alguma forma ao serem infectados por um patógeno. Nos seres humanos, o **SISTEMA IMUNOLÓGICO** é o responsável por proteger o corpo de substâncias nocivas. Quando um patógeno invade o corpo, o sistema imunológico responde tentando matá-lo e removê-lo do corpo. Quando não consegue matar o patógeno imediatamente, o corpo fica doente.

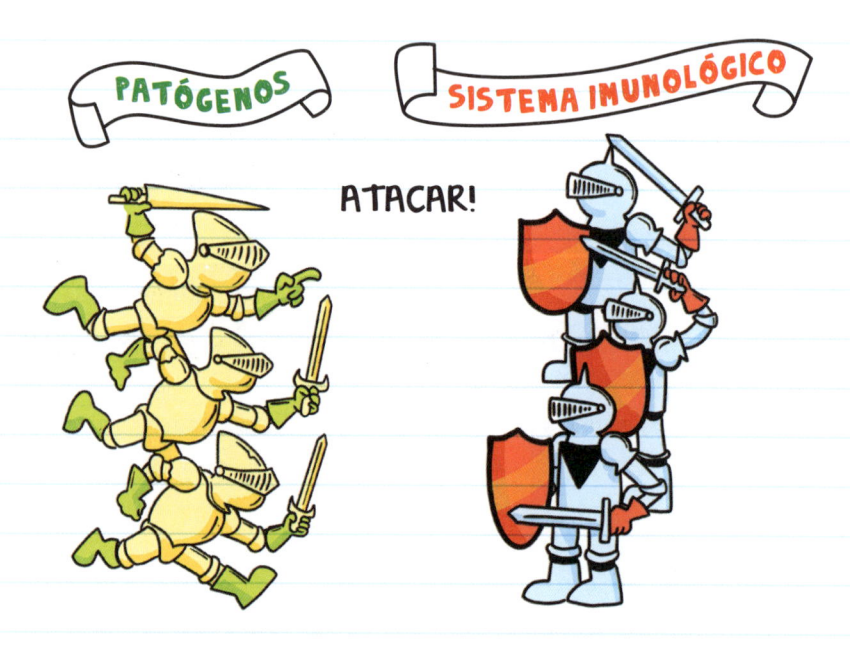

PATÓGENOS   SISTEMA IMUNOLÓGICO

ATACAR!

SISTEMA IMUNOLÓGICO
Mecanismo de defesa do corpo, responsável por protegê-lo de substâncias e doenças. Em alguns materiais didáticos é chamado de "sistema imunitário".

> O ser humano tem reações alérgicas quando o sistema imunológico trata uma substância como o pólen, a poeira ou o mofo como uma substância nociva.
>
> ATCHIM!

Os SINTOMAS de uma doença são seus efeitos colaterais. O tipo de sintoma depende de como o patógeno afeta o organismo. A febre, por exemplo, é sintoma de uma infecção bacteriana ou viral.

Os sintomas desaparecem quando o sistema imunológico remove o patógeno do corpo. Quando o patógeno não é detido, ele se reproduz, infecta mais células e faz a doença durar mais tempo. Quanto mais tempo as funções normais de um organismo são interrompidas por uma doença, mais provável é que o organismo morra.

> Se a causa da doença é um parasita, ele morre junto com o hospedeiro. Os parasitas mais bem-sucedidos são os que evoluíram para manter os hospedeiros vivos pelo maior tempo possível.

EXEMPLOS DE DOENÇAS

PATÓGENO	DOENÇA
Bactérias	(Seres humanos) tuberculose **SINTOMAS**: tosse que dura semanas
	(Animais) pododermatite **SINTOMAS**: inchaços nos pés das galinhas
	(Plantas) galha **SINTOMAS**: tumores nas plantas (semelhantes ao câncer)
Vírus	(Animais) febre do Nilo Ocidental **SINTOMAS**: febre alta, dor de cabeça, fraqueza muscular
	(Seres humanos) Influenza **SINTOMAS**: febre alta, dor de cabeça, dor de garganta, congestão nasal
	(Plantas) vírus do mosaico **SINTOMAS**: manchas amarelas, verde-claras ou brancas nas folhas das plantas
Príons	(Seres humanos) doença de Creutzfeldt-Jakob **SINTOMAS**: problemas de memória, mudanças de comportamento, alterações na visão
	(Animais) mal da vaca louca **SINTOMAS**: comportamento atípico, dificuldade de andar
Viroides	(Plantas) viroide anão clorótico dos tomates **SINTOMAS**: folhas amarelas e envergadas em tomateiros

RESISTÊNCIA E PREVENÇÃO DE DOENÇAS

Os **PATOLOGISTAS** estudam as doenças e suas causas. Suas pesquisas levaram à cura de várias doenças.

> **PATOLOGISTA**
> Cientista que estuda as doenças e suas causas.

As doenças bacterianas e virais são combatidas por ANTIBIÓTICOS e ANTIVIRAIS, remédios que ajudam o corpo a combater bactérias ou vírus junto com o sistema imunológico.

Os programas de saúde pública nos ensinam as melhores formas de evitar infecções. Eles recomendam que as pessoas lavem as mãos regularmente e tomem banho com frequência. Essas duas ações retiram bactérias acumuladas na pele, o que reduz a possibilidade de infecção. A remoção de bactérias nocivas da pele é chamado de DESINFECÇÃO.

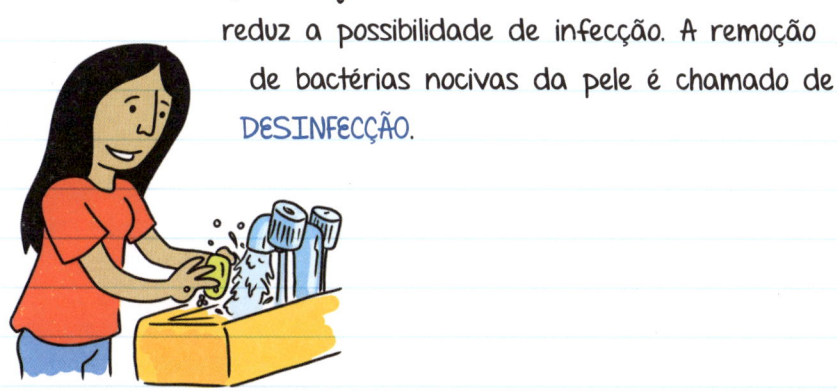

Pessoas diferentes têm níveis distintos de sensibilidade a variantes de bactérias e vírus. Para pessoas com mais sensibilidade, apenas remover os vírus e bactérias pode não ser suficiente. O processo de ESTERILIZAÇÃO mata ou remove todos os microrganismos de uma superfície, o que é muito útil, por exemplo, na fabricação de produtos para bebês, como chupetas, porque o sistema imunológico deles pode não estar desenvolvido o bastante para combater certas infecções.

VERIFIQUE SEUS CONHECIMENTOS

1. O que é um patógeno?

2. O que combate doenças nos seres humanos?

3. O que acontece quando um patógeno invade o corpo de um ser humano?

4. O que acontece quando um patógeno permanece no corpo por um longo tempo?

5. O que é uma doença?

6. O que determina os sintomas que um organismo infectado vivencia?

7. Quais são os sintomas de pododermatite?

8. O que os patologistas estudam?

9. Que remédio ajuda o corpo a combater vírus?

10. Qual é a função da esterilização?

RESPOSTAS

CONFIRA AS RESPOSTAS

1. É um agente que pode causar doenças.

2. O sistema imunológico.

3. O sistema imunológico tenta matar o microrganismo e removê-lo do corpo.

4. Pode provocar uma doença ou até matar.

5. Uma doença é qualquer condição que impede um organismo de funcionar normalmente.

6. Os sintomas são determinados pelo tipo de patógeno.

7. Inchaço nos pés das galinhas.

8. Os patologistas estudam as doenças e suas causas.

9. Um antiviral.

10. Matar ou remover todos os microrganismos de uma superfície.

Unidade 5

Protistas e cromistas

Capítulo 19
REINO PROTISTA

PARECIDOS, MAS DIFERENTES

Os **PROTISTAS** são, na maioria, organismos formados por uma única célula. São eucariontes, ou seja, têm um núcleo e organelas (pequenas partes da célula que fazem tarefas específicas), não sendo considerados animais, plantas ou fungos. Por terem essa estrutura mais complexa, os protistas são mais avançados que as bactérias, organismos de célula mais simples.

> **PROTISTAS**
> Organismos diversos, eucariontes, geralmente unicelulares.

O Reino Protista é um dos mais diversos. Por exemplo:

- Os protistas podem ser autotróficos (produzem seu próprio alimento) ou heterotróficos (se alimentam de outros organismos).

- Os protistas podem ser patógenos (causadores de doenças) ou simbiotas (organismos que ajudam e recebem ajuda de outros organismos).

- Os protistas podem se reproduzir de forma assexuada (sem troca de material genético entre organismos) ou sexuada (com troca de material genético).

Devido a sua diversidade, os protistas não têm uma forma definida, como as bactérias. Existem até algumas poucas espécies pluricelulares. Os cientistas ainda estão aprendendo a respeito dos protistas e vivem classificando novas espécies.

> Muitos cientistas definem os protistas como organismos eucariontes que não se encaixam em outro reino, como o dos animais, plantas ou fungos. Boa parte das algas são exemplos de protistas. Embora muita gente pense que são plantas, a maioria delas é formada por apenas uma célula, o que não é comum em plantas de verdade.

TIPOS DE PROTISTA

Como os protistas podem ser classificados em muitas categorias, os cientistas os definem de acordo com o reino mais parecido com seu comportamento. Assim, existem três categorias de protistas:

Protistas que parecem animais

Os protistas que parecem animais são chamados de **PROTOZOÁRIOS**. Têm esse nome porque podem se locomover e são heterótrofos. Enquanto os seres vivos do Reino Animal são todos pluricelulares, os protistas que parecem animais são unicelulares.

PROTOZOÁRIOS
Protistas que parecem animais.

Exemplos de protozoários

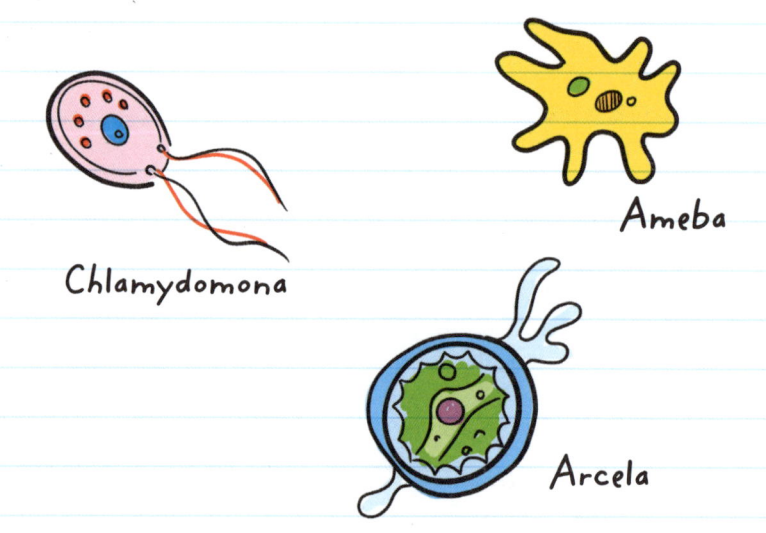

Chlamydomona

Ameba

Arcela

Protozoário vem do prefixo grego *protos-*, que significa "primeiro", e do grego *zoia*, que significa "animal".

Os protozoários são considerados os "primeiros animais" porque se comportam como eles, porém são mais simples.

Protistas que parecem plantas

Os protistas que parecem plantas costumam ser autótrofos e têm células que contêm cloroplastos, organelas onde acontece a fotossíntese. Algumas espécies de **ALGAS** são protistas que parecem plantas.

> A substância verde que boia na superfície de um lago é uma população de algas. Elas se multiplicam porque a água fornece os nutrientes.

> **ALGAS**
> Geralmente aquáticas, fazem fotossíntese, assim como as plantas. Podem ser microscópicas ou grandes e pertencem a diferentes reinos.

As algas pluricelulares, como as algas marinhas, fazem parte do Reino Vegetal, também conhecido como das Plantas; elas não têm caule, raízes ou folhas para absorver nutrientes que estão longe de seu corpo. Isso significa que só conseguem viver em lugares onde já existem nutrientes, como lagos, solos úmidos e oceanos. Esses ambientes expõem as algas à luz solar e fornecem um suprimento permanente de água.

Já as algas do Reino Protista geralmente são pequenos organismos unicelulares, como os fitoplânctons, fundamentais para a sustentação da cadeia alimentar aquática.

Protistas que parecem fungos

Entre os protistas, há uma categoria menos expressiva de organismos que se assemelham a fungos. Eles obtêm a maior parte dos nutrientes de matéria orgânica morta, mas diferem dos fungos em aspectos estruturais e evolutivos. Esses protistas são chamados de MIXOMICETOS.

NÃO, OBRIGADO!

MIXOMICETOS

Também chamados de "moldes de limo", em geral são organismos unicelulares que se comportam de maneiras diferentes dependendo da presença de alimento. Quando encontram matéria orgânica, a "comem" lentamente, absorvendo nutrientes. No entanto, na ausência de comida, esses organismos podem se unir em um ENXAME, formando uma estrutura ACELULAR, uma massa de citoplasma com muitos núcleos, envolta por uma única membrana, que parte em busca de alimento.

ENXAME
Conjunto de mixomicetos que se forma para buscar alimento.

um enxame de mixomicetos

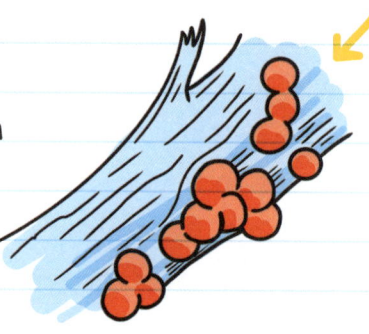

ACELULAR
Não contém células.

VERIFIQUE SEUS CONHECIMENTOS

1. Quantas células possui a maioria dos protistas?

2. O que é um eucarionte?

3. Por que os protistas não têm formas definidas como as bactérias?

4. Cite duas razões para que protistas que parecem animais sejam comparados a organismos do Reino Animal.

5. Como são chamados os protistas que parecem animais?

6. Qual classe de protista é autótrofa, em sua maioria?

7. Que organela permite aos protistas que parecem plantas realizar a fotossíntese?

8. Onde vivem os protistas que parecem plantas?

9. De que forma os protistas que parecem fungos obtêm nutrientes?

10. Como são chamados os protistas que parecem fungos?

RESPOSTAS

CONFIRA AS RESPOSTAS

1. Uma célula, ou seja, a maioria dos protistas é unicelular.

2. Um eucarionte é um organismo que tem organelas e um núcleo celular ligados por membranas.

3. Por causa de sua diversidade, não existe uma característica comum a todos esses organismos.

4. Os protistas que parecem animais se locomovem e são heterótrofos.

5. Protozoários.

6. Os protistas que parecem plantas.

7. O cloroplasto.

8. Os protistas que parecem plantas vivem em lugares onde há muitos nutrientes. Eles não têm raízes, caules ou folhas para absorver nutrientes que estão distantes deles.

9. Protistas que parecem fungos obtêm seus nutrientes de matéria orgânica morta.

10. Mixomicetos.

Capítulo 20

PROTOZOÁRIOS

O MODO COMO SE LOCOMOVEM

Os **PROTOZOÁRIOS** são espécies do Reino Protista que se comportam de forma muito semelhante aos animais. Quase todos são heterótrofos.

comem outros seres vivos

Existem três grupos principais de protozoários, com base em sua forma e sua capacidade de locomoção.

Ameboides

As **AMEBAS** são protistas que mudam constantemente de forma para se locomover. Elas estendem o citoplasma e usam **PSEUDÓPODES** para se agarrar a alguma coisa e se arrastar na direção em que querem se deslocar. Com isso, a forma do organismo se altera. Quando a ameba quer se deslocar, estende uma parte do corpo para a frente, se prende a algo e puxa o resto do corpo.

AMEBA

Tipo de protozoário capaz de se locomover estendendo temporariamente o corpo para se agarrar a alguma superfície e se arrastar por ela.

PSEUDÓPODE

Parte do citoplasma da ameba temporariamente usada como pé.

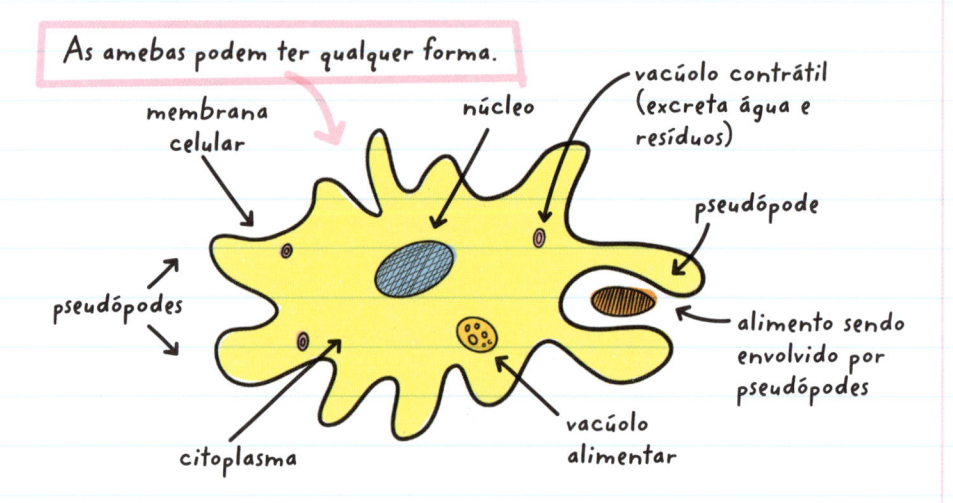

As amebas podem ter qualquer forma.

- membrana celular
- núcleo
- vacúolo contrátil (excreta água e resíduos)
- pseudópode
- alimento sendo envolvido por pseudópodes
- pseudópodes
- citoplasma
- vacúolo alimentar

Pseudópode vem do grego *pseudos*, que significa "falso", e *pous*, que significa "pé".

Pseudópodes são "pés falsos", referência às extensões temporárias do corpo que a ameba usa para se locomover.

As amebas também usam os pseudópodes para comer. Nesse processo, chamado de **FAGOCITOSE**, elas envolvem uma substância usando seus pseudópodes e a puxam para o interior do corpo. Essa substância é decomposta em um vacúolo especial que existe somente para digerir alimentos e os resíduos são removidos da célula. Como os pseudópodes podem se formar em qualquer parte da ameba, a ameba é capaz de comer com qualquer parte do corpo.

Flagelados

Protozoários flagelados usam órgãos longos, parecidos com pelos (**FLAGELOS**), para se locomover. Os flagelados batem o flagelo para "nadar" nas superfícies. Alguns têm mais de um flagelo, o que dá a eles um controle maior dos movimentos.

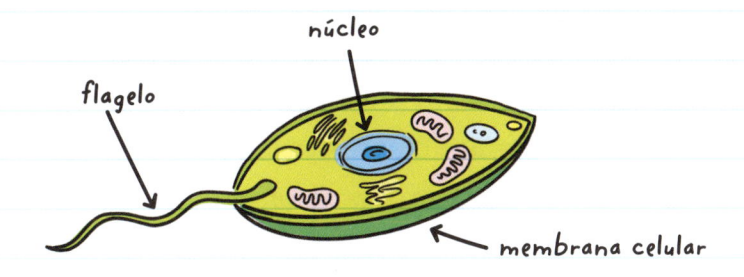

flagelo — núcleo — membrana celular

Os flagelados podem ser heterótrofos ou autótrofos.

- Flagelados heterótrofos são chamados de **ZOOFLAGELADOS**.
  Eles comem por meio de fagocitose, como as amebas.

- Flagelados autótrofos são chamados de **FITOFLAGELADOS**.
  Os fitoflagelados contêm clorofila, o que lhes permite obter nutrientes por meio de fotossíntese.

Ciliados

Ciliados são protozoários que usam **CÍLIOS** - pequenos pelos por todo o corpo - para se locomover. Os cílios se movimentam num movimento semelhante a uma pessoa remando um barco. Esse movimento permite que eles se desloquem numa superfície.

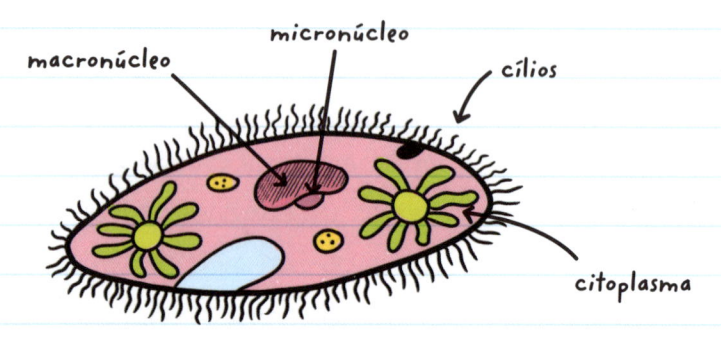

macronúcleo *micronúcleo* *cílios* *citoplasma*

Os ciliados têm dois tipos de núcleo:

- O MACRONÚCLEO, o maior dos dois núcleos, exerce todas as funções da célula, exceto a reprodução.

- O MICRONÚCLEO lida com a reprodução. Quando a célula se reproduz, apenas os genes contidos no micronúcleo são transmitidos aos descendentes. Um novo macronúcleo é criado a partir dos genes do micronúcleo.

Os ciliados são os únicos eucariontes com dois tipos de núcleo.

VERIFIQUE SEUS CONHECIMENTOS

1. Os protozoários são, em sua maioria, _____, o que significa que eles obtêm seus nutrientes se alimentando de outros seres vivos.

2. Como são divididos os protozoários?

3. Como as amebas se locomovem?

4. Além de movimento, qual a função dos pseudópodes?

5. Qual é a função dos flagelos?

6. Qual é o outro nome dado aos flagelados heterótrofos?

7. Como os cílios ajudam os protozoários a se locomover?

8. Qual dos dois núcleos é usado por um ciliado para a reprodução?

RESPOSTAS

CONFIRA AS RESPOSTAS

1. heterótrofos

2. Os protozoários são divididos de acordo com suas formas de locomoção.

3. As amebas estendem o citoplasma para se agarrar a superfícies com os pseudópodes.

4. Os pseudópodes também ajudam as amebas a se alimentar.

5. Os flagelos ajudam os protozoários a se deslocar.

6. Zooflagelados.

7. Para se movimentar, o protozoário movimenta os cílios como um remo, para a frente e para trás, contra uma superfície.

8. O micronúcleo.

Capítulo 21
ALGAS

Historicamente, as algas foram consideradas plantas devido à capacidade da maioria de produzir energia a partir da luz solar. No entanto, com o avanço dos estudos biológicos, descobriu-se que são, na verdade, um grupo complexo, formado por organismos de diferentes classificações. Muitas algas são protistas, outras pertencem ao Reino Cromista, outras mais complexas continuam a se enquadrar como plantas verdadeiras.

CLASSIFICAÇÃO DAS ALGAS

As algas formam um grupo vasto e diverso. Uma das principais maneiras de classificá-las é pela cor:

- **clorófitas** são algas verdes
- **rodófitas** são algas vermelhas
- **feófitas** são algas marrons

Cloro, *feo* e *rodo* vêm das palavras gregas *khlorós*, *phaiós* e *rhodon*, que significam, respectivamente, "verde", "cinza" e "rosa".

Clorófitas

As clorófitas podem ser encontradas na superfície dos lagos, e algumas são algas marinhas. Em geral são unicelulares e preferem formar colônias ou grupos. A cor verde vem da **CLOROFILA**. As outras cores são absorvidas pela clorófita.

CLOROFILA
Pigmento em certos tipos de célula onde ocorre fotossíntese.

Rodófitas

As rodófitas existem principalmente no fundo dos ambientes aquáticos. Constituem a maior parte das algas marinhas. A cor vermelha se deve a um pigmento chamado **FICOERITRINA**, que reflete a luz vermelha. As rodófitas costumam ser curtas, com **FILAMENTOS** que se ramificam, mas também podem ser compridas.

FICOERITRINA
Um pigmento vermelho.

FILAMENTOS
Cadeias longas de algas unicelulares.

Quanto maior a espécie de rodófita, mais os filamentos se agrupam. Esses filamentos agrupados parecem folhas, mas se aglomeram para trocar nutrientes.

Um tipo de alga vermelha, a alga coralina, é importante para os recifes de coral porque produz CARBONATO DE CÁLCIO, o principal componente dos recifes.

Feófitas

As feófitas, que incluem os *kelps* e outras algas marinhas, são pluricelulares, como as plantas, mas não têm caules, raízes ou folhas. Em vez disso, têm longas LÂMINAS, que as ajudam a coletar o máximo de luz da superfície. Têm também apêndices em forma de raiz chamados RIZOIDES, que as conectam a pedras no fundo do mar.

As feófitas têm clorofila e outro pigmento que usam para

realizar a fotossíntese chamado **FUCOXANTINA**. A fucoxantina reflete luz marrom, por isso o kelp tem essa cor.

> **FUCOXANTINA**
> Pigmento marrom que as feófitas usam para realizar a fotossíntese.

As feófitas pertencem ao REINO CROMISTA, um grupo relativamente novo na classificação biológica. Esse reino inclui uma grande variedade de eucariontes e se destaca por incluir organismos com características próximas às dos protistas, como veremos no próximo capítulo.

VERIFIQUE SEUS CONHECIMENTOS

1. O que são as algas?

2. Onde vive a maioria dos protistas?

3. Clorófitas são algas _ _ _ _ _ _ _, as _ _ _ _ _ _ _ _ _ são vermelhas e as feófitas são _ _ _ _ _ _ _ _.

4. O que produz a cor verde das clorófitas?

5. De que forma as algas coralinas contribuem para os recifes de coral?

6. Qual a diferença entre as feófitas e as plantas?

7. Qual é a função da fucoxantina?

8. A qual reino pertencem as feófitas?

RESPOSTAS

CONFIRA AS RESPOSTAS

1. Organismos que vivem na água e que geralmente produzem seu próprio alimento através da luz do sol, como as plantas. Podem ser muito pequenos ou grandes e pertencem a diferentes grupos.

2. A maioria dos protistas vive em ambientes aquáticos.

3. verdes; rodófitas; marrons

4. O reflexo da clorofila contida nelas.

5. Elas fornecem carbonato de cálcio aos recifes de coral.

6. As feófitas têm lâminas e rizoides em vez de folhas, caules e raízes.

7. Permitir que as feófitas executem a fotossíntese.

8. Ao Reino dos Cromistas.

Capítulo 22
REINO CROMISTA

Com o avanço da ciência, nossa compreensão sobre a diversidade dos seres vivos se torna mais precisa. Hoje, análises genéticas permitem identificar diferenças antes invisíveis e, assim, os cientistas estabelecem novas divisões, como o reino **CROMISTA**.

> **CROMISTAS**
> Organismos principalmente aquáticos e fotossintetizantes.

A origem evolutiva dos cromistas ainda está em estudo. Os primeiros indícios de sua existência surgiram nos anos 1950 e, até recentemente, têm surgido novas descobertas sobre esse reino.

Os cromistas abrangem organismos que, por muito tempo, foram classificados entre os protistas.

Mas os cromistas apresentam características próprias. Uma delas é a presença de **CLOROPLASTOS** derivados de uma **ENDOSSIMBIOSE**. Mesmo aqueles que não realizam fotossíntese mantêm vestígios dessa origem.

CLOROPLASTOS
Organelas responsáveis pela fotossíntese.

Outra característica é a presença de células com flagelos em algum estágio do ciclo de vida. Chamadas de HETEROCONTAS, elas possuem dois flagelos distintos: um liso e outro com projeções semelhantes a penas.

A **ENDOSSIMBIOSE** acontece quando um organismo vive dentro de outro. Essa relação deu origem a organelas como cloroplastos e mitocôndrias, que antes eram organismos independentes.

ESTUDOS INDICAM QUE ALGUNS PROTISTAS ENGLOBARAM ALGAS VERMELHAS E DERAM ORIGEM AOS CROMISTAS.

Entre os cromistas estão as DIATOMÁCEAS, os DINOFLAGELADOS, os APICOMPLEXOS e os OOMICETOS, cada um com características e funções únicas.

Diatomáceas

As DIATOMÁCEAS são cromistas unicelulares conhecidas por suas paredes celulares de sílica e por sua diversidade. Existem mais de 2 milhões de espécies.

Como paredes de vidro!

Assim como todos os autótrofos, as diatomáceas liberam oxigênio no ambiente. Um quarto de todo o oxigênio da Terra vem delas.

As diatomáceas vivem em diversos ambientes, de recifes tropicais ao gelo marinho, da água doce à água muito salgada. Além disso, têm clorofila, podendo produzir oxigênio por meio da fotossíntese. São valiosas para os organismos que usam oxigênio e para o ciclo de vida dos peixes.

As paredes celulares que parecem vidro ajudam a célula a manter uma forma rígida.

Os cientistas usam as diatomáceas como indicador da qualidade da água. Quando ela não está saudável o bastante para que as diatomáceas sobrevivam, provavelmente não contém oxigênio suficiente para outros organismos.

Dinoflagelados

Os DINOFLAGELADOS são primos dos protozoários flagelados. Unicelulares, podem ser heterótrofos ou autótrofos e vivem principalmente nos oceanos.

Os heterótrofos caçam e se alimentam de protistas, enquanto os autótrofos usam clorofila para fazer fotossíntese. Os dinoflagelados costumam ter dois flagelos, que fazem um movimento rotativo para deslocar a água.

Dino- é um prefixo do grego *dinos*, que significa "turbilhão". Um dinoflagelado é uma alga que se locomove por meio de flagelos que produzem turbilhões.

OH!

DINOS SIGNIFICA "TURBILHÃO"

Algumas espécies são **BIOLUMINESCENTES**. Isso pode ser observado nos oceanos, onde dinoflagelados emitem uma luz azul-esverdeada.

BIOLUMINESCENTE
Organismo capaz de produzir luz.

Quando recebem uma grande quantidade de nutrientes, eles entram em um período de reprodução rápida chamado de **PROLIFERAÇÃO**. Nessa fase, servem de alimento para muitos organismos, como mariscos, caranguejos, camarões e ostras.

PROLIFERAÇÃO
Reprodução rápida de microrganismos, geralmente devido à presença de uma grande quantidade de nutrientes.

Algumas espécies de dinoflagelados produzem uma toxina quando estão na fase de proliferação, podendo provocar a "maré vermelha", tingindo a água dessa cor. Esse fenômeno é capaz de matar milhares de peixes e as pessoas que comem peixes contaminados também podem ser envenenadas.

Apicomplexos

Os APICOMPLEXOS passaram a ser considerados cromistas após análises filogenéticas recentes.

> Estudo das relações evolutivas entre organismos e seus ancestrais comuns.

Também são conhecidos como **ESPOROZOÁRIOS**, devido à capacidade de produzir células em forma de esporos – células especiais usadas para se reproduzir e sobreviver em ambientes difíceis, como pequenas "sementes". Os esporozoários são imóveis, não conseguem se deslocar por conta própria. Não têm flagelos ou cílios nem usam pseudópodes. A maioria é parasita: usa outros organismos para se locomover e obter nutrientes.

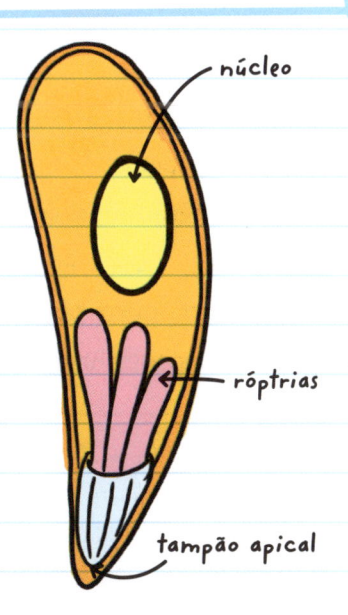

— núcleo
— róptrias
— tampão apical

ESPOROZOÁRIOS
Parasitas incapazes de se locomover por conta própria. Dependem do ar, água ou outros organismos.

Os esporozoários entram nas células hospedeiras por meio de um conjunto especial de organelas chamado **COMPLEXO APICAL**. Esse complexo é composto do TAMPÃO APICAL (a ponta do esporozoário) e das RÓPTRIAS, que produzem enzimas para facilitar a invasão das células hospedeiras.

Assim como os vírus, os esporozoários usam o complexo apical para enganar a célula e fazê-la achar que é seguro ingeri-los. São responsáveis por doenças como a toxoplasmose e a malária.

> Os esporozoários podem viver dentro de outros esporozoários!

O PLASMÓDIO, gênero de esporozoários mais conhecido, é ingerido por mosquitos que se alimentam do sangue de um animal infectado. O inseto não é afetado pelo plasmódio, mesmo quando este se multiplica. Ao se alimentar novamente, o mosquito o transfere para outro animal hospedeiro. No hospedeiro, o plasmódio causa uma infecção e, em muitos casos, uma doença.

> Nos seres humanos, o plasmódio é a causa da malária, doença em que o parasita entra nas hemácias do sangue, se reproduz rapidamente e as destrói. Com poucas hemácias saudáveis, os seres humanos não são capazes de transportar oxigênio em quantidade suficiente para as células do corpo, que por sua vez produz pouca energia e pode morrer.

Oomicetos

Os OOMICETOS são cromistas unicelulares com filamentos que lhes permitem absorver uma ampla variedade de nutrientes, incluindo matéria viva, portanto são potenciais parasitas. Eles habitam principalmente solos úmidos e ambientes aquáticos, onde desempenham papéis tanto como decompositores quanto como patógenos em plantas e outros organismos.

> Esses fios do oomiceto parecidos com pelos são chamados de filamentos.

VERIFIQUE SEUS CONHECIMENTOS

1. O que permitiu a criação do Reino Cromista?

2. Onde vive a maioria dos cromistas?

3. Como os cloroplastos dos cromistas provavelmente se originaram?

4. Como são as células heterocontas?

5. Por que as diatomáceas são valiosas para peixes e outros organismos?

6. Como os dinoflagelados se locomovem?

7. O que é bioluminescência?

8. Como os esporozoários se "locomovem"?

9. Qual é a função do complexo apical do esporozoário?

10. O que é um oomiceto?

CONFIRA AS RESPOSTAS

1. Análises genéticas avançadas permitiram identificar diferenças antes invisíveis.

2. Em ambientes aquáticos.

3. Quando alguns protistas englobaram algas vermelhas.

4. Elas têm dois flagelos diferentes: um liso e outro com projeções que se parecem com penas.

5. Porque elas liberam oxigênio no ambiente.

6. Girando seus flagelos.

7. É a produção de luz por um organismo.

8. Eles dependem de fenômenos externos como água, ar ou outros organismos.

9. O complexo apical ajuda o esporozoário a penetrar na célula hospedeira, enganando-a e fazendo-a achar que ele deveria entrar.

10. É um organismo do Reino Cromista, que possui filamentos e pode viver em ambientes úmidos, muitas vezes se comportando como parasita.

Unidade 6

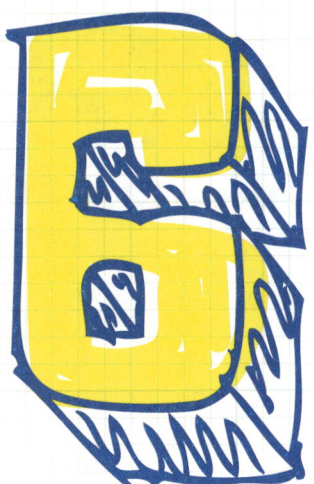

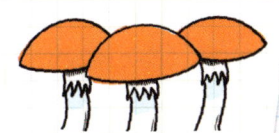

Fungos

Capítulo 23
REINO DOS FUNGOS

Os **FUNGOS** vivem em toda parte. Podem ser encontrados no solo, no ar, na água, nas plantas e nos animais. São eucariontes, e mais de 90% deles são pluricelulares. Os fungos são definidos por suas paredes celulares, que são feitas de **QUITINA**.

> **FUNGOS**
> Organismos que têm paredes celulares feitas de quitina.

> **QUITINA**
> Uma proteína dura que compõe as paredes celulares dos fungos.

> A quitina também pode ser encontrada na carapaça dos insetos. Nesse caso, ela funciona como um exoesqueleto, porque os insetos não têm ossos.

Os fungos são conhecidos como **SAPROTRÓFICOS**, tipo especial de heterótrofo que se alimenta de matéria morta. Para isso, usam enzimas e ácidos para decompor a matéria morta em substâncias simples que são capazes de absorver. Os saprotróficos desempenham um papel crucial na reciclagem de nutrientes, pois decompõem organismos mortos e matéria orgânica. Durante esse processo, eles liberam nutrientes essenciais no solo e na água, tornando-os disponíveis para outros organismos vivos, como plantas e animais, que os absorvem e utilizam para crescer e sobreviver. Assim, fecham o ciclo de nutrientes no ecossistema.

Saprotrófico vem do grego *sapros*, que significa "podre", e *trophe*, que significa "nutrição". Os saprotróficos se alimentam de organismos em decomposição ou mortos.

Os saprotróficos costumam ser chamados de decompositores. As bactérias também podem ser saprotróficas.

ESTRUTURA DOS FUNGOS

Os cientistas costumavam pensar que os fungos eram um tipo de planta. Mas os fungos e as plantas têm estruturas muito diferentes.

A parte principal dos fungos fica embaixo da terra. É composta de células filamentosas chamadas **HIFAS**. Cada hifa tem uma parede celular de quitina, com pequenos buracos que permitem às hifas trocar nutrientes. Os fungos usam as hifas para criar grandes redes subterrâneas chamadas **MICÉLIOS**, que podem ocupar grandes espaços, em alguns casos podendo alcançar o tamanho de pequenas cidades.

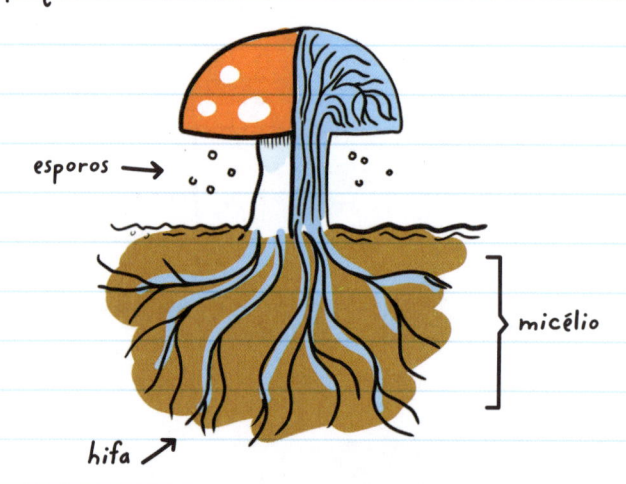

esporos →

micélio

hifa ↗

HIFA
A célula filamentosa dos fungos.

MICÉLIO
O corpo de um fungo que fica embaixo da terra.

A DISSEMINAÇÃO DOS FUNGOS

As hifas dos fungos são usadas para expandir o micélio o máximo possível. Isso ajuda os fungos a encontrar matéria orgânica morta para consumir.

As hifas são muito resistentes devido às paredes celulares rígidas. Atuam como brocas, abrindo caminho no solo e até em pedras atrás de nutrientes. Também são capazes de penetrar as células das plantas.

As hifas contêm o citoplasma e os núcleos dos fungos. Algumas plantas e fungos têm relação simbiótica. As hifas absorvem nutrientes que as células das plantas produzem por meio da fotossíntese e, em troca, as plantas têm acesso a substâncias que as hifas absorvem de regiões mais profundas do solo.

Alguns fungos são seguros e podem ser ingeridos pelo ser humano, enquanto outros podem trazer malefícios. A levedura usada na fabricação do pão é um fungo, assim como o mofo que pode aparecer no pão quando ele fica exposto ao ar e à umidade. No entanto, ao contrário da levedura, o mofo libera hifas, que se espalham pelo alimento, mesmo nas partes que parecem limpas. Por isso, não é seguro apenas cortar a parte embolorada; o ideal é descartar o pão inteiro.

NHAM!

ECA!

VERIFIQUE SEUS CONHECIMENTOS

1. O que a classificação de eucarionte diz a respeito dos fungos?

2. Do que são feitas as paredes celulares dos fungos?

3. O que são os saprotróficos?

4. Como os fungos absorvem nutrientes?

5. Qual é a utilidade dos saprotróficos?

6. As células filamentosas dos fungos são chamadas de _____.

7. Como as hifas trocam nutrientes?

8. Por que as hifas se expandem tanto?

9. O que as plantas fazem pelas hifas?

10. Por que não é seguro cortar a parte embolorada do pão e comer o restante?

RESPOSTAS

CONFIRA AS RESPOSTAS

1. A classificação de eucarionte informa que os fungos são organismos cujas células contêm núcleos e organelas.

2. As paredes celulares dos fungos são feitas de quitina.

3. Os saprotróficos são heterótrofos que se alimentam de matéria orgânica em decomposição ou morta.

4. Os fungos usam ácidos e enzimas para decompor a matéria orgânica morta, transformá-la em substâncias menores e absorvê-la.

5. Os saprotróficos reciclam os nutrientes de organismos mortos.

6. hifas

7. As hifas trocam nutrientes por meio de pequenos buracos nas paredes celulares.

8. As hifas se expandem para buscar matéria orgânica morta quando não encontram uma quantidade suficiente nas imediações.

9. As plantas fornecem às hifas nutrientes produzidos por meio da fotossíntese.

10. Porque o mofo libera hifas, filamentos microscópicos que se espalham por todo o pão, mesmo nas partes que parecem limpas.

Capítulo 24
REPRODUÇÃO DOS FUNGOS

Os fungos conseguem se reproduzir de forma assexuada e sexuada. Alguns se reproduzem de forma assexuada quando as hifas se desprendem do micélio e dão origem a novos fungos. A maioria dos fungos, independentemente do tipo de reprodução, cria **esporos**, que são pequenas células reprodutoras.

> parecem as sementes das plantas

Como boa parte do micélio vive embaixo da terra, os esporos se espalham por meio de **CORPOS FRUTÍFEROS**, caules que crescem acima do solo, ajudando os fungos a se reproduzir.

CORPOS FRUTÍFEROS
Estruturas produzidas pelos micélios que brotam acima do solo para que os fungos possam se reproduzir.

Muitas espécies de cogumelo, um tipo de fungo, são chamadas de "frutos" do micélio. Os cogumelos brotam acima do solo para espalhar esporos, as células reprodutoras dos fungos.

Os cogumelos são compostos de várias hifas que se unem, formando uma estrutura única, e brotam acima do solo. As pontas das hifas, que ficam escondidas embaixo do chapéu do cogumelo, são chamadas de **ESPORANGIÓFOROS**. Os esporangióforos fabricam e armazenam os esporos do fungo. Eles se alinham em fileiras chamadas lamelas.

— chapéu
— lamelas
esporos
— hifas

ESPORANGIÓFORO
Tipo especial de hifa que fabrica e armazena esporos.

Se um grupo de cogumelos está perto de outro, é provável que os dois façam parte do mesmo micélio subterrâneo.

Esporangióforo vem do grego *spora*, que significa "semente"; *angeion*, que significa "recipiente"; e *phoros*, que significa "conter". Os esporangióforos são recipientes que contêm esporos.

Os esporangióforos crescem apenas em condições favoráveis para os fungos, como solos úmidos e ricos em nutrientes. É por isso que muitos fungos são encontrados próximos às plantas: o solo fornece umidade e as plantas que morrem fornecem nutrientes.

A DISSEMINAÇÃO DE ESPOROS

Os fungos contam com três métodos principais de (disseminar) os esporos a partir dos esporangióforos: o vento, a água e os animais.

espalhar

O vento

Os fungos desenvolvem seus corpos frutíferos perto do solo e, como em geral o vento é mais forte em altitudes elevadas, às vezes ele não consegue disseminar os esporos. Por isso, muitas espécies de fungos produzem milhões de esporos. A grande quantidade aumenta a chance de que alguns esporos sejam levados pelo vento. Se o vento não é forte ou não dura muito, os esporos não viajam para longe do ponto de partida. Assim, muitas dessas espécies crescem perto de onde surgiram, o que pode ser ruim, caso a área já tenha muitos fungos, pois eles vão competir por nutrientes.

VOCÊS NÃO FORAM MUITO LONGE!

A água

Algumas espécies de fungos que dependem da água têm de esperar pela chegada da chuva para lançar esporos. Quando a chuva atinge os corpos frutíferos, o impacto faz com que os esporos sejam liberados no ar. Os corpos frutíferos de outras espécies crescem perto de rios, que podem levar os esporos para longe.

QUE PENA. NADA DE CHUVA HOJE.

A parede celular dos esporos evita que eles absorvam muita água, o que os deixaria pesados.

Os animais

Alguns fungos precisam da ajuda dos animais para se espalhar. Essas espécies costumam ter alguma característica que os atrai, como uma cor forte ou um cheiro peculiar. O exemplo mais conhecido é o *Phallus impudicus*, que tem cheiro de carne podre. Embora seja repugnante para a maioria dos animais, alguns insetos gostam desse cheiro.

Phallus impudicus

EU SIMPLESMENTE NÃO CONSIGO RESISTIR.

Os insetos pousam nos fungos e, ao fazer isso, ficam com esporos grudados no corpo. Quando vão embora, levam os esporos para outro lugar.

As espécies de fungos que usam esse método para transportar os esporos costumam fabricar menos esporos que as espécies que usam o vento ou a água, porque o transporte por animais é mais eficiente. Além disso, os esporos transportados por animais geralmente se distanciam muito mais do local de origem em comparação com os outros métodos.

VERIFIQUE SEUS CONHECIMENTOS

1. O processo em que a hifa do fungo se desprende do micélio para criar novos fungos é uma forma de
   A. reprodução sexuada
   B. reprodução assexuada

2. Como a maioria dos fungos se reproduz?

3. Qual é a função do corpo frutífero?

4. Do que são feitos os cogumelos?

5. Qual é a função dos esporangióforos?

6. Por que muitos fungos são encontrados perto de plantas?

7. Como são disseminados os esporos?

8. O vento é um meio confiável para os esporos se deslocarem a grandes distâncias? Por quê?

9. Como a água dissemina os esporos?

10. Por que as espécies de fungos que dependem de animais para disseminar seus esporos costumam produzir menos esporos?

RESPOSTAS

CONFIRA AS RESPOSTAS

1. **B.** reprodução assexuada

2. A maioria dos fungos se reproduz por meio de esporos.

3. Ajudar o micélio a se reproduzir acima do solo.

4. Os cogumelos são feitos de várias hifas unidas.

5. Os esporangióforos produzem e armazenam esporos.

6. Porque os solos em que as plantas crescem oferecem umidade e matéria orgânica em decomposição.

7. Os esporos são disseminados por meio do vento, da água e de animais.

8. O vento não é um meio confiável para os esporos se deslocarem a grandes distâncias porque os corpos frutíferos não alcançam altura suficiente para que os esporos sejam levados por um vento forte.

9. Os esporos podem ser levados por um rio ou liberados dos corpos frutíferos pela chuva.

10. Porque os animais são um meio mais eficiente para os esporos percorrerem grandes distâncias.

Capítulo 25
A ECOLOGIA DOS FUNGOS

Os fungos exercem um papel importante no ambiente em que vivem. Além de serem cruciais para transportar nutrientes de organismos mortos para organismos vivos, conectam florestas inteiras por meio de seu grande micélio. Para isso, precisam dos animais e das plantas que os cercam. Os biólogos estudam a relação dos fungos com o ambiente em uma área da Biologia chamada **ECOLOGIA**.

> **ECOLOGIA**
> O estudo da relação entre os seres vivos em um ambiente.

MUTUALISMO

As plantas e os fungos têm uma relação que beneficia a ambos. Trata-se de um exemplo de **MUTUALISMO**. As plantas obtêm nutrientes do micélio e os fungos obtêm nutrientes das células da planta.

> **MUTUALISMO**
> Interação de duas ou mais espécies da qual ambas se beneficiam.

Dessa forma, as plantas que têm conexão com fungos tendem a crescer mais, o que faz com que os fungos ligados a elas também cresçam mais.

> Como os micélios absorvem nutrientes do solo e os fornecem às plantas, os biólogos acreditam que os fungos podem ter desempenhado um papel importante na evolução das raízes das plantas, que hoje realizam uma função semelhante à dos micélios.

Os fungos também têm uma relação mutualista com diversas espécies de insetos. Por exemplo: as formigas-cortadeiras não são capazes de digerir as folhas que cortam, mas podem digerir fungos. Assim, criam jardins de fungos e os ajudam a crescer alimentando-os com pedaços das folhas que cortam. Em troca do alimento, os fungos se tornam comida para as formigas e, enquanto se alimentam, as formigas levam esporos para outros lugares, criando novos jardins.

PARASITISMO

Os fungos obtêm grande parte dos nutrientes usando as hifas para penetrar as células de outros organismos e absorver o alimento necessário. Algumas espécies de fungos usam essa técnica de modo mais agressivo, causando uma interrupção das funções das células que invadem. Em casos como esse, não se trata de uma relação mutualista, e sim de uma relação parasitária. As doenças causadas por fungos parasitas são chamadas de **MICOSES**.

Fungos e plantas

Os fungos podem danificar e destruir as plantas de várias formas. Por exemplo: os esporos podem ser levados de uma planta a outra, infectando uma grande quantidade em um curto espaço de tempo. As hifas também podem invadir as células de uma planta e absorver todos os nutrientes, impedindo que as células da planta funcionem da forma apropriada.

Este fungo, conhecido como ferrugem, infectou uma folha e criou corpos frutíferos capazes de espalhar esporos para outras folhas.

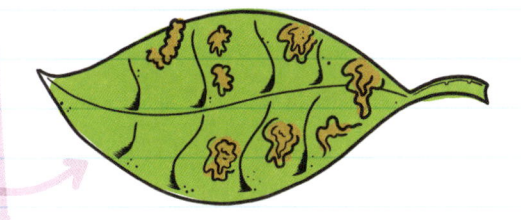

Entre as espécies de fungos parasitas mais conhecidas estão as FERRUGENS. As ferrugens são fungos que se ligam a alguma parte das plantas, como as folhas, os caules e os frutos. Elas usam suas hifas para assumir o controle do funcionamento da planta antes de criar corpos frutíferos para se reproduzir.

As ferrugens produzem corpos frutíferos marrom-alaranjados nas plantas infectadas.

Fungos e animais

Os fungos também podem parasitar animais. Nesse caso, danificam células animais do mesmo modo que danificam células vegetais, afetando a saúde da célula. Por causa da variedade de células dos animais, muitas doenças diferentes podem surgir. Um mamífero e um inseto, por exemplo, são afetados de formas diferentes pelo mesmo fungo.

No caso de invertebrados pequenos, como os insetos, os fungos podem ser muito agressivos. A infecção impede que os insetos comam e até se locomovam. Depois de certo tempo, o animal morre e o fungo usa as células do seu corpo como nutriente antes de criar corpos frutíferos para se reproduzir.

No caso de vertebrados de grande porte, como os seres humanos e os cachorros, os fungos costumam se espalhar sem causar muitos danos ao organismo. Um exemplo comum de micose inofensiva é a dermatite, infecção que produz irritação e coceira na pele.

> Infecções causadas por fungos nos seres humanos são quase sempre tratáveis com remédios e higiene adequada.

VERIFIQUE SEUS CONHECIMENTOS

1. O que é a ecologia?

2. O que acontece em uma relação mutualista entre plantas e fungos?

3. O que acontece com o fungo quando uma planta de que ele está se beneficiando prolifera?

4. Como as formigas-cortadeiras ajudam os fungos?

5. Como os fungos ajudam as formigas-cortadeiras?

6. Quando um fungo se torna um parasita?

7. Como é chamada uma doença causada por fungos?

8. Quais partes das plantas podem ser infectadas pela ferrugem?

9. Quais os efeitos que um fungo parasita pode ter em um inseto?

CONFIRA AS RESPOSTAS

1. A ecologia é o estudo da relação entre os seres vivos em um ambiente.

2. Os fungos absorvem nutrientes produzidos pela fotossíntese das plantas, enquanto as células das plantas absorvem nutrientes extraídos do solo pelos micélios.

3. O fungo também prolifera.

4. Elas fornecem nutrientes aos fungos.

5. Os fungos servem de alimento para as formigas.

6. Um fungo se torna um parasita quando afeta a saúde da célula.

7. Micose.

8. As folhas, os caules e os frutos.

9. O inseto para de comer e de se mover e acaba morrendo.

Unidade 7

Plantas

Capítulo 26
REINO VEGETAL

O QUE É UMA PLANTA?

Os membros do Reino das **PLANTAS** são, talvez, os mais fáceis de reconhecer. Os organismos desse reino, as plantas, podem viver na terra, na água ou mesmo em outras plantas. Essas características muitas vezes enganam as pessoas, levando-as a achar que tudo que vive nesses lugares e não se locomove é uma planta. Entretanto, para ser uma planta, o organismo deve ser **EUCARIONTE**, pluricelular e ter a parede de CELULOSE.

> **PLANTA**
> Organismo pluricelular, eucarionte, cujas células têm uma parede de celulose. A maioria converte luz solar em energia ao realizar fotossíntese.

> **EUCARIONTE**
> Célula que tem núcleo cercado por uma membrana e várias organelas.

O ser humano não é capaz de digerir celulose.

É UMA PLANTA?

ALGA MARINHA — SIM ☐ NÃO ☑

SAMAMBAIA — SIM ☑ NÃO ☐

A maioria das algas marinhas faz parte do Reino Protista. São eucariontes, pluricelulares e têm a parede de celulose, mas não são plantas porque não têm raízes, caules ou folhas. A alga marinha é considerada um ancestral das plantas terrestres.

CLASSIFICAÇÃO DAS PLANTAS

As plantas são classificadas pelo modo como se reproduzem e pelo fato de a maioria possuir um **SISTEMA VASCULAR**, sementes e flores.

> **SISTEMA VASCULAR**
> Rede de vasos que transportam sangue, nutrientes e água nos seres vivos.

na maioria, plantas muito simples, como musgos

> As **PLANTAS VASCULARES** têm estruturas em formato de tubos, que transportam e distribuem nutrientes. A maioria das plantas vasculares tem sementes, mas existem alguns exemplares, como as samambaias, que não têm.
>
> As **PLANTAS AVASCULARES** não têm estruturas para ajudá-las a transportar e distribuir água e nutrientes, o que é feito de célula a célula.

Tecido vascular

O tecido vascular é um conjunto de células que recolhe água e sais minerais nas raízes e distribui o açúcar produzido nas folhas. Ele pode ser dividido em três partes:

XILEMA: células em formato de tubo e empilhadas que formam vasos que distribuem água das raízes às diferentes partes da planta. Também proporcionam apoio estrutural.

FLOEMA: células em formato de tubo e empilhadas que distribuem alimento para consumo e armazenamento.

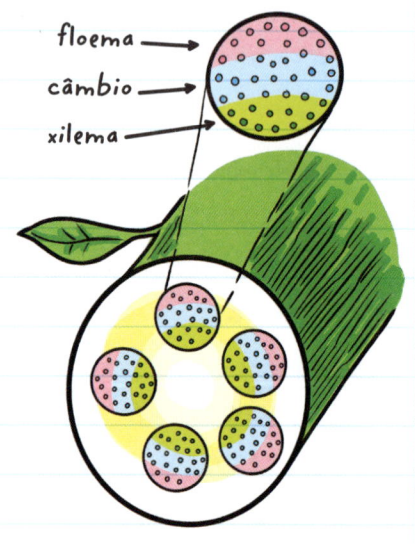

TECIDO VASCULAR

CÂMBIO VASCULAR: células que produzem novas células de xilema e floema, aumentando a espessura de caules e raízes.

Os tubos do **xilema** transportam **água**.

Os tubos do **floema** transportam **alimento**.

A maioria das plantas vasculares conta com os seguintes órgãos:

> **FOLHAS:** órgão da planta onde ocorre a fotossíntese. As folhas podem ser achatadas, em formato de agulha ou ter outras formas.

As principais estruturas das folhas são as seguintes:

EPIDERME: camada externa, com uma cutícula serosa *(camada protetora)* que evita a perda de água e protege a folha. Por meio de aberturas na epiderme, chamadas ESTÔMATOS, a folha troca gases com o ambiente, como o oxigênio e o dióxido de carbono.

CÉLULAS-GUARDA: estruturas que abrem e fecham *(como os lábios humanos)* os estômatos.

Esquema de uma folha mostrando: epiderme, camada paliçádica, estômatos e camada esponjosa.

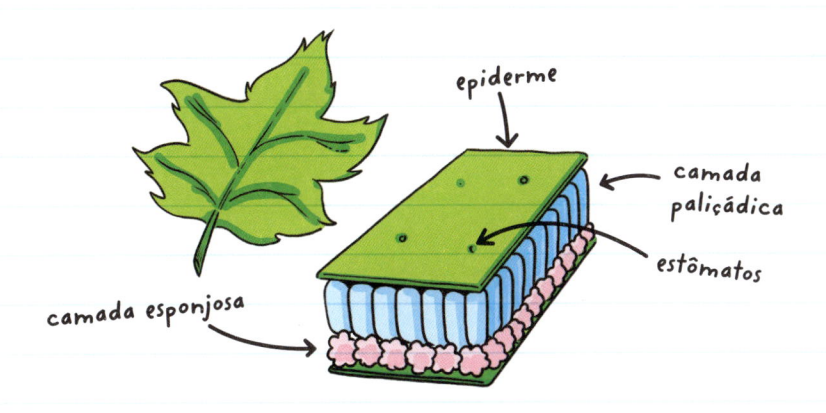

CAMADA PALIÇÁDICA: camada abaixo da epiderme composta por células colunares (que contêm alta concentração de cloroplastos) em formação cerrada.

CAMADA ESPONJOSA: células que não ficam muito aglomeradas, deixando bolsões de ar para facilitar a troca de gases (oxigênio e dióxido de carbono). A maior parte do tecido vascular da folha se encontra na camada esponjosa.

CAULE: sustenta a planta inteira, conduz nutrientes do solo para as folhas e glicose das folhas para a raiz.

RAIZ: absorve nutrientes e água do solo para que sejam transportados para toda a planta; também sustenta a planta e impede que seja levada pela água ou pelo vento.

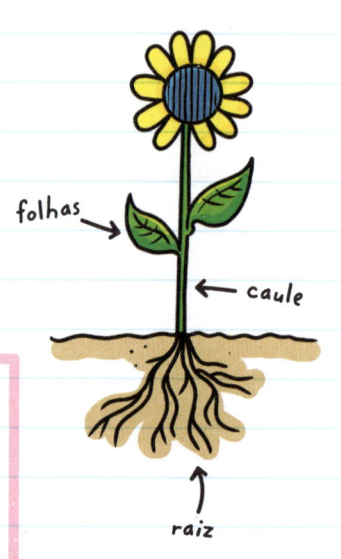

FOTOSSÍNTESE

A maioria das plantas usa luz, água e dióxido de carbono para produzir glicose e oxigênio, um processo chamado de fotossíntese.

O processo de fotossíntese acontece em estruturas especiais chamadas **CLOROPLASTOS**, que contêm **PIGMENTOS** que variam de acordo com a planta e absorvem luz. O pigmento das folhas verdes é chamado de CLOROFILA.

> **CLOROPLASTOS**
> Estruturas de uma célula vegetal onde ocorre a fotossíntese.
>
> **PIGMENTO**
> Substância que confere cor às células e aos tecidos de um organismo.

As folhas verdes contêm clorofila. Muitos frutos contêm um pigmento vermelho chamado LICOPENO. O CAROTENO está presente nas laranjas e peras. A ANTOCIANINA produz a cor roxa da berinjela.

Categorias de plantas:

NOME	VASCULARIDADE	REPRODUZ-SE POR
Briófitas	Avascular	Esporos

Todas as briófitas vivem na água ou perto dela, porque não contam com um sistema vascular para transportá-la pelo corpo.

Pteridófitas	Vascular	Esporos

As pteridófitas mantêm os esporos nas folhas.

Gimnospermas	Vascular	Sementes

As gimnospermas mantêm as sementes em cones e têm folhas em forma de agulha.

Angiospermas	Vascular	Flores e sementes

Muitas flores possuem um órgão chamado pistilo, que contém os óvulos. Após a fecundação, os óvulos se transformam em sementes, e o ovário do pistilo se desenvolve, formando o fruto, que protege essas sementes.

Briófitas

As briófitas, como os MUSGOS, as HEPÁTICAS e os ANTÓCEROS, são os mais antigos tipos de planta. Não têm caule nem raízes e crescem em solo úmido e em grandes COLÔNIAS. As colônias de musgos são chamadas de "tapetes" porque parecem tapetes verdes no solo das florestas.

> *Briófita* vem do grego *bruon* e *phuton*, que significam "musgo" e "planta".

Pteridófitas

As pteridófitas, como as samambaias e a cavalinha, são a categoria mais antiga de planta com caule e raiz. Elas se reproduzem por esporos. Como as pteridófitas não produzem flores nem sementes, às vezes são chamadas de "criptógamas", o que significa que seus órgãos são "ocultos", pouco aparentes ou microscópicos.

> *Pteridófita* vem do grego *pteris* e *phuton*, que significam "samambaia" e "planta".

Gimnospermas

As gimnospermas são plantas cujas sementes não estão contidas em um fruto. Têm um número de espécies menor que os outros três tipos de planta. Entre elas estão o pinheiro (gênero Pinus), a araucária (*Araucaria angustifolia*) e a sequoia (gênero Sequoia).

Suas sementes ficam em cones e contêm não só o **EMBRIÃO**, mas também alimento para o embrião começar a crescer.

> **EMBRIÃO**
> Parte de uma semente com as células que dão origem à raiz, ao caule e às folhas de uma planta.

> *Gimnosperma* vem do grego *gymnos* e *sperma*, que significam "nu" e "semente".

Angiospermas

As angiospermas são plantas floríferas e guardam as sementes em **OVÁRIOS**. O ovário se torna um fruto quando a flor é polinizada.

> **OVÁRIO**
> Órgão de uma planta que abriga os óvulos, que se transformam em sementes após a fecundação.

> Mais de 80% das plantas são angiospermas.

> *Angiosperma* vem do grego *angeion* e *sperma*, que significam "recipiente" e "semente". As sementes são guardadas em um recipiente, como uma flor ou um fruto.

VERIFIQUE SEUS CONHECIMENTOS

1. Onde as plantas crescem?

2. Quais são as principais características das plantas?

3. Qual é o nome da estrutura das células das plantas em que acontece a fotossíntese?

4. Quais são as partes do sistema vascular das plantas?

5. As pteridófitas são a categoria mais antiga de plantas com _ _ _ _ _ e _ _ _ _ .

6. Como as pteridófitas se reproduzem?

7. Como são chamadas as plantas que se reproduzem somente por meio de sementes?

8. O que há dentro das sementes das gimnospermas?

9. Que estruturas contêm as sementes das angiospermas?

RESPOSTAS

CONFIRA AS RESPOSTAS

1. Na terra, na água ou em outras plantas.

2. Todas as plantas são eucariontes, pluricelulares e têm paredes celulares de celulose.

3. Cloroplasto.

4. Xilema, que fornece sustentação e transporta água; floema, que distribui alimento; e câmbio vascular, que produz xilemas e floemas.

5. caule; raiz

6. As pteridófitas se reproduzem por meio de esporos.

7. Gimnospermas.

8. As sementes das gimnospermas contêm embriões e nutrientes para o embrião.

9. Os frutos.

Capítulo 27
ESTRUTURA E FUNCIONAMENTO DAS PLANTAS

ESTRUTURA E FUNCIONAMENTO

Cada uma das quatro categorias principais de plantas tem estruturas diferentes. E são essas estruturas que determinam como cada categoria funciona.

Briófitas

As briófitas são plantas de pequeno comprimento, porém muito resistentes. Cada célula realiza todas as funções necessárias para se manter viva. Como não têm raízes para transportar nutrientes, as briófitas são forçadas a viver em lugares que têm nutrientes de fácil acesso, como solos úmidos ou ricos. Mas, mesmo que tivessem, seriam incapazes de transportar água do solo para o resto da planta sem um caule. As folhas das briófitas são muito finas; em algumas espécies, a luz solar pode secá-las ou queimá-las. Essas espécies são sensíveis ao sol e crescem em áreas sombrias. Para se fixar no solo, usam os **RIZOIDES**.

> **RIZOIDE**
> Um órgão pequeno, fibroso, semelhante a uma raiz, que ajuda a prender as briófitas a superfícies.

As briófitas não crescem em áreas onde possa haver competição por nutrientes, apenas em locais onde outras plantas não podem sobreviver, como nas rochas. As briófitas absorvem umidade diretamente do ar através dos rizoides e, sobretudo, de suas folhas finas, o que lhes permite sobreviver em ambientes hostis. Muitas briófitas entram em estado de dormência para sobreviver a períodos de seca ou frio extremos. Elas voltam a ficar ativas apenas com uma pequena quantidade de água.

Musgos, hepáticas e antóceros são exemplos de briófitas.

Pteridófitas

As pteridófitas têm estruturas que as ajudam a encontrar nutrientes melhor que as briófitas. As raízes lhes permitem obter alimento e água em regiões relativamente distantes. Os caules duros permitem que as pteridófitas atinjam alturas consideráveis, o que, junto com as folhas largas, ajuda as plantas a captar mais luz solar e produzir mais nutrientes por meio da fotossíntese.

As pteridófitas contam com RIZOMAS, caules subterrâneos que podem produzir novas raízes e armazenar alimento.

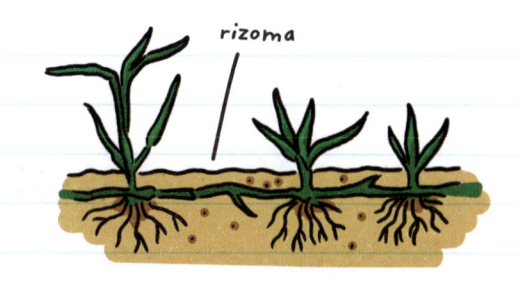

Gimnospermas

As gimnospermas foram as primeiras plantas vasculares a ter SEMENTES, unidades reprodutoras adaptadas para a terra. As sementes contêm tudo de que uma planta precisa para sobreviver. O embrião dentro da semente é sustentado pelo alimento que existe dentro dela e protegido por um revestimento duro que se rompe apenas na presença de água e nutrientes.

Como as sementes têm um revestimento duro, costumam resistir aos sistemas digestórios dos animais que as ingerem. Isso significa que, quando esses animais evacuam, algumas sementes são liberadas intactas. As sementes disseminadas dessa forma podem ser transportadas a grandes distâncias por um animal.

Algumas árvores, como o ginkgo e as coníferas, são gimnospermas. As árvores são plantas com tronco e galhos. O tronco é um caule grande composto de madeira, um material duro que contém floema e xilema acumulados ao longo de anos (os anéis que aparecem em uma seção transversal). A resistência da madeira permite à árvore atingir alturas que outras plantas não alcançam.

Angiospermas

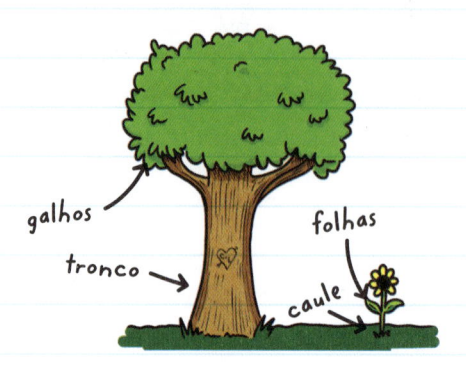

galhos, *tronco*, *folhas*, *caule*

> Como as árvores são altas, são as primeiras a receber a luz solar, o que as ajuda a produzir nutrientes suficientes para se sustentarem por meio da fotossíntese.

Existem mais angiospermas que qualquer outra categoria de planta. Nas angiospermas, as sementes estão contidas no fruto. Elas têm ovários que protegem suas sementes e garantem a sobrevivência da espécie. Alguns ovários se transformam em frutos. Atraídos pelos frutos, os animais os ingerem e depositam as sementes em outro lugar.

Mais de 90% das espécies de árvores e todas as gramíneas são angiospermas.

Uma angiosperma pode atrair animais por conta de sua cor. Insetos, sobretudo aqueles com olhos bem desenvolvidos, são atraídos pelas flores coloridas porque elas oferecem um alimento chamado **NÉCTAR**, solução açucarada produzida pelas flores para atrair os insetos nos primeiros estágios da reprodução destas.

VERIFIQUE SEUS CONHECIMENTOS

1. Como as estruturas físicas das briófitas as ajudam a sobreviver?

2. O que as briófitas fazem quando sua capacidade de obter nutrientes está ameaçada?

3. Como as briófitas com folhas finas obtêm umidade em solo seco?

4. Qual é a diferença entre as células das briófitas e as células de plantas mais evoluídas?

5. O que as pteridófitas desenvolveram para obter nutrientes melhor que as briófitas?

6. Que estrutura ajuda as pteridófitas a produzir novas raízes?

7. Como as sementes ajudam uma planta a sobreviver?

8. Como o revestimento duro das sementes ajuda a planta a se espalhar?

9. Por que existem mais angiospermas do que qualquer outro tipo de planta?

RESPOSTAS

CONFIRA AS RESPOSTAS

1. As briófitas não possuem raízes, mas rizoides garantem fixação ao ambiente e, junto com suas folhas finas, absorvem umidade e nutrientes necessários para sua sobrevivência.

2. As briófitas podem sobreviver ficando dormentes durante períodos difíceis e se tornam ativas de novo quando água e nutrientes voltam a estar disponíveis.

3. Elas extraem umidade do ar.

4. Cada célula das briófitas realiza individualmente todas as funções de que precisa para sobreviver.

5. Raízes e caules.

6. Os rizomas.

7. Elas protegem o embrião e fornecem o alimento de que ele necessita.

8. Com o revestimento duro, as sementes sobrevivem ao sistema digestório da maioria dos animais que as ingerem e algumas são liberadas intactas quando o animal evacua em outro lugar.

9. Porque as sementes são protegidas pelos ovários das angiospermas.

Capítulo 28
A REPRODUÇÃO DAS PLANTAS

Uma das características usadas para classificar as plantas é o método de reprodução.

As **briófitas** e as **pteridófitas** usam **esporos**, células reprodutoras espalhadas pelo vento e pela água.

As **gimnospermas** e as **angiospermas** usam **sementes**, unidades reprodutoras que contêm embriões de plantas e os alimentos de que eles necessitam para sobreviver.

As sementes são a evolução dos esporos e aumentam a probabilidade de que as plantas se reproduzam, motivo pelo qual muitas delas usam sementes hoje em dia. As espécies que usam esporos têm métodos únicos de disseminar os esporos que as ajudaram a sobreviver milhões de anos após o surgimento das plantas que usam sementes.

ESPOROS

Em geral os esporos são unicelulares e contêm todos os **CROMOSSOMOS** do **GENOMA** de uma espécie. Podem ser criados por reprodução sexuada ou assexuada.

> **CROMOSSOMO**
> Estrutura armazenada nas células que contém parte das informações genéticas de um organismo.
>
> **GENOMA**
> O conjunto completo de genes de um organismo.

o descendente é a combinação das informações genéticas de dois genitores

o descendente vem de um único organismo

Os esporos das plantas são fabricados e armazenados no ESPORÂNGIO. Quando estão maduros, os esporângios se abrem e liberam os esporos ao vento.

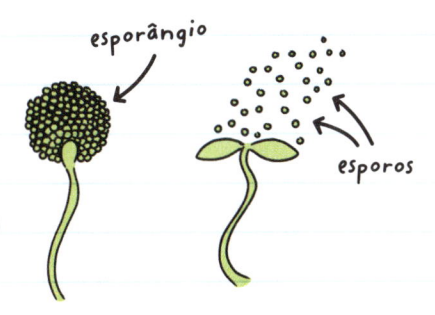

esporângio — esporos

As briófitas, que precisam de solos úmidos para viver, usam a água para espalhar os esporos. Algumas espécies de plantas usam insetos para levar esporos para longe.

Sementes

Enquanto os esporos são criados por apenas um genitor, as sementes precisam de dois genitores. As espécies que se reproduzem usando sementes são sexuadas.

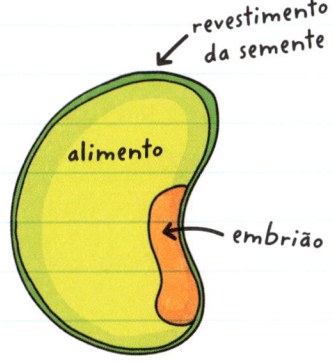

revestimento da semente — alimento — embrião

As sementes são compostas de um embrião e uma reserva de alimento, protegidos por um revestimento duro. Elas são fabricadas no ovário. Quando os ovários são **POLINIZADOS**, se transformam em frutos. Dentro deles estão as sementes.

> **POLINIZAR**
> Transferir pólen para um óvulo.

> Algumas plantas são capazes de polinizar a si próprias! Na autofecundação, o óvulo é fertilizado pelo espermatozoide da mesma planta. Como ela cria inúmeras variedades genéticas do óvulo e do espermatozoide (por meio da meiose), o descendente não é um clone do genitor.

A reprodução por meio de sementes começa com os grãos de **PÓLEN**, que contêm células reprodutivas. Se a planta é uma gimnosperma, o pólen é produzido em um CONE DE PÓLEN; se é uma angiosperma, ele é produzido em um **ESTAME**.

> **PÓLEN**
> Estrutura produzida pelas plantas que contém células haploides masculinas, ou seja, metade dos cromossomos de que uma espécie precisa para viver.

> **ESTAME**
> O órgão das angiospermas que produz pólen.

O pólen, que contém metade dos cromossomos da planta, é produzido e liberado pela planta e ~~disseminado~~ (espalhado), até encontrar o **ÓVULO** de outra planta. Nele está a outra metade dos cromossomos. Quando o óvulo é polinizado, transforma-se em semente. Nas gimnospermas, os óvulos ficam dentro dos cones de sementes; nas angiospermas, ficam dentro de um PISTILO.

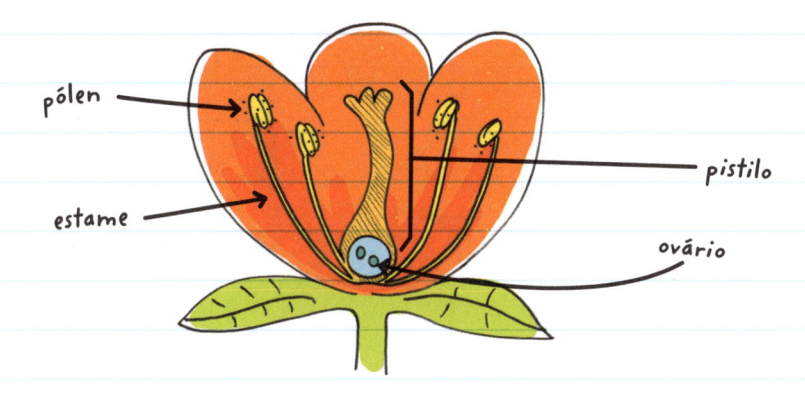

> **ÓVULO**
> Estrutura que contém a oosfera, que é a célula sexual feminina e possui a outra metade dos cromossomos da planta. Quando polinizado, transforma-se na semente.

(Diagrama de flor com indicações: pólen, estame, pistilo, ovário)

As plantas contam com vários métodos para DISSEMINAR SEMENTES:

- **VENTO:** As sementes são leves, e algumas possuem apêndices em formato de pluma, como as de dente-de-leão, o que possibilita que sejam levadas pelo vento.

247

- **ÁGUA:** as sementes são levadas por rios e córregos.
- **ANIMAIS:** as sementes podem ficar presas nos pelos, nas penas ou na pele dos animais. Os animais também podem comer uma fruta e espalhar as sementes por meio das fezes.
- **EXPLOSÃO:** o fruto seca e explode, arremessando sementes em todas as direções.

CICLO DE VIDA DAS PLANTAS

No ciclo de vida das plantas, há duas fases principais: uma em que elas produzem gametas e outra em que produzem esporos ou sementes. Essa alternância entre fases de reprodução sexuada e assexuada é conhecida como ALTERNÂNCIA DE GERAÇÕES.

ETAPA 1: Fase gametofítica (reprodução sexuada) – a planta produz células sexuais chamadas GAMETAS.

> **GAMETAS**
> Células sexuais.

ETAPA 2: Fase esporofítica (reprodução assexuada) – a planta produz sementes ou esporos após a fertilização.

O ciclo de vida da planta é chamado de METAGÊNESE.

Reprodução sexuada

Depois que é levado pelo vento ou pela água para um solo úmido, o esporo ou a semente de uma planta se desenvolve em um GAMETÓFITO.

Nessa fase, a planta cresce, se desenvolve e produz gametas.

As plantas que fabricam óvulos são gametófitos "femininos".

como acontece com os animais

As plantas que fabricam espermatozoides ou núcleos espermáticos são gametófitos "masculinos".

Os gametas são liberados e, em condições adequadas (como quando há solo úmido ou o pólen alcança o pistilo da flor), se encontram para realizar a **FECUNDAÇÃO**. Quando um gameta masculino se une a um gameta feminino, forma-se um ZIGOTO, que é o primeiro estágio da nova geração.

GAMETÓFITO
Fase da planta na qual ela produz os gametas.

FECUNDAÇÃO
A combinação dos gametas feminino e masculino.

> *Gametófito* vem do grego *gamos*, que significa "casamento", e *fito*, que significa "planta".

Reprodução assexuada

O zigoto se desenvolve e forma o **ESPORÓFITO**.

ESPORÓFITO
Fase da planta na qual ela produz esporos.

O esporófito cresce e fabrica esporos dentro dos esporângios, ou sementes dentro dos ovários. Quando o esporófito se torna uma planta adulta, os esporos ou as sementes são disseminados em vários ambientes. E, quando os esporos encontram um ambiente adequado para crescer, o ciclo recomeça a partir da produção de um novo gametófito.

ESTÁGIOS DOMINANTES DO CICLO DE VIDA DA PLANTA

O estágio "dominante" de uma planta, ou seja, o período em que ela passa a maior parte do tempo, varia de acordo com o tipo de planta. As briófitas (como os musgos) permanecem mais tempo na etapa de gametófito. As pteridófitas (como as samambaias), as angiospermas (como a macieira) e as gimnospermas (como o pinheiro), por sua vez, passam mais tempo no estágio de esporófito.

- esporófito adulto
- esporângio
- gametófito
- gametófito fêmea
- gametófito macho
- encontro de gametas
- zigoto
- esporófito jovem

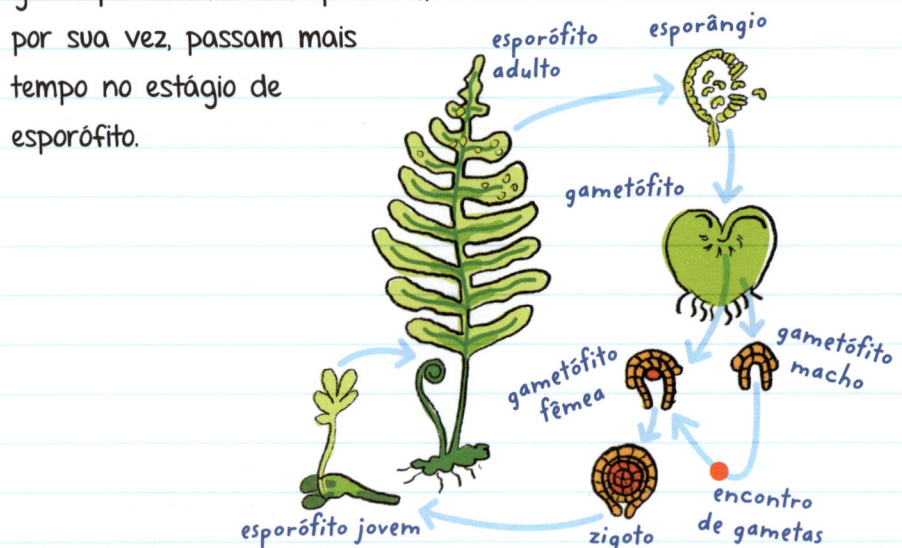

VERIFIQUE SEUS CONHECIMENTOS

1. Que tipos de planta se reproduzem usando sementes?

2. Compare os métodos de reprodução das espécies que produzem esporos e das espécies que produzem sementes.

3. Em que estrutura os esporos são produzidos?

4. Em que estrutura as sementes são produzidas?

5. Quais são as estruturas das plantas que interagem na fecundação?

6. Como se chama o ciclo de vida das plantas?

7. Qual é a função do gametófito?

8. O que acontece com os gametófitos no ciclo de vida de uma planta?

9. Qual é a função dos esporófitos?

10. Qual é o estágio vital dominante do ciclo de vida de uma angiosperma?

RESPOSTAS

CONFIRA AS RESPOSTAS

1. As angiospermas e as gimnospermas.

2. As espécies que produzem esporos, como samambaias e musgos, liberam esporos no ambiente para se reproduzirem, geralmente em locais úmidos. As espécies que produzem sementes, como angiospermas e gimnospermas, utilizam sementes para a reprodução, que se formam após a fecundação e podem ser dispersas pelo vento, pela água ou por animais.

3. Os esporos são produzidos nos esporângios.

4. As sementes são produzidas nos ovários.

5. O pólen e o óvulo.

6. Metagênese.

7. Produzir células sexuais (gametas femininos e masculinos).

8. Produzem gametas masculinos e femininos, que se combinam (fecundação). Assim, cria-se um zigoto, que se desenvolve e forma um esporófito.

9. Produzir esporos ou sementes.

10. O estágio de esporófito.

Capítulo 29
ADAPTAÇÃO DAS PLANTAS

Como qualquer outra forma de vida, as plantas precisam se adaptar para sobreviver.

Essas adaptações podem ocorrer na forma de:
- mudanças de comportamento
- mudanças de forma
- produção de substâncias

PLANTAS ANUAIS, BIANUAIS E PERENES

Diferentes espécies de plantas podem ter ciclos de vida que se iniciam em épocas diferentes do ano e duram tempos diferentes.

Tipo: anual
Duração do ciclo de vida: um ano

As plantas anuais passam por apenas uma fase de crescimento antes de morrer.

Tipo: bianual

Duração do ciclo de vida: dois anos

As plantas bianuais passam o primeiro ano fazendo crescer suas raízes e caules antes de ficar dormentes nos meses mais frios.

vivas, mas sem crescer

No segundo ano, nos meses mais quentes, as plantas bianuais produzem folhas, flores e frutos com sementes antes de morrer.

Tipo: perene

Duração do ciclo de vida: mais de dois anos

As plantas perenes crescem a partir de suas sementes e produzem flores, folhas e frutos nos meses mais quentes.

Durante os meses mais frios, as angiospermas costumam perder suas flores, folhas e frutos e ficam dormentes. As gimnospermas, por sua vez, podem sobreviver aos meses mais frios sem perder as folhas.

As plantas perenes podem levar bastante tempo para chegar à vida adulta.

O ciclo de vida de muitas plantas depende do ambiente. Por exemplo: as sementes só crescem na presença de água. Sem água por perto, a semente permanece dormente.

Algumas espécies só germinam após condições extremas. Outras só germinam após incêndios florestais, por exemplo, porque certas substâncias da fumaça ativam a germinação.

BIOMAS

O ambiente não só determina quando e como as plantas crescem, mas também que espécies sobrevivem.

As plantas adaptaram várias estruturas para sobreviver em ambientes específicos. O musgo, por exemplo, pode absorver umidade com suas folhas finas e rizoides. Por isso sobrevive em qualquer lugar onde exista água, faça calor ou frio. Em desertos, onde quase não chove, os musgos não conseguem sobreviver. Plantas suculentas, como os cactos, que armazenam grandes quantidades de água nas células, vivem sem dificuldades no deserto. Se os cactos fossem colocados em uma floresta úmida tropical, suas raízes, que comportam pequenas quantidades de água, apodreceriam e eles morreriam.

As plantas que vivem no mesmo ambiente costumam desenvolver características semelhantes para se adaptar às condições locais. Esse ambiente, influenciado por fatores como o clima e a geografia, é chamado de **BIOMA**.

> **BIOMA**
> Uma grande área ecológica caracterizada por suas condições climáticas e seu tipo de vegetação e pelas espécies de plantas e animais que vivem e interagem nesse ambiente.

Existem oito biomas:

FLORESTA TEMPERADA

- As florestas temperadas têm quatro estações distintas

- Entre as árvores, estão as DECÍDUAS, que perdem as folhas nos meses mais frios, e as perenes, que se adaptam ao clima mas não perdem todas as folhas de uma única vez

- Tipos de planta: musgos, samambaias, arbustos, árvores, plantas floríferas

FLORESTA TROPICAL ÚMIDA

- Floresta onde chove o ano todo

- A Amazônia é a maior floresta tropical do mundo

- Tipos de planta: árvores, musgos, samambaias, plantas floríferas

PRADARIA ← pastos, prados, pampas

- Planícies dominadas por gramíneas

- Tipos de planta: gramíneas, plantas menores

SAVANA

- Planícies que recebem chuvas sazonais com período de estiagem prolongada (o cerrado brasileiro é a savana mais rica em biodiversidade do mundo)

- Tipos de plantas: arbustos, gramíneas e árvores de pequeno porte

TUNDRA

- Planícies frias que contêm muito solo permanentemente congelado, conhecido como PERMAFROST

- Tipos de planta: gramíneas, musgos

TAIGA

- Floresta de clima frio

- A superfície contém permafrost (solo congelado) e substrato rochoso, uma camada impenetrável de rocha, o que mantém a água nas camadas superficiais do solo

- As agulhas dos pinheiros perdem menos água que as folhas comuns, o que as ajuda a sobreviver em um ambiente inóspito

- As árvores são flexíveis e em formato de cone, o que as ajuda a resistir ao peso da neve e do gelo

- Tipos de planta: árvores gimnospermas, musgos

DESERTO

- Duas estações principais: uma estação quente e outra fria, ambas secas

- Quase nunca chove, o que impede a existência da maioria das plantas

- Tipos de planta: cactos

AQUÁTICO ← é debaixo d'água!

- O maior bioma da Terra

- Águas cristalinas permitem que a luz penetre, e as plantas crescem no fundo do mar

- Tipos de planta: ervas marinhas, vegetação de manguezal, musgos

VERIFIQUE SEUS CONHECIMENTOS

1. O que estimula a adaptação das plantas?

2. Por quanto tempo vive uma planta anual?

3. Em que momento da vida uma planta bianual fica dormente?

4. Em quais meses as plantas perenes produzem folhas, flores e frutos?

5. O que é necessário para que uma semente cresça?

6. O que é um bioma?

7. Qual é o número de estações nas florestas temperadas e nos desertos?

8. Onde fica a savana com a maior biodiversidade do mundo?

9. Por que as gimnospermas vivem bem na taiga?

10. Qual é o maior bioma?

RESPOSTAS

CONFIRA AS RESPOSTAS

1. A adaptação é estimulada pelo ambiente.

2. Um ano.

3. O primeiro ano de vida dos dois anos.

4. Nos meses quentes.

5. Água.

6. Uma grande área ecológica caracterizada por suas condições climáticas e seu tipo de vegetação e pelas espécies de plantas e animais que vivem e interagem nesse ambiente.

7. Quatro estações nas florestas temperadas e duas estações nos desertos.

8. No Brasil, conhecida como cerrado.

9. Porque as gimnospermas são flexíveis e têm formato de cone, o que as ajuda a resistir ao peso da neve e do gelo.

10. O bioma aquático.

Unidade 8

Animais

Capítulo 30
REINO ANIMAL

CARACTERÍSTICAS DOS ANIMAIS

Os animais são:

- **PLURICELULARES:** têm mais de uma célula;

- **HETERÓTROFOS:** obtêm seus nutrientes de outros seres vivos;

- e as células dos animais são sustentadas por COLÁGENO, uma proteína elástica e resistente.

As células dos animais não têm paredes celulares rígidas, como as plantas. Por isso, as células dos animais são flexíveis.

A grande maioria dos animais tem simetria, ou seja, podem ser divididos em partes quase iguais. Na SIMETRIA BILATERAL, se você traçar uma linha reta ao longo do corpo, os dois lados terão aproximadamente as mesmas medidas.

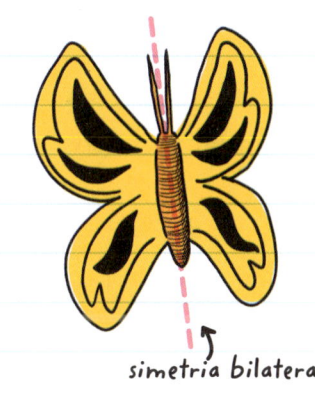

simetria bilateral

Outros animais têm SIMETRIA RADIAL, ou seja, a repetição ocorre mais de uma vez ao longo de um círculo.

simetria radial
igual

Uns poucos animais são ASSIMÉTRICOS, como a esponja marinha, que é o mais simples dos animais pluricelulares.

A maioria dos animais se reproduz de forma sexuada, ou seja, precisa de dois genitores para se reproduzir. Existem uns poucos que conseguem se reproduzir tanto de forma sexuada quanto de forma assexuada, como o dragão-de-komodo, que, dependendo das condições, bota ovos que se desenvolvem normalmente sem serem fecundados (PARTENOGÊNESE).

dragão-de-komodo

PROCESSOS

Todos os animais executam certas funções para sobreviver em determinado ambiente. Os principais processos são:

• NUTRIÇÃO

Os animais obtêm nutrientes se alimentando de outros organismos.

• RESPIRAÇÃO CELULAR

É a decomposição de nutrientes para obter energia. Faz parte do **METABOLISMO**.

> **METABOLISMO**
> O conjunto de todas as reações químicas necessárias para a sobrevivência de um organismo.

• TRANSPORTE

Os nutrientes precisam ser transportados para os locais em que são necessários. Esse processo é chamado de CIRCULAÇÃO.

> Os seres humanos contam com um sistema de circulação feito de vasos que transportam sangue. O sangue transporta nutrientes para as células.

• EXCREÇÃO

O processo de geração de energia gera resíduos. O processo de excreção elimina os resíduos e mantém o corpo saudável.

• ADAPTAÇÃO

A adaptação é o processo de mudança que facilita a sobrevivência de um organismo em um ambiente. Organismos que se adaptam ao ambiente têm mais chance de se reproduzir do que organismos que não se adaptam.

Um ambiente pode ser interno e externo.

No AMBIENTE INTERNO (dentro do corpo), a adaptação é comandada pela **HOMEOSTASE**, que regula todas as condições internas, desde a pressão arterial até o modo como os nutrientes são consumidos.

> **HOMEOSTASE**
> A capacidade de um organismo de manter o equilíbrio interno.

No AMBIENTE EXTERNO (fora do corpo), a adaptação usa, entre outros recursos, a **LOCOMOÇÃO**, capacidade de se deslocar de um lugar para outro.

Se o ambiente externo muda muito rápido, espécies podem ser extintas, mas também existe uma pequena probabilidade de a espécie **EVOLUIR**. Evolução é um processo de adaptação que produz mudanças nas características de uma espécie ao longo de várias gerações.

● REPRODUÇÃO

O propósito da reprodução é manter a espécie. Os animais geralmente se reproduzem de forma sexuada, o que significa que dois genitores são necessários para gerar um novo organismo.

Cada genitor tem seus GAMETAS, ou células sexuais. Cada célula tem metade da quantidade de material genético de que um organismo precisa para viver. Quando os dois gametas se unem, ocorre a fecundação e um novo organismo é gerado.

Reprodução sexuada:

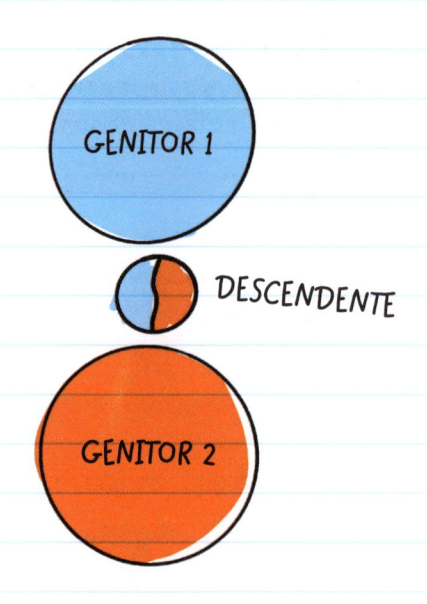

GENITOR 1

DESCENDENTE

GENITOR 2

VERIFIQUE SEUS CONHECIMENTOS

1. Que proteína sustenta as células dos animais?

2. Como os animais obtêm seus nutrientes?

3. Qual é a função da respiração celular?

4. Que processo leva os nutrientes do lugar onde são metabolizados para as células?

5. Qual é a função da excreção?

6. Por que os organismos precisam se adaptar ao ambiente?

7. O que comanda a adaptação no ambiente interno?

8. Qual é o meio mais fácil de um organismo se adaptar às mudanças do ambiente externo?

9. Qual é o nome do processo de adaptação a longo prazo de uma espécie às mudanças do ambiente externo?

10. Por que os animais se reproduzem?

RESPOSTAS

CONFIRA AS RESPOSTAS

1. O colágeno.

2. Os animais obtêm seus nutrientes se alimentando de outros organismos.

3. Decompor nutrientes para gerar energia para o organismo.

4. A circulação.

5. Remover do corpo os resíduos produzidos pelo metabolismo.

6. Para sobreviver.

7. A homeostase.

8. O meio mais fácil para um organismo se adaptar às mudanças do ambiente externo é sair dele e procurar um local mais adequado.

9. Evolução.

10. Os animais se reproduzem para preservar a espécie.

Capítulo 31
INVERTEBRADOS

Os animais que não têm coluna vertebral são chamados de **INVERTEBRADOS**. Mais de 95% dos animais são invertebrados. Entre os invertebrados estão insetos, moluscos, vermes, caracóis e esponjas.

Os invertebrados podem ser divididos em várias categorias. A maioria vive em ambientes MARINHOS.

ESPONJAS MARINHAS (Poríferos): vivem debaixo d'água e têm poros (buracos) e canais no corpo que permitem a passagem de água e nutrientes. Limpam a água, filtrando plâncton para se alimentar. Antigamente eram confundidas com plantas porque são SÉSSEIS, ou seja, não se locomovem. Mas, ao contrário das plantas, todas as esponjas são heterótrofas.

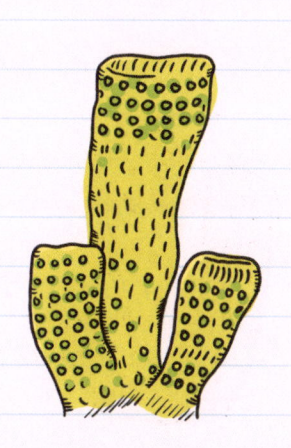

> *Porifera* vem do latim *porus* e *fera*, que significam "poro" e "conter", respectivamente.
>
> As esponjas são animais que contêm poros.

A reprodução das esponjas marinhas pode ser sexuada ou assexuada.

- **Reprodução sexuada:** A maioria das esponjas é HERMAFRODITA, ou seja, produz espermatozoides e óvulos. As esponjas combinam o material genético masculino com o feminino para produzir descendentes que têm informações genéticas recombinadas.

- **Reprodução assexuada:** As esponjas produzem BROTOS, partes de uma esponja-mãe que se desprendem e geram novas esponjas iguais à original.

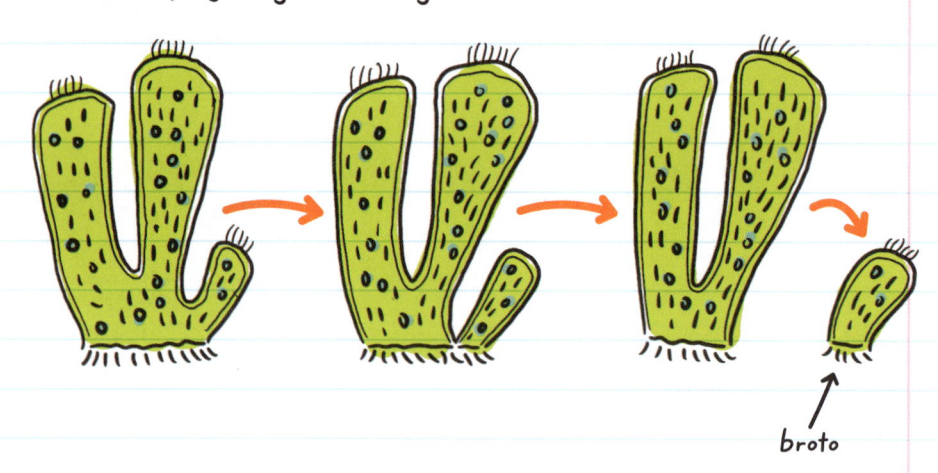

broto

CNIDÁRIOS: O filo dos cnidários contém mais de 10 mil espécies de animais, entre elas as águas-vivas, as anêmonas-do-mar, as hidras e os corais. O nome cnidários vem das células especializadas desses animais, chamadas **CNIDOBLASTOS**. Os cnidoblastos estão presentes nos tentáculos usados por esses animais para capturar presas e se defender de predadores. O cnidoblasto injeta uma toxina (veneno) em qualquer organismo com o qual entre em contato.

Os cnidários funcionam como um meio de proteção de algumas espécies de peixes, que até vivem entre as anêmonas-do-mar ou os corais. Esses peixes evitam os cnidoblastos ou são imunes a suas toxinas. Em troca da proteção oferecida pelos cnidários, os peixes mantêm os corais limpos comendo as algas que crescem ao redor deles. Esse tipo de relação ficou famoso por causa do filme *Procurando Nemo*, que mostra como os peixes-palhaço vivem dentro das anêmonas.

CNIDOBLASTOS
Células que injetam toxinas nas presas.

As toxinas liberadas pela ferroada de uma água-viva provocam dor e dormência por algum tempo. Pequenos organismos ficam paralisados e até morrem se forem intoxicados.

A reprodução dos cnidários pode ser sexuada ou assexuada.

- Algumas espécies que se reproduzem de forma sexuada são **MONOICAS**, o que significa que são capazes de produzir tanto óvulos como espermatozoides. Entretanto, não podem fecundar suas próprias células sexuais, de modo que ainda são necessários dois genitores para haver reprodução.

> *Cnidário* vem do grego *knide*, que significa "urtiga". As urtigas são plantas que causam irritação na pele.

PLATELMINTOS: Vermes alongados e achatados que se movem serpenteando na água. Os corpos são sustentados por um tecido conjuntivo esponjoso chamado MESÊNQUIMA.

A maioria dos platelmintos consegue sobreviver por conta própria, mas alguns são PARASITAS, ou seja, precisam de outros organismos para sobreviver e podem ser nocivos ao hospedeiro ou até matá-lo. A tênia é um exemplo de platelminto parasita. Ela mora no intestino do hospedeiro e se alimenta do que o hospedeiro ingere.

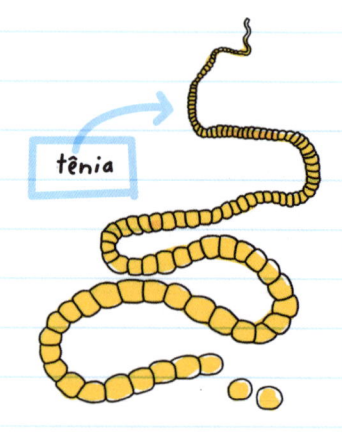

tênia

A reprodução pode ser sexuada ou assexuada.

- Alguns platelmintos que se reproduzem de forma sexuada podem ser monoicos.

- A reprodução assexuada ocorre por BROTAMENTO, no qual brotos se desprendem do genitor e criam novos animais, ou por FRAGMENTAÇÃO, em que os brotos se partem em pedaços e cada um dá origem a novos animais. Muitos platelmintos produzem espermatozoides e óvulos e são capazes de se autofecundar.

fragmentação de uma planária

LOMBRIGAS, OXIÚROS, ANCILÓSTOMOS (Nematódeos):

Os nematódeos têm corpo alongado, cilíndrico e estreito, com as extremidades afinadas. Reproduzem-se de maneira sexuada e alguns podem ser monoicos. Eles conseguem viver em qualquer tipo de ambiente, por conta própria ou como parasitas. Podem ser **CARNÍVOROS** ou **HERBÍVOROS**. Os carnívoros possuem cutículas afiadas na boca, usadas para se fixar em outros organismos.

como dentes!

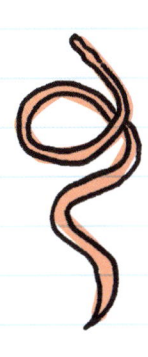

ANELÍDEOS: São minhocas, sanguessugas e vermes marinhos. Eles são chamados de VERMES SEGMENTADOS porque seu corpo é composto de pequenos anéis ou segmentos que se repetem. Muitos têm cerdas, que usam para se deslocar. Os segmentos podem se esticar e alargar, o que, combinado com as cerdas, lhes dá alta flexibilidade. Os anelídeos muitas vezes cavam o solo em busca de matéria orgânica para se alimentar. Quando seus excrementos são decompostos, enriquecem o solo e ajudam as plantas a crescer, o que os torna valiosos em qualquer ambiente.

Geralmente as MINHOCAS são encontradas no solo e se alimentam de matéria orgânica viva ou morta.

Os jardineiros adoram as minhocas porque elas melhoram a qualidade do solo.

Os VERMES MARINHOS vivem no fundo do mar e consomem restos de alimento. As SANGUESSUGAS são parasitas e se alimentam do sangue rico em nutrientes de outros animais, mas também podem capturar e comer outros invertebrados.

A reprodução dos anelídeos pode ser sexuada ou assexuada. Alguns anelídeos, como as minhocas, são monoicos, mas não podem fazer autofecundação.

MOLUSCOS: São organismos de corpo mole que costumam ter uma concha. Seus órgãos internos ficam em um saco revestido por uma camada de tecido chamada manto. A concha pode ser feita de quitina, um carboidrato, ou de carbonato de cálcio. Nos moluscos com concha, o manto protege os órgãos internos e secreta as substâncias que formam a concha. Entre os moluscos estão o caracol, a lesma, a ostra, a lula e o polvo. CEFALÓPODES e APLACÓFOROS são duas classes de moluscos que não possuem casca. Os polvos, por exemplo, são cefalópodes.

Os moluscos se reproduzem de forma sexuada e algumas espécies são monoicas. Eles não podem fazer autofecundação.

EQUINODERMOS: Os equinodermos se alimentam de restos e têm o corpo coberto de espinhos. Comem de tudo, o que os torna **ONÍVOROS**. Os equinodermos têm simetria radial. Não têm cabeça nem cérebro. São capazes de regenerar órgãos danificados e até membros inteiros.

ONÍVORO
Animal que come plantas e animais.

Exemplos de equinodermos: o ouriço-do-mar, o pepino-do-mar e a estrela-do-mar.

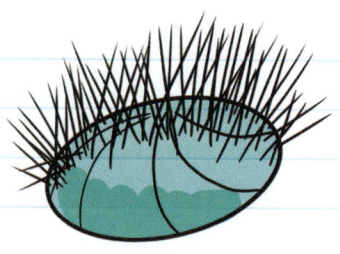

Equinodermos como o pepino-do-mar se deslocam usando seus pequenos pés em formato cilíndrico, parecidos com tentáculos, ou dobram o corpo para rastejar.

A reprodução dos equinodermos pode ser sexuada ou assexuada.

- Os equinodermos machos e fêmeas liberam espermatozoides e óvulos na água, onde a fecundação ocorre.

Cada braço possui todos os órgãos vitais.

- Algumas espécies podem se dividir em dois ou mais organismos. Assim, por exemplo, uma estrela-do-mar pode reproduzir uma estrela-do-mar totalmente nova a partir de um de seus braços.

A reprodução assexuada dos equinodermos costuma envolver a divisão do corpo em duas ou mais partes, chamada de FRAGMENTAÇÃO, e a REGENERAÇÃO das partes do corpo que faltam.

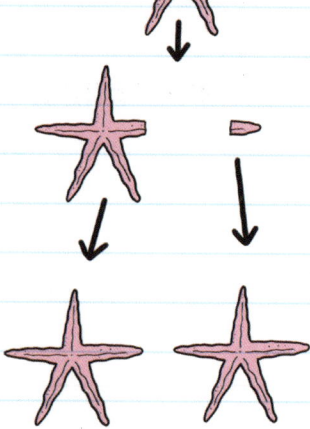

VERIFIQUE SEUS CONHECIMENTOS

1. Como as esponjas marinhas se alimentam?

2. Os cnidários são _ _ _ _ _ _ _ _ _, o que significa que os mesmos indivíduos podem produzir espermatozoides e óvulos.

3. Como se chamam as células que contêm a toxina que os cnidários secretam?

4. Como os platelmintos se reproduzem pelo método de fragmentação?

5. Do que os anelídeos se alimentam?

6. Quais são as duas classes de moluscos que não têm concha?

7. Quais são as duas substâncias que compõem a concha dos moluscos?

8. Como o pepino-do-mar se locomove?

9. Onde ficam os órgãos vitais das estrelas-do-mar?

10. Os equinodermos são carnívoros, herbívoros ou onívoros?

CONFIRA AS RESPOSTAS

1. Elas filtram nutrientes da água que passa pelos seus poros.

2. monoicos

3. Cnidoblastos.

4. Eles se partem em pedaços e cada um deles se torna um novo platelminto.

5. De matéria orgânica debaixo do solo.

6. Os cefalópodes e os aplacóforos.

7. Quitina e carbonato de cálcio.

8. O pepino-do-mar pode usar seus pequenos pés em formato cilíndrico, que parecem tentáculos, ou dobrar o corpo para rastejar.

9. Cada braço da estrela-do-mar tem todos os órgãos vitais.

10. São onívoros.

Capítulo 32
ARTRÓPODES

Os artrópodes têm corpos segmentados, o que facilita seus movimentos, e membros articulados, o que os ajuda a se deslocar rapidamente na terra e na água.

Os artrópodes têm **EXOESQUELETO**, que protege os órgãos vitais e sustenta o corpo. Ele funciona como uma armadura. Quando o artrópode cresce, abandona o exoesqueleto e o reconstrói em tamanho maior. Esse processo é comum durante a vida de um artrópode e se chama MUDA.

QUE ARMADURA LEGAL!

EXOESQUELETO
Um revestimento corpóreo externo duro.

> O exoesqueleto dos artrópodes é composto principalmente por quitina, um carboidrato duro que também forma as conchas dos moluscos e as paredes celulares dos fungos.

Os artrópodes são o filo mais abundante do Reino Animal, abrangendo 85% dos animais. Vivem em água salgada, água doce e na terra. Para se alimentar, caçam seres menores ou coletam matéria orgânica morta.

A maioria dos artrópodes TERRESTRES se reproduz de forma sexuada, por cruzamento direto ou por meio de **ESPERMATÓFOROS**, cápsulas que contêm espermatozoides. Um artrópode macho transfere os espermatozoides para a fêmea, seja por meio de um órgão especializado, seja pela deposição de espermatóforos que a fêmea coleta e armazena em uma espécie de bolsa interna. A fertilização dos óvulos ocorre internamente, e a fêmea põe os ovos já fecundados. Os artrópodes AQUÁTICOS fazem a fertilização externa. Liberam na água os espermatozoides, que entram nos corpos das artrópodes fêmeas próximas.

Os artrópodes costumam ser classificados pelo número de segmentos do corpo, pelo número de patas e por órgãos adicionais que a espécie possa ter.

Os artrópodes podem ser divididos em:
- Crustáceos, como o caranguejo, o camarão e a lagosta
- Quelicerados, como o escorpião, a aranha e o carrapato

- Miriápodes, como a centopeia e o milípede
- Insetos, como a mosca e a abelha

CRUSTÁCEOS

Os crustáceos são artrópodes com três segmentos: cabeça, **TÓRAX** e **ABDOME**. Em algumas espécies, a cabeça e o tórax estão fundidos em um segmento chamado CEFALOTÓRAX.

> **TÓRAX**
> Parte entre o pescoço e o abdome do animal, onde costumam estar o coração e os pulmões.

> **ABDOME**
> Parte do animal que contém estômago e intestinos.

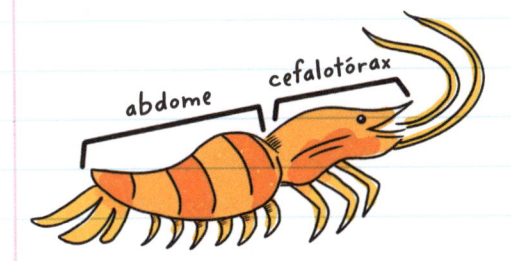

Cefalo vem do grego *kephale*, que significa "cabeça".

Existem mais de 65 mil espécies de crustáceos e muitas delas são capazes de viver tanto na terra quanto na água. Os DECÁPODES são crustáceos que vivem na água, como o lagostim, o caranguejo, a lagosta, o pitu e o camarão.

do grego deca e pode, que significam, respectivamente, "dez" e "pé"

283

QUELICERADOS

Os quelicerados são artrópodes com dois segmentos corporais (cefalotórax e abdome) e uma estrutura semelhante a uma mandíbula chamada QUELÍCERA. Muitos têm **PEDIPALPOS**, apêndices situados nas proximidades das quelíceras que contribuem para o paladar e olfato ou funcionam como pinças.

(pedipalpos: estruturas que estão presas a algo maior)

Existem aproximadamente 77 mil espécies de quelicerados, a maioria vivendo na terra. Entre eles, estão os escorpiões e a maioria das aranhas, que são predadores. Já os carrapatos e ácaros se alimentam de organismos hospedeiros, enquanto outras espécies de quelicerados consomem matéria em decomposição.

MIRIÁPODES

Os miriápodes estão entre os mais antigos artrópodes. Têm corpos segmentados e um par de antenas, e cada segmento conta com um par de patas. Dependendo da espécie, os corpos podem ser curtos ou muito longos, com um número de pernas que varia entre 10 e 750. Centopeias e milípedes são exemplos de miriápodes.

> *Miriápode* vem do grego *murios* e *poda*, que significam, respectivamente, "dez mil" e "pés".

Existem cerca de 16 mil espécies de miriápodes. A maioria vive na terra.

INSETOS

Os insetos são os artrópodes mais numerosos. Estima-se que existam entre 6 e 10 milhões de espécies, e só 1 milhão delas foi descrito até o momento. Os corpos são claramente divididos em três segmentos: uma cabeça com um par de antenas; um tórax que contém seis patas e, às vezes, um ou dois pares de asas; e um abdome.

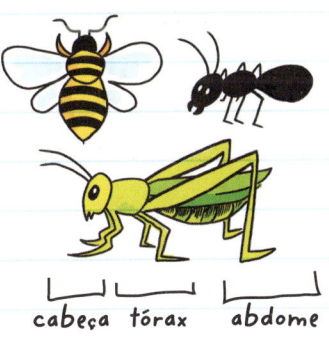

Entre os insetos estão as únicas espécies de animais que sofrem **METAMORFOSE** completa, processo no qual o organismo passa por três ou quatro etapas diferentes de vida.

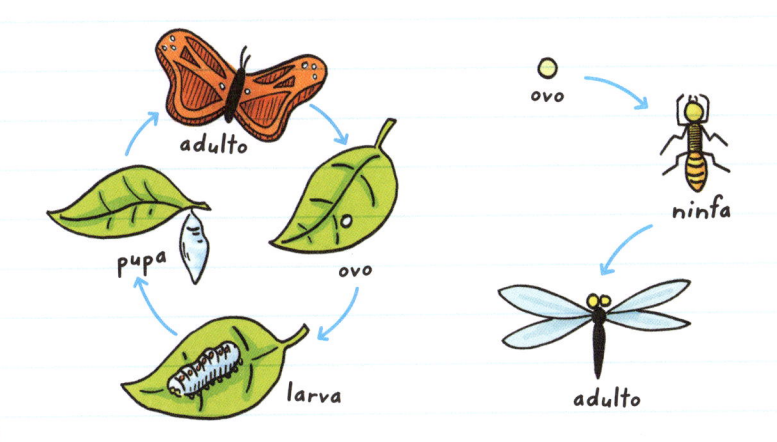

Na etapa adulta, os insetos ficam completamente diferentes de como eram na etapa de larva. Cada uma delas tem suas próprias necessidades e objetivos. Na etapa de larva, por exemplo, o inseto se dedica totalmente à alimentação. Na etapa adulta, o foco é na reprodução.

LARVA
Inseto jovem, imaturo.

PUPA
Inseto imaturo, no estado inativo entre larva e adulto.

A transformação da lagarta em borboleta ou mariposa é o exemplo mais conhecido de metamorfose.

Os insetos habitam todos os ambientes do mundo, na terra ou na água, e podem exercer diversos papéis no meio ambiente. As formigas, por exemplo, formam sociedades cooperativas complexas, o que lhes permite transformar ambientes inteiros e defender seu território contra organismos muito maiores, como os seres humanos.

TODOS A POSTOS!

Insetos como as abelhas polinizam as flores e ajudam as plantas a ocupar novos ambientes. Os gafanhotos são capazes de decompor plantas, garantindo que elas cresçam depois e sejam mais fortes.

VERIFIQUE SEUS CONHECIMENTOS

1. Que revestimento fornece proteção e estrutura aos corpos dos artrópodes?

2. Os artrópodes representam que porcentagem do Reino Animal?

3. Cite três meios de classificar os artrópodes.

4. O que são decápodes?

5. Como são chamados os apêndices semelhantes a mandíbulas dos quelicerados?

6. Que características são compartilhadas por todos os insetos?

7. O que é a metamorfose?

CONFIRA AS RESPOSTAS

1. O exosqueleto.

2. Cerca de 85%.

3. Os artrópodes podem ser classificados de acordo com o número de segmentos do corpo, com o número de patas e com a existência de órgãos especiais.

4. Decápodes são crustáceos que têm dez patas e vivem na água.

5. Quelíceras.

6. Os insetos têm corpos compostos de três segmentos: a cabeça, com um par de antenas; o tórax, com seis patas e, às vezes, um ou dois pares de asas; e um abdome.

7. A metamorfose é o processo no qual um inseto passa por etapas distintas. Para os insetos, a metamorfose completa consiste em uma etapa de ovo, uma etapa de larva, uma etapa de pupa e uma etapa de adulto.

Capítulo 33
CORDADOS

Os cordados constituem apenas 5% das espécies de animais.

> A palavra *corda* aparece em nomes de muitos organismos desse filo, seja como parte do corpo ou no nome de uma espécie. Os seres humanos, por exemplo, têm uma "corda" espinhal – a medula.

Em algum ponto do desenvolvimento, os cordados têm:

- **NOTOCORDA**: uma haste de suporte (como uma espinha dorsal) que se estende ao longo das costas do animal. É uma estrutura que ajuda os ossos e as cartilagens a se formar. Nos vertebrados, como os seres humanos, a notocorda se desenvolve e se torna a coluna vertebral.

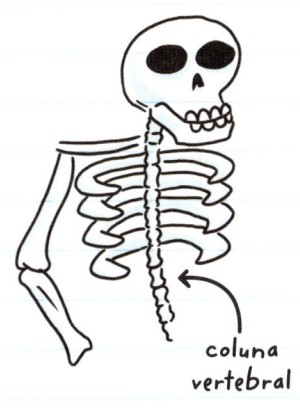

coluna vertebral

- **TUBO NERVOSO DORSAL**: uma estrutura na parte dorsal do corpo que contém **NEURÔNIOS**. Faz parte do sistema nervoso do animal e contribui para sua sobrevivência, por criar uma rede de nervos que ajuda o organismo a perceber melhor o ambiente.

> **TUBO NERVOSO DORSAL**
> Estrutura de suporte oca que se estende ao longo do dorso do animal.

> **NEURÔNIO**
> Célula que transmite e recebe impulsos elétricos de outras células.

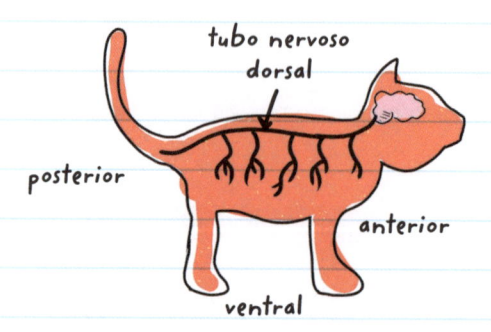

- **FENDAS FARÍNGEAS**: aberturas nos dois lados da cabeça de alguns cordados. Nos peixes, as fendas sustentam as guelras, enquanto nos seres humanos elas só existem por um breve período durante o desenvolvimento do embrião, depois se tornam os ossos da mandíbula e da orelha interna. Têm esse nome porque estão nas proximidades da **FARINGE**, parte da garganta.

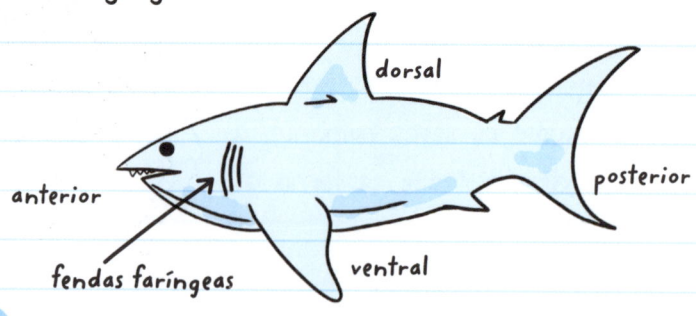

Os cordados se dividem em duas categorias: não vertebrados e vertebrados.

> qualquer animal que tenha coluna vertebral

- **CAUDA PÓS-ANAL**: extensão do corpo que se projeta além do ânus e possui músculos e, em geral, suporte esquelético, auxiliando na locomoção, no equilíbrio e no comportamento de diversos animais.

CORDADOS INVERTEBRADOS

Os cordados invertebrados se dividem em dois grupos: TUNICADOS e CEFALOCORDADOS. Ambos têm notocorda, mas ela não se transforma em uma coluna vertebral, como nos seres humanos.

Tunicados

Os tunicados, ou urocordados, são um grupo de 2 mil espécies que se prendem a um objeto rígido, como uma rocha ou um coral. Eles filtram seus alimentos usando um dos seus dois orifícios para sugar água e o outro para expeli-la, separando o alimento da água no corpo.

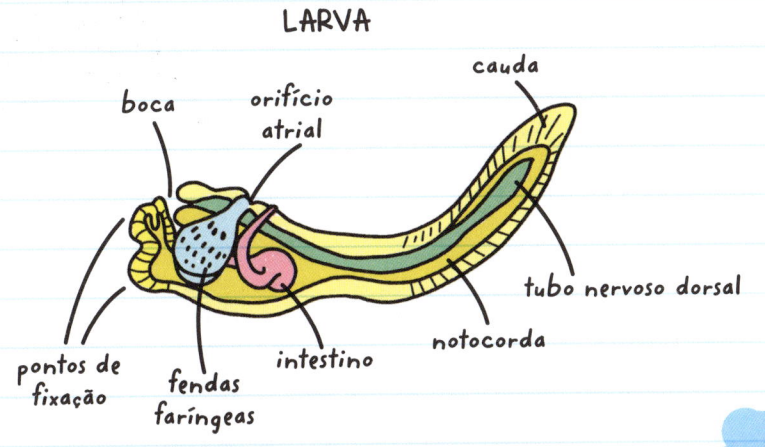

LARVA

- boca
- orifício atrial
- cauda
- tubo nervoso dorsal
- notocorda
- intestino
- fendas faríngeas
- pontos de fixação

As **larvas** (filhotes) dos tunicados parecem girinos. Contam com notocorda, tubo nervoso dorsal, cauda e fendas faríngeas. Quando adultos, os tunicados perdem a cauda e desenvolvem os orifícios para filtrar alimento.

Cefalocordados

fendas faríngeas — notocorda — tubo nervoso dorsal — cauda — intestino

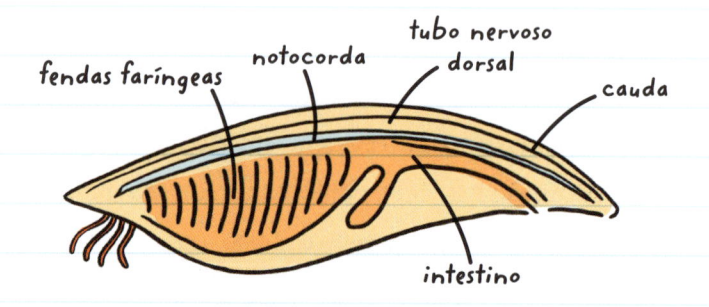

O grupo dos cefalocordados conta com cerca de trinta espécies. Em vez de se agarrar a superfícies, eles se enterram na areia no fundo do mar e mantêm a cabeça do lado de fora para filtrar os nutrientes. A água que entra pela boca é filtrada pelas fendas faríngeas, e os nutrientes vão para o intestino. Os cefalocordados se reproduzem de forma sexuada, lançando óvulos e espermatozoides, que se encontram na água.

como uma rede de pesca

CORDADOS VERTEBRADOS

Os vertebrados estão em um único grupo, os craniados.

Craniados

Esse grupo é caracterizado pela presença de um crânio que protege o encéfalo. Durante o desenvolvimento embrionário, todos os vertebrados possuem notocorda, um elemento essencial que auxilia na formação do sistema nervoso. Posteriormente, ela se transforma em parte da coluna vertebral. O sistema nervoso central dos vertebrados é composto pela medula espinhal e pelo encéfalo, responsáveis por transmitir mensagens elétricas entre o cérebro e o resto do corpo, garantindo a coordenação das funções vitais e as respostas do organismo.

MEDULA ESPINHAL

nervo: estimula movimentos e sensações

disco: protege a medula

SISTEMA NERVOSO
Um sistema do corpo que troca mensagens elétricas com o cérebro.

Todos os cordados vertebrados se reproduzem de forma sexuada. As espécies aquáticas fecundam os óvulos externamente: os machos liberam espermatozoides e as fêmeas liberam óvulos na água, onde eles se unem. As espécies terrestres fecundam os óvulos internamente, com contato direto entre machos e fêmeas.

Existem sete classes de vertebrados.

CLASSES DE VERTEBRADOS

CLASSE	ANIMAIS	DESCRIÇÃO
AGNATOS Nome comum: Peixes sem mandíbula	Lampreia e peixe-bruxa	Peixes sem mandíbula.
CONDRICTES Nome comum: Peixes cartilaginosos	Tubarão e raia	Peixes com esqueletos de CARTILAGEM em vez de osso.
OSTEÍCTES Nome comum: Peixes ósseos	Bagre, salmão, atum, peixe-palhaço	Peixes com esqueletos de osso em vez de cartilagem.
ANFÍBIOS	Sapo, rã, salamandra	Animais de SANGUE FRIO que passam parte do tempo na terra e parte do tempo na água. Precisam da luz solar para regular a temperatura corporal. (Os animais de SANGUE QUENTE conseguem regular sua própria temperatura.) Respiram pela pele e pelos pulmões. Assim como os insetos, a maioria dos anfíbios sofre metamorfose.

CLASSES DE VERTEBRADOS

CLASSE	ANIMAIS	DESCRIÇÃO
RÉPTEIS	Lagarto, tartaruga, crocodilo, cobra, a maioria dos dinossauros (embora diferentes dos répteis modernos)	Animais de sangue frio e com escamas. A maioria dos répteis produz ovos, mas alguns dão à luz filhotes vivos. 
AVES 	Papagaio, águia, coruja, pinguim	Animais com bicos feitos de material ósseo, asas e corpos cobertos de penas. Botam ovos para se reproduzir. Têm um coração com quatro câmaras.

CLASSES DE VERTEBRADOS

CLASSE	ANIMAIS	DESCRIÇÃO
MAMÍFEROS	Cachorro, gato, ser humano	Animais que têm cabelo ou pelos no corpo, produzem leite para alimentar os filhotes, têm glândulas que emitem suor e odor e têm vários tipos de dente. A maioria dos mamíferos anda em quatro patas, mas alguns podem andar em duas. Alguns mamíferos aquáticos, como as baleias, focas e lontras, têm membros que evoluíram e se tornaram nadadeiras. Em geral os mamíferos dão à luz os filhotes, mas uns poucos, como os ornitorrincos, botam ovos.

VERIFIQUE SEUS CONHECIMENTOS

1. O que são os cordados?

2. O que é a notocorda?

3. Qual é a função do tubo nervoso dorsal?

4. Quais são os dois grupos principais de cordados invertebrados?

5. O que acontece quando os tunicados passam da etapa de larva para a etapa adulta?

6. Como os cefalocordados se alimentam?

7. De que sistema a corda espinhal faz parte?

8. Quais as duas classes de vertebrados que podem se reproduzir por meio de ovos fecundados internamente?

RESPOSTAS

CONFIRA AS RESPOSTAS

1. Os cordados são animais que em alguma fase do desenvolvimento têm notocorda, tubo nervoso dorsal, fendas faríngeas e cauda pós-anal.

2. A notocorda é uma haste de suporte flexível ao longo das costas do animal.

3. O tubo nervoso dorsal ajuda o organismo a perceber melhor o ambiente e envia mensagens elétricas para o cérebro.

4. Tunicados e cefalocordados.

5. Os tunicados perdem a cauda e abrem orifícios para filtrar nutrientes.

6. Os cefalocordados se enterram na areia com a cabeça para fora para obter alimento. A água é filtrada pelas fendas faríngeas.

7. O sistema nervoso.

8. Os répteis e as aves.

Capítulo 34
VERTEBRADOS ANAMNIOTAS

Os peixes e anfíbios são classificados como anamniotas porque os **EMBRIÕES** não estão contidos em um ÂMNIO, membrana fina que protege o embrião. Sem um âmnio, os ovos moles e gelatinosos postos pelos peixes e anfíbios secariam fora da água.

> **EMBRIÃO**
> Organismo nos estágios iniciais do desenvolvimento.

Peixes e anfíbios fazem reprodução sexuada. A fecundação ocorre quando o espermatozoide entra no óvulo.

Os peixes vivem apenas em ambientes aquáticos, em todas as profundidades, da superfície até o fundo do mar. Por outro lado, a maioria dos anfíbios passa parte do ciclo da vida na água e parte na terra.

POR QUE A GENTE SEMPRE TEM QUE SE ENCONTRAR NA SUA CASA?

PEIXES

Todos os peixes vivem na água. Eles respiram através de GUELRAS, uma estrutura que realiza troca de gases com a água. Os peixes contam com nadadeiras nas laterais do corpo, para controlar a direção do nado, e nadadeiras em cima e embaixo do corpo, para ter estabilidade. O corpo de alguns peixes contém uma bexiga natatória cheia de ar que os ajuda a boiar. Aqueles sem bexiga natatória precisam nadar o tempo todo e parar para descansar no fundo do mar.

Alguns peixes sem bexigas natatórias conseguem sobreviver se camuflando na areia do fundo do mar para evitar os predadores e surpreender as presas.

Os peixes podem ser predadores ou presas, comer ou ser comidos por outros animais ou mesmo outros peixes. Quando morrem, seus corpos nutrem todos os outros organismos do mar, incluindo plantas e organismos menores.

SOCORRO!

Eis as três classes mais importantes de peixes:

CLASSE	ANIMAIS	DESCRIÇÃO
AGNATOS Nome comum: Peixes sem mandíbula	Lampreia e peixe-bruxa	A boca é redonda devido à ausência de mandíbula. Peixes como a lampreia têm dentes afiados para enganchar em outros peixes. Eles se alimentam da carne ou do sangue do hospedeiro. Peixes-bruxa são coletores e se alimentam de organismos mortos ou quase mortos.
CONDRICTES Nome comum: Peixes cartilaginosos	Tubarão e raia	Os esqueletos são feitos de CARTILAGEM, um tipo de tecido conjuntivo resistente, mas flexível. *Nossas orelhas e nossos narizes são feitos de cartilagem, por isso conseguimos torcê-los ou dobrá-los com as mãos.* Algumas espécies de peixes cartilaginosos podem dar à luz filhotes vivos, tal como fazem os seres humanos, em vez de pôr ovos.

301

CLASSE	ANIMAIS	DESCRIÇÃO
OSTEÍCTES Nome comum: Peixes ósseos	A maioria dos peixes (bagre, salmão, atum, etc).	Os peixes ósseos têm esqueleto feito de osso. A maioria possui escamas compostas de placas finas de osso. São cobertos por uma camada de muco que os ajuda a deslizar na água.

ANFÍBIOS

Os anfíbios são animais que passam o estágio larval na água e o estágio adulto na terra. Os biólogos acreditam que os anfíbios foram o primeiro tipo de animal a desenvolver um corpo próprio para viver fora d'água.

A maioria dos anfíbios usa fecundação externa. Para fazer a transição da água para terra, os anfíbios precisam sofrer metamorfose. O processo pode envolver o desenvolvimento de:

- membros que permitem a locomoção em terra;
- olhos que permitem enxergar mais longe fora d'água; e
- pulmões para respirar e processar o ar.

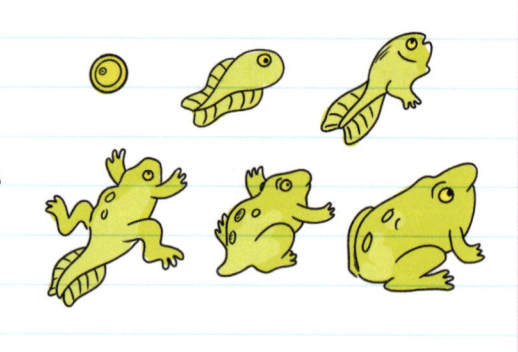

Os anfíbios inspiram o ar através da pele (junto com os pulmões), que deve estar sempre úmida e flexível. Isso os impede de se afastar muito da água. Como os anfíbios precisam manter a pele úmida, os cientistas podem usá-los para determinar a saúde do ambiente. Se estiver muito seco, os anfíbios se mudam para outro lugar, e isso permite aos cientistas saber que uma área não está recebendo chuva suficiente. Os anfíbios hibernam no inverno porque não conseguem se manter ativos em temperaturas baixas.

Os grupos mais importantes de anfíbios são os seguintes:

ORDEM	ANIMAIS	DESCRIÇÃO
ICTIOSTEGALIA	Ichthyostega	Espécie extinta que, segundo os cientistas, pode ter sido o primeiro anfíbio em terra. Desajeitados e lentos, com quatro patas e pés rudimentares, eles contavam com uma cauda musculosa para se locomover em terra e compensar os músculos fracos das pernas.
ANUROS	Sapos e rãs	As larvas (girinos) perdem a cauda durante a metamorfose para adulto. Os pés são palmados, o que os ajuda a nadar mais rápido.

VOCÊ TAMBÉM SERIA DESAJEITADO E LENTO SE SEU CORPO FOSSE ASSIM.

ORDEM	ANIMAIS	DESCRIÇÃO
URODELOS	Salamandras e tritões	As salamandras mantêm a mesma aparência desde o estágio de larva até o estágio adulto. Usam pernas, braços e cauda para nadar. Os membros são tão curtos que elas arrastam a barriga no chão.
ÁPODES	Cecílias ↑ "cegas" em latim	Os ápodes são desprovidos de membros e parecem cobras. São escavadores que praticamente não enxergam e usam a pele para sentir vibrações e guiar seu movimento. Contam com um crânio forte, que os ajuda a cavar na lama e na areia, e dentes afiados, mas engolem o alimento sem mastigar, como as cobras. Assim como os sapos, os ápodes criam pulmões durante a metamorfose e também respiram através da pele.

VERIFIQUE SEUS CONHECIMENTOS

1. O que são os anamniotas?

2. Como se reproduzem peixes e anfíbios?

3. Qual é a função da bexiga natatória?

4. Por que a boca dos agnatos é redonda?

5. Do que se alimentam as lampreias?

6. Os esqueletos dos condrictes são feitos de _____.

7. O que os anfíbios ganham depois da metamorfose?

8. De qual substância os anfíbios precisam estar sempre perto?

9. Como as cecílias, que são praticamente cegas, conseguem se orientar?

CONFIRA AS RESPOSTAS

1. Os anamniotas são animais cujos embriões não estão contidos em um âmnio, a membrana fina que protege o embrião.

2. Os peixes e anfíbios se reproduzem de forma sexuada, gerando descendentes por meio da fecundação de óvulos.

3. A bexiga natatória ajuda os peixes a boiar na água.

4. A boca redonda dos agnatos se deve ao fato de eles não terem mandíbula.

5. As lampreias se alimentam do sangue e da carne dos hospedeiros.

6. cartilagem

7. Olhos melhores, membros que permitem a locomoção em terra e pulmões que os ajudam a respirar.

8. Da água.

9. Usando a pele para sentir vibrações.

Capítulo 35
VERTEBRADOS AMNIOTAS

PROTEÇÃO DOS EMBRIÕES

O grupo dos amniotas é composto por répteis, aves e mamíferos, espécies relativamente recentes. O nome vem da membrana fina, chamada âmnio, que abriga e protege os embriões enquanto se desenvolvem. Um fluido que se forma dentro do âmnio protege o embrião. Essa adaptação permite que os filhotes nasçam em terra.

AMNIOTA – com âmnio
ANAMNIOTA – sem âmnio

O âmnio também é protegido pela casca do ovo, no caso dos répteis e das aves, ou pelo útero, no caso de mamíferos, como o ser humano.

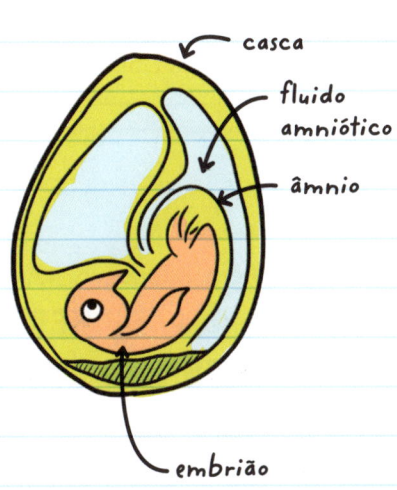

- casca
- fluido amniótico
- âmnio
- embrião

Temperatura do corpo

A diferença mais importante entre os amniotas é a temperatura corporal, que determina a forma como o corpo funciona. Muitas espécies conseguem regulá-la até certo ponto; outras, porém, dependem do calor de fontes externas.

Um amniota que depende de fontes externas de calor, como o Sol, é chamado de ECTOTÉRMICO, ou animal de sangue frio. Quase todos os répteis são ectotérmicos.

Um amniota capaz de produzir o próprio calor é chamado de ENDOTÉRMICO, ou animal de sangue quente. Todos os mamíferos e aves são endotérmicos.

> As células de animais endotérmicos produzem calor ao converter nutrientes em energia, liberando calor como subproduto. Esse calor permite que eles mantenham uma temperatura corporal constante, mesmo em ambientes frios.

RÉPTEIS

Os répteis têm hábitos alimentares variados, podendo ser **HERBÍVOROS**, **CARNÍVOROS** ou **ONÍVOROS**, dependendo da espécie. Esse grupo diversificado inclui cobras, lagartos, tartarugas, crocodilos e antigos dinossauros.

HERBÍVORO
Espécie que se alimenta de plantas.

CARNÍVORO
Espécie que se alimenta de outros animais.

ONÍVORO
Espécie que se alimenta de plantas e outros animais.

São conhecidos por sua pele coberta de escamas, formadas por uma proteína chamada **QUERATINA**, que ajuda a evitar a perda de água, e por sua capacidade de viver em diferentes ambientes, desde desertos até pântanos e florestas.

A queratina é a mesma proteína de que são feitos o cabelo e as unhas dos seres humanos.

A maioria dos répteis bota ovos e é ectotérmica, ou seja, depende do calor externo para regular a temperatura do corpo. É por isso que muitas vezes podemos ver répteis, como jacarés, tomando sol – esse comportamento ajuda a aumentar a temperatura corporal para que possam se mover e caçar com mais eficiência.

DEVO PASSAR PROTETOR SOLAR?

GRUPOS MODERNOS DE RÉPTEIS

ORDEM	ANIMAIS	DESCRIÇÃO
ESFENODONTES	Tuataras	Possivelmente são os répteis mais antigos ainda vivos, com ossos como os de peixes e anfíbios. Ao contrário de outros lagartos, os tuataras não têm orelhas e os tímpanos são pouco desenvolvidos.
ESCAMADOS	Cobras e lagartos	É a maior ordem dos répteis.
TESTUDINES OU QUELÔNIOS	Tartarugas marinhas e tartarugas terrestres	A tartaruga marinha é um dos poucos répteis que podem passar a maior parte do tempo na água. A tartaruga terrestre, por outro lado, passa a maior parte do tempo na terra. A tartaruga terrestre é um dos animais mais longevos da Terra. Os cascos das tartarugas terrestre e marinha estão completamente conectados aos seus corpos, contendo terminações nervosas que lhes permitem sentir quando alguma coisa toca o casco.

GRUPOS MODERNOS DE RÉPTEIS

ORDEM	ANIMAIS	DESCRIÇÃO
CROCODILIANOS	Crocodilos e jacarés	Crocodilos geralmente preferem água salgada, enquanto jacarés preferem água doce. O crocodilo tem focinho pontudo e o focinho do jacaré é mais arredondado. Quando o crocodilo fecha a boca, os dentes continuam visíveis. Os dentes do jacaré só são visíveis quando ele abre a boca. O jacaré tem medo dos seres humanos e só os ataca quando provocado. O crocodilo é mais agressivo e ataca o que estiver por perto.

AVES

As aves são animais vertebrados que têm como característica exclusiva suas penas. São endotérmicas, isto é, produzem seu próprio calor, podendo viver em diversos ambientes. As aves põem ovos e geralmente cuidam dos filhotes, garantindo sua sobrevivência nos primeiros estágios de vida.

Todas as aves têm bico, asas e penas, mas nem todas são capazes de voar. Elas possuem OSSOS OCOS, que as deixam mais leves e ajudam no voo, embora algumas, como o pinguim e o avestruz, tenham corpos adaptados para outras tarefas, como nadar ou correr com eficiência.

QUE INVEJA!

ALGUNS DOS GRUPOS MODERNOS DE AVES

ORDEM	ANIMAIS	DESCRIÇÃO
PELECANIFORMES	Pelicanos e garças	Têm pés palmados, usados para nadar. O corpo leve permite que flutuem na água. Usam os grandes bicos para pegar peixes na água.
PSITACIFORMES	Papagaios e cacatuas	Uma das aves mais inteligentes, o papagaio é capaz de imitar a voz humana. O papagaio tem bico curvo. As patas são muito fortes e permitem que fiquem de pé em galhos finos.
GALINÁCEOS	Galinha, peru, codorna, pavão, perdiz	Aves corpulentas, de alimentação terrestre. São voadoras relutantes – conseguem voar, mas não se sentem confortáveis ao fazê-lo. Batem as asas quando estão com medo e se preparam para voar, se necessário.

ALGUNS DOS GRUPOS MODERNOS DE AVES

ORDEM	ANIMAIS	DESCRIÇÃO
FALCONIFORMES	Águia, falcão, gavião, abutre, condor, tartaranhão	Aves predadoras. São fortes, com garras curvas e afiadas que usam para caçar e levantar voo segurando uma presa.
ESTRIGIFORMES	Coruja	A coruja é uma espécie noturna. Os olhos e ouvidos são capazes de localizar presas a grande distância e em áreas mal iluminadas. O grande número de ossos no pescoço de uma coruja permite que ela gire a cabeça quase 360 graus.

MAMÍFEROS

Os mamíferos têm o corpo coberto por cabelos ou pelos, produzem leite para alimentar os filhotes, contam com mandíbulas para mastigar os alimentos e têm diferentes tipos de dente.

Os mamíferos têm muitas outras características em comum, como um coração com quatro câmaras, que separa o sangue venoso do sangue arterial, membros ou nadadeiras bem desenvolvidos e capacidade de gerar calor corporal.

Os mamíferos têm um **DIAFRAGMA**, um músculo fino que expande e contrai os pulmões e os separa do estômago e dos intestinos, **GLÂNDULAS MAMÁRIAS**, dutos usados para alimentar os filhotes, e um cérebro bem desenvolvido.

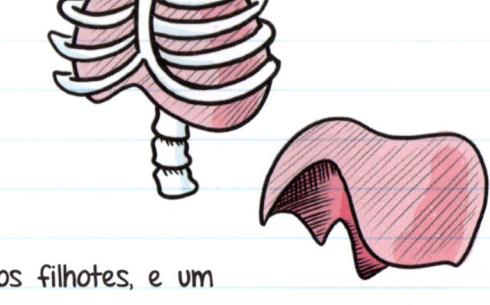

> O crocodilo e o jacaré são os únicos animais que têm uma estrutura análoga ao diafragma e não são mamíferos.

Os principais mamíferos modernos são:

- **MONOTREMADOS**, uma ordem de mamíferos primitivos que põem ovos em vez de dar à luz os filhotes. Exemplos: a equidna e o ornitorrinco. As patas dos monotremados ficam nas laterais do corpo, e não embaixo, como na maioria dos mamíferos.

- **MARSUPIAIS**, que dão à luz embriões imaturos e terminam o desenvolvimento dentro da bolsa da mãe. Exemplos: o coala, o gambá, o vombate e o canguru. A maioria dos marsupiais (cerca de 70%) vive na Austrália. A maior parte dos 30% restantes vive na América do Sul.

- **EUTÉRIOS**, também conhecidos como PLACENTÁRIOS, que geram os filhotes dentro de uma **PLACENTA**, órgão que liga a mãe ao embrião em desenvolvimento. Os seres humanos pertencem ao grupo dos eutérios. A placenta tem um **CORDÃO UMBILICAL** que fornece comida, água e oxigênio ao embrião e retorna resíduos para a mãe. O umbigo é o lugar onde o cordão umbilical liga o embrião à mãe.

> 95% dos mamíferos são eutérios.

ACHO QUE TENHO UM UMBIGO.

ALGUNS TIPOS DE EUTÉRIOS

ORDEM	ANIMAIS	DESCRIÇÃO
ROEDORES	Camundongo, rato, esquilo	Mamíferos com dentes afiados para roer alimentos duros. Muitos são herbívoros, mas alguns podem ser carnívoros.
PRIMATAS	Ser humano, símio, macaco	Animais com o cérebro mais desenvolvido de todo o Reino Animal. Muitas espécies escalam árvores, usando as mãos, os pés e a cauda.
ARTIODÁCTILOS	Vaca, veado, camelo, porco	Herbívoros que constituem a maioria dos mamíferos de grande porte. Todos têm um número par de dedos. São animais MIGRATÓRIOS, se deslocando em busca de alimento.

ALGUNS TIPOS DE EUTÉRIOS

ORDEM	ANIMAIS	DESCRIÇÃO
PERISSODÁCTILOS	Cavalo, burro, zebra, rinoceronte	Mamíferos com número ímpar de dedos. São migratórios, se deslocando em busca de alimento. Só restam dezessete espécies de perissodáctilos, e esse número continua caindo.
CARNÍVOROS	Cachorro, gato, urso, foca	Mamíferos predadores com dentes especializados em rasgar carne. São muito inteligentes e têm a capacidade de resolver problemas e se lembrar de soluções caso eles ocorram de novo.
SORICÍDEOS	Musaranho	Pequeno mamífero onívoro. Os musaranhos são parentes próximos dos primatas. Nem todas as espécies de musaranhos vivem em árvores.

ALGUNS TIPOS DE EUTÉRIOS

ORDEM	ANIMAIS	DESCRIÇÃO
LAGOMORFOS	Coelho, lebre	Pequenos mamíferos herbívoros, geralmente confundidos com os roedores. Cruzam muitas vezes por ano e produzem um grande número de filhotes.
EULYPOTYPHLA	Ouriço, toupeira	Pequenos mamíferos escavadores noturnos que se alimentam principalmente de insetos. Têm focinhos longos não só para procurar alimento, mas também para detectar perigos.
CINGULADOS	Tatu	Mamíferos com casca dura e garras compridas para cavar. Quando ameaçados, enrolam-se na casca para se proteger.

TEM GENTE.

CARAMBA!

ALGUNS TIPOS DE EUTÉRIOS

ORDEM	ANIMAIS	DESCRIÇÃO
PILOSOS	Tamanduá, preguiça	Mamíferos com garras para revirar cupinzeiros e escalar árvores. Para manter o ambiente em que vivem, o tamanduá e a preguiça comem só uma vez no mesmo lugar. A preguiça se move devagar para economizar energia e evitar predadores como corujas e falcões.
FOLIDOTO	Pangolim	O pangolim é o único mamífero completamente coberto por escamas, para se proteger de predadores. Quando ameaçado, ele se enrola em uma bola compacta, como o tatu. O pangolim se alimenta de insetos como a formiga e o cupim. Vive em árvores e no solo.

ALGUNS TIPOS DE EUTÉRIOS

ORDEM	ANIMAIS	DESCRIÇÃO
QUIRÓPTEROS	Morcego	O morcego é o único mamífero capaz de voar. É um animal noturno, como a coruja, mas tem uma visão muito ruim. Localiza os objetos por meio de sons refletidos. Existem morcegos carnívoros e morcegos herbívoros. Algumas espécies vivem em árvores, enquanto outras preferem cavernas.
CETÁCEOS	Golfinho, baleia, orca	Mamíferos totalmente adaptados à vida aquática. Têm corpos com nadadeiras em vez de patas e uma espessa camada de gordura, que os ajuda a manter a temperatura corporal em águas frias. Respiram por meio de um orifício dorsal chamado espiráculo e precisam subir à superfície para obter ar. Alguns se alimentam de pequenos peixes e lulas, como os golfinhos, enquanto outros, como as baleias-de-barbatanas, filtram o plâncton e pequenos crustáceos. Podem ser encontrados em todos os oceanos do mundo.

Isso é chamado de ecolocalização.

VERIFIQUE SEUS CONHECIMENTOS

1. O que é um amniota?

2. Um amniota que pode gerar o próprio calor é chamado de _____.

3. Do que são feitas as escamas dos répteis?

4. Qual é a maior ordem dos répteis?

5. De que proteína é feito o bico das aves?

6. Para que servem os grandes bicos dos pelecaniformes?

7. Cite três características únicas dos mamíferos.

8. Como se chamam os mamíferos que mantêm os filhotes em uma bolsa enquanto eles completam o desenvolvimento?

9. Em que ordem dos mamíferos estão as espécies com os cérebros mais desenvolvidos?

RESPOSTAS 321

CONFIRA AS RESPOSTAS

1. Um amniota é uma espécie cujos embriões são protegidos por um âmnio.

2. endotérmico

3. As escamas dos répteis são feitas de queratina.

4. A ordem dos escamados.

5. O bico das aves é feito de queratina.

6. Para caçar peixes.

7. Um cérebro bem desenvolvido, glândulas mamárias para fornecer leite aos filhotes e um diafragma avançado para expandir e contrair os pulmões.

8. Marsupiais.

9. A ordem dos primatas.

Unidade 9

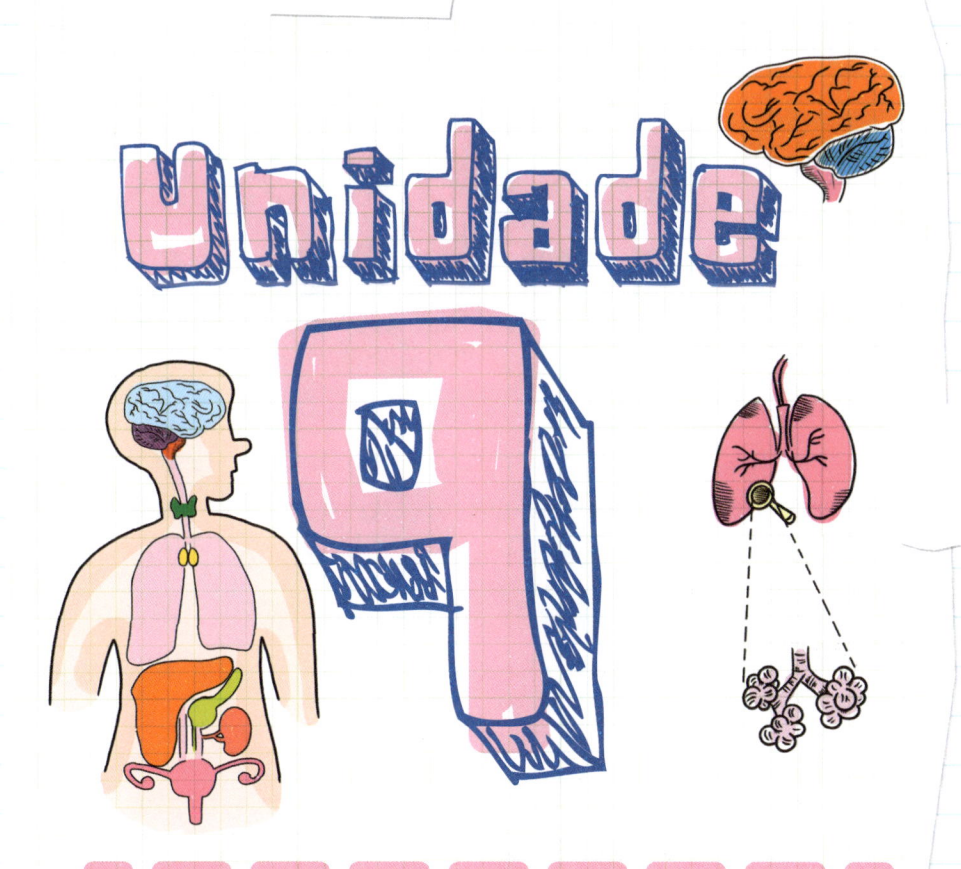

O corpo humano

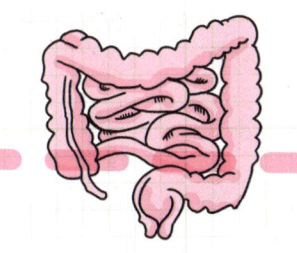

Capítulo 36
SISTEMAS CORPÓREOS E HOMEOSTASE

SISTEMAS DE ÓRGÃOS

O ser humano é um organismo que apresenta cinco níveis de organização. A unidade básica é a célula. Quando grupos de células trabalham juntos em uma tarefa, são chamados de **TECIDOS**. Existem vários tipos de tecido, como o epitelial, o muscular e o nervoso.

Quando grupos de tecidos trabalham juntos em uma tarefa, são chamados de **ÓRGÃOS**. Os rins, o coração, o fígado e os intestinos são exemplos de órgãos.

Os órgãos trabalham juntos para formar **SISTEMAS DE ÓRGÃOS**, cuja função é manter o corpo saudável.

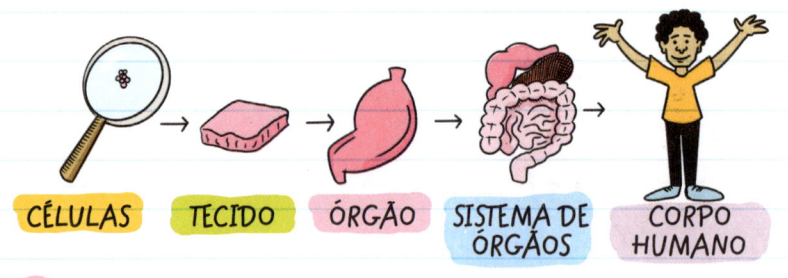

CÉLULAS → TECIDO → ÓRGÃO → SISTEMA DE ÓRGÃOS → CORPO HUMANO

Existem onze sistemas de órgãos:

SISTEMA TEGUMENTAR
- É o sistema externo que protege o corpo de danos e absorve nutrientes. Inclui a pele, o pelo (ou as escamas ou as penas) e as unhas.

SISTEMAS NERVOSO E ENDÓCRINO
- O SISTEMA NERVOSO detecta informações sensoriais e é responsável por produzir respostas aos estímulos, na forma de reflexos ou comportamentos motores planejados. É o centro de controle de tudo que fazemos e pensamos.

- O SISTEMA ENDÓCRINO é um conjunto de **GLÂNDULAS** que regula muitas funções do corpo, como o crescimento e o sono, além do funcionamento dos órgãos.

> **GLÂNDULAS**
> Órgãos do corpo que secretam substâncias.

(secretam → produzem e liberam)

SISTEMAS MUSCULAR E ESQUELÉTICO
- Sustentam o corpo e permitem que ele se locomova.

SISTEMAS RESPIRATÓRIO E CARDIOVASCULAR
- Fornecem oxigênio e nutrientes ao corpo. Os pulmões e o coração são os órgãos mais importantes desses sistemas, respectivamente.

SISTEMAS DIGESTÓRIO E EXCRETOR

- O sistema digestório processa e metaboliza os alimentos, enquanto o sistema excretor remove os resíduos e mantém as quantidades adequadas de nutrientes no corpo.

SISTEMA IMUNOLÓGICO

- Também chamado de imunitário, inclui o sistema linfático, que não só remove resíduos, mas também devolve fluidos excedentes para o sangue. É responsável por defender o corpo de agentes infecciosos.

SISTEMA REPRODUTOR

- No caso de seres humanos do sexo masculino, envolve a produção de espermatozoides nos testículos. No caso de seres humanos do sexo feminino, envolve a produção de óvulos nos ovários.

HOMEOSTASE

Os sistemas de órgãos trabalham para manter o organismo saudável. A **HOMEOSTASE** é o processo no qual o organismo mantém constantes as condições internas necessárias para a vida, independentemente do que está acontecendo no ambiente externo. Esse estado estável é chamado de **EQUILÍBRIO**.

> *Homeostase* vem do grego *homoios*, que significa "igual", e *stasis*, que significa "estado". Homeostase é a tendência do corpo a permanecer em um "estado estável" de equilíbrio.

Os sistemas de órgãos trabalham juntos para manter o corpo em equilíbrio por meio da TRANSDUÇÃO DE SINAIS, que é a transmissão de sinais para as células com o auxílio de moléculas. Esses sinais garantem que cada célula trabalhe em cooperação para a função apropriada de cada órgão e sistema de órgãos. Quando o corpo não se encontra em estado de equilíbrio, são enviados sinais para corrigir o problema. Quando o corpo não é capaz de manter a homeostase, os sistemas de órgãos podem falhar, o que pode levar à morte do organismo.

A homeostase é uma reação a **ESTÍMULOS**. O corpo pode reagir a estímulos tentando reduzir os efeitos deles. Esse processo é chamado de RETROALIMENTAÇÃO NEGATIVA, que acontece quando o corpo julga que os efeitos de um estímulo precisam ser combatidos para manter a homeostase.

> **ESTÍMULO**
> Tudo no ambiente que causa uma reação.

Quando a temperatura do corpo diminui, por exemplo, você pode começar a tremer. Essa reação faz parte da retroalimentação negativa. É o resultado de espasmos musculares que resultam na geração de calor. As mãos e os pés também podem ficar gelados quando o fluxo sanguíneo para as extremidades (dedos das mãos e dos pés) é limitado, com o intuito de manter o sangue e o calor direcionados a órgãos essenciais, como o coração e os pulmões.

QUE F-F-FRIO!

Quando um estímulo provoca uma ação que deve ser mantida, chamamos de RETROALIMENTAÇÃO POSITIVA.

Durante o parto, por exemplo, o corpo libera uma substância chamada oxitocina. Ela estimula as contrações musculares que empurram o bebê para fora do útero. O corpo aumenta as contrações e mais oxitocina é liberada. A retroalimentação positiva só acaba quando o bebê nasce e as contrações cessam.

DOENÇA

As doenças são perturbações em células, órgãos ou sistemas de órgãos que prejudicam o funcionamento normal do corpo humano. Isso se aplica não só a doenças graves, causadas por vírus ou bactérias, mas também a pequenos ferimentos. As doenças são reconhecidas por seus SINTOMAS, que indicam que algo está interferindo na saúde e no equilíbrio do organismo. A presença dos sintomas é um alerta para que o organismo combata a causa do problema e inicie o processo de cura.

VERIFIQUE SEUS CONHECIMENTOS

1. O que são os órgãos?

2. Que sistema do corpo é responsável pelos reflexos?

3. Como o sistema endócrino se comunica com o corpo?

4. Qual é o papel dos sistemas respiratório e cardiovascular?

5. Além de remover resíduos, o que faz o sistema linfático?

6. Qual é a diferença entre os sistemas reprodutores masculino e feminino?

7. O que é homeostase?

8. Como o corpo se mantém em equilíbrio?

9. Qual é o efeito da retroalimentação negativa?

10. Qual é o efeito da retroalimentação positiva?

RESPOSTAS

CONFIRA AS RESPOSTAS

1. Os órgãos são estruturas do corpo que realizam tarefas específicas.

2. O sistema nervoso.

3. O sistema endócrino se comunica com o corpo por meio de glândulas, que secretam substâncias.

4. Os sistemas respiratório e cardiovascular fornecem oxigênio e nutrientes para o corpo.

5. O sistema linfático também devolve fluidos excedentes para o sangue.

6. O sistema reprodutor masculino produz espermatozoides nos testículos. O sistema reprodutor feminino produz óvulos nos ovários.

7. Homeostase é a tendência do corpo a permanecer em um estado de equilíbrio.

8. Por meio de seus sistemas de órgãos.

9. Reverter os efeitos causados por um estímulo.

10. Manter os efeitos causados por um estímulo.

Capítulo 37
SISTEMA TEGUMENTAR

O sistema tegumentar é formado pelos órgãos externos do corpo, como o cabelo, o pelo, as unhas e a pele.

> *Tegumentar* vem do latim *tegumentum*, que significa "revestimento". O sistema tegumentar é o sistema de órgãos que reveste o corpo.

> Palavras relacionadas à pele frequentemente começam com o prefixo *derma-*, que significa "pele". Assim, por exemplo, *dermatite* é uma doença que causa irritação na pele.

O sistema tegumentar protege o interior do corpo dos danos causados por **PATÓGENOS**. Outra função importante do sistema tegumentar é regular a quantidade de água liberada pelo corpo.

PATÓGENOS
Bactérias, vírus e outros organismos (como fungos e protistas) que podem causar doenças.

A PELE

A pele, o cabelo e as unhas constituem a camada externa dos seres humanos. Os três são feitos de **QUERATINA**, que forma a estrutura que previne danos.

> **QUERATINA**
> Proteína dura de que são feitos o cabelo, as unhas e a camada externa da pele.

A pele é a camada externa do corpo humano e também seu maior órgão.

A PELE

- Protege o corpo de ferimentos
- Forma uma barreira para evitar que bactérias e outros organismos entrem no corpo
- Evita a perda de água
- Libera resíduos
- Regula a temperatura
- Tem terminações nervosas para trocar informações com o cérebro sobre temperatura, pressão (toque) e dor.

A pele é composta de três camadas. A externa é chamada de **EPIDERME**. A epiderme não contém vasos sanguíneos, e é por isso que um corte nessa região não sangra.

> *Epiderme* vem do grego *epi* e *derma*, que significam "por cima" e "pele".
> A epiderme é a camada externa da pele.

Abaixo da epiderme está a **DERME**, ← Essa é a parte que sangra quando cortada.
que contém nervos e vasos sanguíneos.
A derme tem duas camadas: a **CAMADA PAPILAR**, que é a camada externa da derme, está ligada à epiderme e é responsável por nutrir a epiderme. A camada interna da derme se chama **CAMADA RETICULAR** e é densamente povoada por nervos e vasos sanguíneos. Ela também contém tecido conjuntivo feito de ELASTINA, uma proteína elástica, e COLÁGENO, uma proteína dura. A combinação das duas torna a pele flexível e firme ao mesmo tempo.

A camada mais interna da pele é o **TECIDO SUBCUTÂNEO**, uma camada flexível que contém tecido conjuntivo e gordura. O tecido gorduroso ajuda a manter o calor produzido dentro do corpo. O tecido subcutâneo fica abaixo das outras camadas da pele e conecta as camadas externas da pele aos músculos.

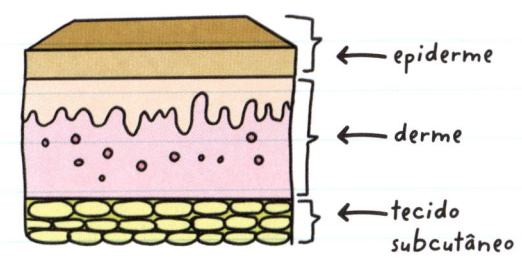

> *Subcutâneo* vem do latim *sub* e *cutâneo*, que significam "por baixo" e "pele".

Órgãos acessórios da pele

Cabelo, unhas, glândulas sebáceas e glândulas sudoríparas são ÓRGÃOS ACESSÓRIOS da pele – ajudam nas funções da pele, mas não são parte dela e de suas camadas.

O cabelo é uma massa de queratina muito compacta que cresce de um FOLÍCULO, que fica em uma pequena cavidade (buraco) na derme. O pelo cresce a partir do fundo do folículo e sobe até sair da epiderme.

pelo → *folículo*

O cabelo protege o corpo de dois modos:

- Ajuda a pele a manter o calor do corpo.

- Evita que a radiação solar, que é danosa para o corpo, incida diretamente na pele.

NADA PODE ME FERIR AGORA.

As unhas crescem a partir da epiderme. A queratina se acumula na **MATRIZ UNGUEAL** e forma placas. Essas placas se projetam para fora, criando unhas nos dedos dos pés e das mãos. As unhas existem para proteger os dedos de acidentes, além de serem ferramentas naturais para intensificar a sensibilidade ao toque e ajudar no manuseio de objetos.

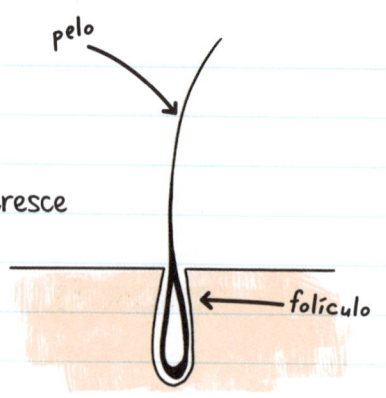

MATRIZ UNGUEAL
O lugar de onde nascem as unhas.

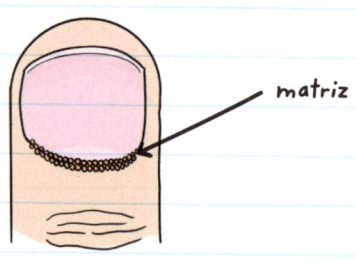

matriz

VERIFIQUE SEUS CONHECIMENTOS

1. O que é o sistema tegumentar?

2. O que faz o sistema tegumentar?

3. Que doença causa irritação na pele?

4. Qual é a função da queratina?

5. Qual é a função da epiderme?

6. Qual é o papel da derme?

7. O que é a camada reticular?

8. Qual é a função da camada de tecido gorduroso do tecido subcutâneo?

9. De que modo o cabelo protege a pele?

10. De onde crescem as unhas?

RESPOSTAS

CONFIRA AS RESPOSTAS

1. É o sistema formado pelos órgãos externos do corpo.

2. Entre outras coisas, o sistema tegumentar protege o corpo de patógenos e danos.

3. Dermatite.

4. A queratina está presente na pele, no cabelo e nas unhas e evita danos ao sistema tegumentar.

5. A epiderme protege o corpo de ferimentos e infecções.

6. A derme nutre a epiderme e torna a pele flexível e firme ao mesmo tempo.

7. É a camada interna da derme, que tem grande quantidade de vasos sanguíneos e nervos.

8. Reter o calor produzido no corpo.

9. O cabelo ajuda a manter o calor do corpo e evita que a radiação solar incida diretamente na pele.

10. Da epiderme.

Capítulo 38

SISTEMAS MUSCULAR E ESQUELÉTICO

SISTEMA MUSCULAR

O sistema muscular fica embaixo da pele. É responsável pela flexibilidade dos movimentos do corpo e ajuda o corpo a manter a postura. O sistema muscular também participa do funcionamento dos sistemas cardiovascular, respiratório, digestório e excretor, porque todos têm órgãos feitos de músculos.

> Palavras relacionadas ao sistema muscular muitas vezes começam com o prefixo *mio-*, do grego *mys*, que significa "músculo". Por exemplo, miocárdio é o músculo do coração. Pessoas cujos músculos não funcionam corretamente têm uma doença chamada miopatia.

Os músculos são como molas que se contraem e relaxam alternadamente.

As células musculares usam energia para se contrair e relaxar.

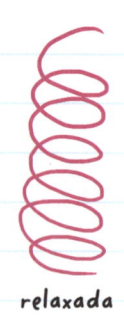

contraída

relaxada

Tipos de tecido muscular

Alguns músculos podem ser acionados *voluntariamente*. São chamados de MÚSCULOS VOLUNTÁRIOS.

Existe apenas um tipo de músculo voluntário, os **MÚSCULOS ESQUELÉTICOS**, ligados ao esqueleto. Exemplos: os músculos que movimentam braços e pernas.

OS MÚSCULOS ESQUELÉTICOS:

- ajudam o corpo a se mover, movendo os ossos.

- trabalham em pares. Quando um músculo do par se contrai, o outro relaxa, e vice-versa.

MÚSCULOS ESQUELÉTICOS
Músculos que estão ligados ao esqueleto.

O bíceps e o tríceps são músculos esqueléticos.

bíceps contraído

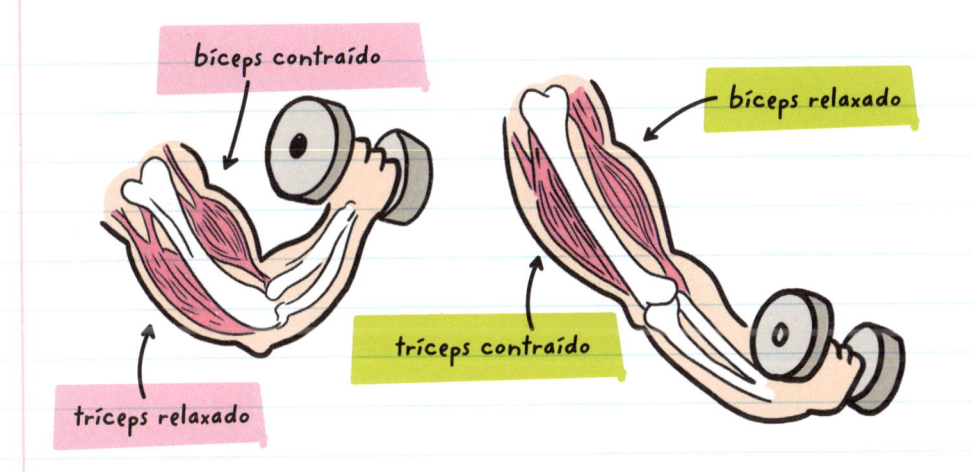

bíceps relaxado

tríceps contraído

tríceps relaxado

Os tecidos conjuntivos que ligam os músculos aos ossos são chamados de TENDÕES.

Os músculos que não são movidos voluntariamente, ou MÚSCULOS INVOLUNTÁRIOS, constituem os músculos restantes do corpo.

> Os músculos esqueléticos constituem mais de um terço dos músculos do corpo humano.

Os dois tipos de músculo involuntário são os MÚSCULOS LISOS e os MÚSCULOS CARDÍACOS.

MÚSCULOS LISOS:

- Fazem parte do estômago, dos pulmões, do intestino, da bexiga, do útero e dos vasos sanguíneos.

- As células dos músculos lisos agem em grupo e levam à contração total ou ao relaxamento total do músculo.

MÚSCULOS CARDÍACOS:

- Encontrados apenas no coração.

- As células musculares cardíacas se contraem de forma altamente coordenada com as células vizinhas, trabalhando de maneira eficiente para manter o coração batendo e o sangue circulando pelo corpo.

Alguns músculos do corpo precisam se contrair e relaxar mais depressa que outros. Por exemplo: o coração bate o tempo todo para bombear o sangue e, por isso, se contrai e relaxa muito rápido. No caso de órgãos como o coração, as células musculares são organizadas em blocos alinhados, formando sulcos, ou **ESTRIAS**, o que aumenta a velocidade de contração e relaxamento. Tanto os músculos esqueléticos quanto os cardíacos são desse tipo, conhecidos como **MÚSCULOS ESTRIADOS**.

Os músculos lisos receberam esse nome porque não têm estrias.

SISTEMA ESQUELÉTICO

O sistema esquelético proporciona ao corpo tudo que é necessário para se movimentar.

- Sustenta e dá forma ao corpo.
- Protege os órgãos internos.
- Armazena cálcio e outros minerais.

O sistema esquelético realiza essas funções com **OSSOS**, colágeno e cálcio. Ele é representado pelo ESQUELETO, o conjunto de todos os ossos do corpo humano.

> Palavras relacionadas aos ossos têm o prefixo *osteo-*, do grego *osteon*, que significa "osso".

Os ossos têm quatro partes principais:

em volta / osso

PERIÓSTEO
- A casca dura do osso, que protege o interior.

OSSO COMPACTO
- A região do osso onde o cálcio é armazenado, tornando-o muito duro e denso.

- É feito de camadas entre as quais existem áreas ocas que permitem a entrada de vasos sanguíneos no osso.

OSSO ESPONJOSO
- Região em que o osso é menos compacto e tem muitos bolsões de ar, o que o torna mais flexível.

- O osso esponjoso é cercado por osso compacto e pode se endurecer e se tornar compacto.

MEDULA ÓSSEA

■ Principal lugar de produção de células sanguíneas. Pode ser vermelha ou amarela.

■ A medula vermelha é responsável pela produção e destruição de hemácias, plaquetas e leucócitos.

■ A medula amarela contém células de gordura, que são de cor amarelada.

Devido à grande necessidade de novas células sanguíneas, toda a medula óssea nos seres humanos é vermelha até os 7 anos de idade.

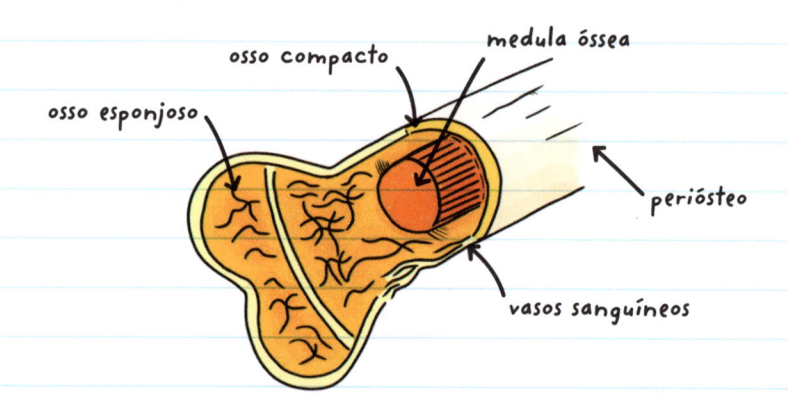

osso compacto — medula óssea — osso esponjoso — periósteo — vasos sanguíneos

Quando os seres humanos envelhecem, a maior parte da medula se torna amarela, com exceção de uns poucos ossos, como as costelas e os ossos do crânio.

Os tecidos ósseos são criados por células especiais chamadas **OSTEOBLASTOS**, que usam elementos como o cálcio para construir o osso. Quando os ossos sofrem danos ou envelhecem, os **OSTEOCLASTOS** decompõem o osso compacto, criando espaço para que um novo tecido se forme na região. Existe um equilíbrio dinâmico entre a formação e a decomposição dos ossos: novos tecidos ósseos são formados constantemente e ossos velhos, lesionados ou desnecessários são dissolvidos para serem substituídos ou para liberar cálcio.

> **OSTEOBLASTO**
> Célula que constrói novos ossos compactos.

> **OSTEOCLASTO**
> Célula que decompõe ossos compactos danificados.

> Algumas pessoas sofrem de uma doença chamada osteoporose, na qual os ossos são decompostos mais depressa do que são construídos. Isso faz com que ossos quebrem com mais frequência.

Ao nascer, um bebê possui cerca de 300 ossos. Com o tempo, muitos se fundem durante o crescimento; dessa forma, um esqueleto adulto tem 206 ossos. Essa fusão ocorre para formar ossos mais fortes e estáveis, como os do crânio e da coluna vertebral. O processo de união é necessário para suportar melhor o peso e permitir uma estrutura esquelética mais resistente e funcional à medida que o corpo se desenvolve.

MOVIMENTO DO SISTEMA ESQUELÉTICO

Os ossos são separados por **ARTICULAÇÕES**. Elas nos permitem movimentar o corpo.

> **ARTICULAÇÕES**
> Conexões flexíveis entre ossos.

Existem diferentes tipos de articulações:

- **ARTICULAÇÕES EM PIVÔ:** permitem que os ossos se movimentem em torno de um único ponto.

    As articulações em pivô permitem que o esqueleto gire.

    Exemplos: as articulações no alto da medula espinhal, que permitem que a cabeça gire; os punhos; os cotovelos.

    articulação em pivô

- **ARTICULAÇÕES DESLIZANTES:** permitem que um osso deslize por outro.

    As articulações deslizantes costumam estar entre ossos cujo contato acontece entre superfícies planas ou quase planas.

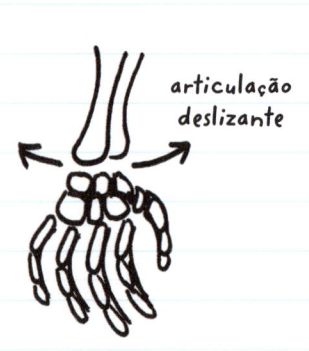

    articulação deslizante

Exemplos: as articulações entre as vértebras da medula espinhal e entre os ossos do punho (também conhecidos como ossos carpais).

- **ARTICULAÇÕES EM DOBRADIÇA:** permitem que os ossos se flexionem e depois estiquem em torno de um eixo.

como as dobradiças de uma porta

articulação em dobradiça

As articulações em dobradiça permitem que partes do corpo como braços e pernas se dobrem.

Exemplos: as articulações entre os ossos do joelho, cotovelo, calcanhar e dedos das mãos e dos pés.

- **ARTICULAÇÕES TIPO BOLA E SOQUETE:** a bola fica em um soquete para girar livremente.

articulação do ombro

Exemplos: as articulações entre o ombro e o tronco e entre o quadril e a perna.

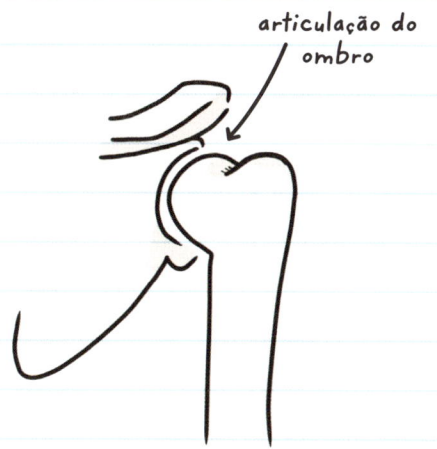

345

A **CARTILAGEM**, um material esponjoso, está presente em todas as articulações. Ajuda a amortecer os choques entre os ossos da articulação quando ela é submetida a um esforço.

Tecidos conjuntivos chamados **LIGAMENTOS** ajudam a manter a articulação no lugar e os ossos unidos para dobrar corretamente.

Os músculos esqueléticos são responsáveis por movimentar os ossos das articulações. Para isso, eles precisam ser conectados aos ossos. Outro tipo de tecido conjuntivo, os **TENDÕES**, também conecta os músculos aos ossos.

> Muitos ossos dos bebês são compostos inteiramente de cartilagem, que é mais flexível que o osso. É por isso que os bebês têm mais flexibilidade que os adultos.

VERIFIQUE SEUS CONHECIMENTOS

1. Qual é a função do sistema muscular?

2. Qual é a função dos músculos esqueléticos?

3. Que tipo de músculo está presente na maioria dos órgãos no corpo humano?

4. Os músculos cardíacos são lisos ou estriados?

5. Qual é a vantagem de o músculo ser estriado?

6. Qual é a cor da medula óssea que produz células sanguíneas?

7. Como se chamam as células que decompõem ossos?

8. Qual é a doença em que os ossos se decompõem mais rápido do que são produzidos?

9. Qual é a função das articulações?

10. Que tecido conecta ossos e músculos?

CONFIRA AS RESPOSTAS

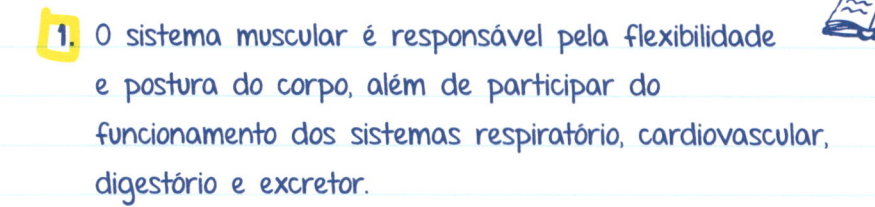

1. O sistema muscular é responsável pela flexibilidade e postura do corpo, além de participar do funcionamento dos sistemas respiratório, cardiovascular, digestório e excretor.

2. Os músculos esqueléticos movimentam os ossos.

3. Os músculos lisos.

4. Estriados.

5. O músculo estriado pode se comprimir e relaxar rapidamente.

6. Vermelha.

7. Osteoclastos.

8. Osteoporose.

9. As articulações permitem que o corpo se movimente.

10. Tendões.

Capítulo 39
SISTEMAS NERVOSO E ENDÓCRINO

O SISTEMA NERVOSO

O sistema nervoso é como avenidas que percorrem todos os outros sistemas de órgãos e possibilitam a comunicação entre o **ENCÉFALO** e o resto do corpo. Os sentidos, como a visão, o tato e o olfato, precisam enviar suas informações ao encéfalo, que é o órgão processador. O sistema nervoso usa **NEURÔNIOS** para transmitir informações para o encéfalo e dentro do encéfalo. Os neurônios são células especiais que, entre outras coisas, transformam as informações provenientes dos sentidos em IMPULSOS NERVOSOS, ou sinais elétricos, ao longo de caminhos chamados NERVOS.

Neuron é "nervo" em grego. Palavras relacionadas a nervos ou ao sistema nervoso começam com o prefixo *neuro-*.

Os neurônios são formados por um corpo celular, um axônio e dendritos.

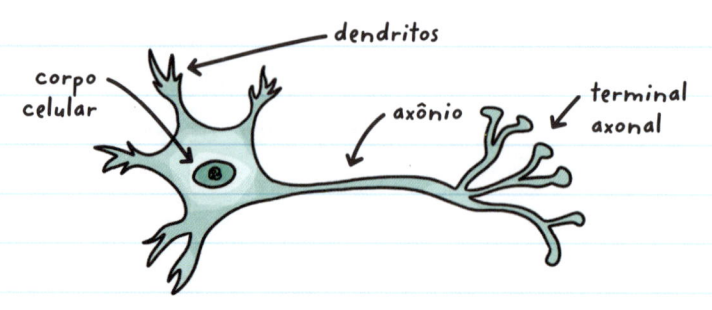

corpo celular — dendritos — axônio — terminal axonal

Os neurônios têm um corpo principal e extensões semelhantes a tentáculos chamadas **AXÔNIOS**, que transmitem sinais elétricos do corpo de um neurônio para o corpo de outro.

> Os sinais elétricos nos neurônios são criados pelo movimento de íons de sódio e potássio entrando e saindo das células. Esses íons se movem através de bombas de sódio e potássio, que são proteínas na membrana celular. Elas mantêm uma diferença de concentração de íons dentro e fora do neurônio, gerando um potencial elétrico chamado POTENCIAL DE REPOUSO.
>
> Quando um neurônio em repouso é estimulado, abrem-se canais especiais na membrana, permitindo a entrada rápida de sódio e a saída de potássio. Isso altera a concentração de íons e o potencial elétrico da célula, gerando um IMPULSO NERVOSO que se propaga pelo neurônio até a extremidade do axônio, transmitindo o sinal.
>
> Os impulsos nervosos podem viajar pelo neurônio a uma velocidade impressionante, chegando a até 440 quilômetros por hora – mais rápido que um carro de corrida!

O movimento de um sinal elétrico

Um ESTÍMULO, ou SINAL, ativa nossos sentidos de tato, visão, olfato, paladar ou audição. Esse estímulo passa a trafegar na avenida do sistema nervoso.

1. O corpo do neurônio recebe um sinal elétrico proveniente do sentido que foi ativado.
2. O sinal elétrico se propaga ao longo de um axônio na forma de um potencial de ação.
3. O sinal elétrico chega à extremidade do axônio e entra em uma região chamada SINAPSE, que é uma conexão entre neurônios.
4. Na sinapse, o sinal elétrico libera uma substância química chamada NEUROTRANSMISSOR com uma concentração proporcional à intensidade do sinal elétrico.
5. Os neurotransmissores passam para o outro lado da sinapse e chegam aos DENDRITOS de outro neurônio. Os dendritos traduzem a substância em um novo sinal elétrico.
6. O sinal elétrico passa para o corpo do neurônio e o processo se repete até chegar ao encéfalo, onde é analisado.

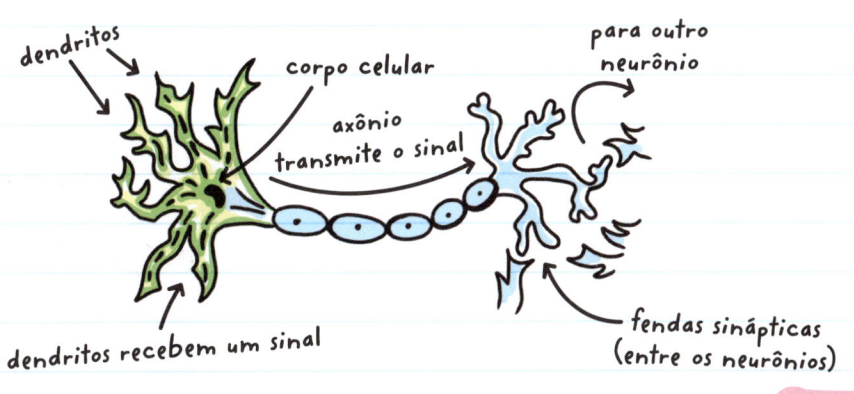

Esse processo se repete ao longo dos neurônios e cria **CAMINHOS NEURAIS**, ou cadeias de neurônios, que vão de um órgão sensorial – como os olhos ou o nariz – até o encéfalo. Se o encéfalo recebe uma mensagem ainda desconhecida, pode criar um caminho neural totalmente novo para se lembrar da mensagem. Quando a mensagem se repete, os sinais elétricos se propagam mais depressa até o encéfalo e dentro dele através de caminhos mais diretos. É como se na segunda vez a mensagem percorresse um caminho conhecido em vez de um trajeto mais longo e desconhecido. É por isso que, com o tempo, tarefas executadas de forma repetida, como ler ou escrever, se tornam quase automáticas.

sinais elétricos que levam a sensação de dor pelos caminhos neurais

O SISTEMA NERVOSO CENTRAL

O encéfalo não é o único órgão capaz de processar informações. A medula espinhal, que está ligada ao encéfalo, também contém neurônios. Juntos, o encéfalo e a medula compõem o **SISTEMA NERVOSO CENTRAL (SNC)**, que coordena as atividades de todas as partes do corpo.

O encéfalo

O encéfalo é composto de muitas pequenas partes que realizam várias funções. Cada uma depende das outras para interpretar as mensagens enviadas pelos neurônios.

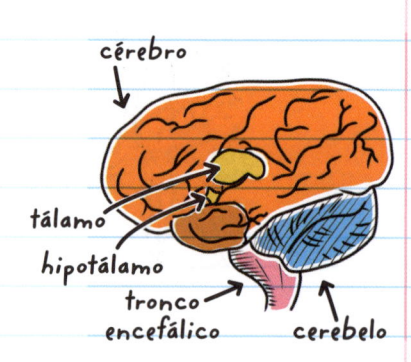

cérebro
tálamo
hipotálamo
tronco encefálico
cerebelo

O ENCÉFALO

PARTE	FUNÇÃO
TÁLAMO	- Recebe e envia sinais dos órgãos sensoriais para outras partes do encéfalo, principalmente o cérebro. - É responsável pela sensação de dor e pelos estados de sono e vigília. - Coordena os movimentos e o equilíbrio.
CÉREBRO	- A maior e mais desenvolvida área do encéfalo. - Controla movimentos finos, como os dos dedos da mão. - Ajuda com a fala, as emoções, o aprendizado, a memória, o movimento e as sensações. - Recebe grande parte das mensagens do tálamo. - Controla a resposta do corpo ao que vemos, ouvimos, tocamos, degustamos e cheiramos.
TRONCO ENCEFÁLICO	- Como está conectado à medula espinhal, é importante para o transporte de informações entre o encéfalo e o resto do corpo. - Controla as funções do corpo que são executadas de forma involuntária, como a respiração, a digestão e os batimentos cardíacos.

O ENCÉFALO	
PARTE	**FUNÇÃO**
CEREBELO	- Recebe informações dos órgãos sensoriais. - Mantém a atividade muscular fluida e coordenada, ajudando o corpo a permanecer em equilíbrio.
HIPOTÁLAMO	- Gerencia a homeostase por meio de hormônios. - Afeta os batimentos cardíacos, a pressão arterial, o apetite e a temperatura e o peso do corpo.

A medula espinhal

A medula espinhal recebe informações dos caminhos neurais e as transporta para o encéfalo. Também é responsável por transmitir mensagens do encéfalo para o resto do corpo pelos mesmos caminhos neurais.

A medula espinhal é protegida por **VÉRTEBRAS**, uma série de ossos que vão do tronco encefálico até a região lombar.

As vértebras são divididas de acordo com as regiões do corpo às quais estão associadas e protegem os nervos correspondentes. Por exemplo, as primeiras sete vértebras cervicais protegem os nervos que controlam funções da cabeça, pescoço e braços.

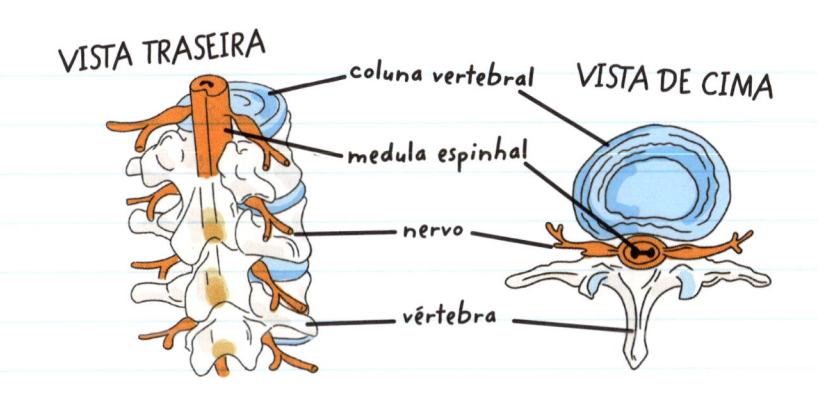

VISTA TRASEIRA — coluna vertebral
VISTA DE CIMA
- medula espinhal
- nervo
- vértebra

A MEDULA ESPINHAL

VÉRTEBRAS	TAREFA
VÉRTEBRAS CERVICAIS (sete vértebras superiores)	▪ Protegem oito pares de nervos CERVICAIS *(relativos ao pescoço)* (os dois primeiros estão atrás das primeiras vértebras). Eles controlam a cabeça, o pescoço, os braços e as mãos.
VÉRTEBRAS TORÁCICAS (doze vértebras mediais)	▪ Protegem doze pares de nervos TORÁCICOS *(relativos ao peito)*. Eles controlam o peito, o coração, os pulmões, o fígado e os músculos abdominais.
VÉRTEBRAS LOMBARES (cinco vértebras)	▪ Protegem cinco pares de nervos LOMBARES *(relativos à parte inferior das costas)*. Eles controlam os músculos das pernas, os órgãos reprodutores e os intestinos.

A MEDULA ESPINHAL	
VÉRTEBRAS	**TAREFA**
VÉRTEBRAS SACRAIS (cinco vértebras)	■ Protegem cinco pares de nervos SACRAIS. *(relativos à base da espinha)* Eles controlam a bexiga, as nádegas, os joelhos, os órgãos reprodutores, as pernas, as coxas, os pés.
COCCÍGEA (base da coluna vertebral)	■ Protege um nervo COCCÍGEO, que faz parte de ramificações nervosas da pele que cobre o cóccix. *(relativo ao cóccix)*

O SISTEMA NERVOSO PERIFÉRICO
significa "fora do centro"

Todos os caminhos neurais fora do encéfalo e da medula espinhal compõem o **SISTEMA NERVOSO PERIFÉRICO (SNP)**. O SNP é responsável pela troca de informações do encéfalo e da medula espinhal com o resto do corpo.

O sistema nervoso periférico é composto pelo SISTEMA NERVOSO SOMÁTICO e o SISTEMA NERVOSO AUTÔNOMO.

SISTEMA NERVOSO SOMÁTICO
- é composto de nervos que controlam músculos voluntários (músculos esqueléticos).

- Recebe informações de NEURÔNIOS SENSITIVOS, que vão dos órgãos sensoriais até o sistema nervoso central. Depois que as informações são processadas, um sinal de retorno é enviado para os músculos envolvidos ao longo de NEURÔNIOS MOTORES, instruindo-os a se movimentar.

> *Somático* vem do grego *somatikos*, que significa "do corpo". O sistema nervoso somático permite o controle voluntário do corpo.

SISTEMA NERVOSO AUTÔNOMO

- É composto de nervos que controlam os músculos involuntários do corpo (músculos cardíacos e lisos).

- Controla as ações que devem ocorrer continuamente para que o organismo sobreviva, como os batimentos cardíacos e a digestão de alimentos.

- O hipotálamo envia comandos para o coração e o sistema digestório por meio do sistema nervoso autônomo.

- Controla os REFLEXOS (movimentos rápidos e involuntários) em resposta a estímulos.

O SISTEMA NERVOSO

sistema nervoso central

sistema nervoso periférico

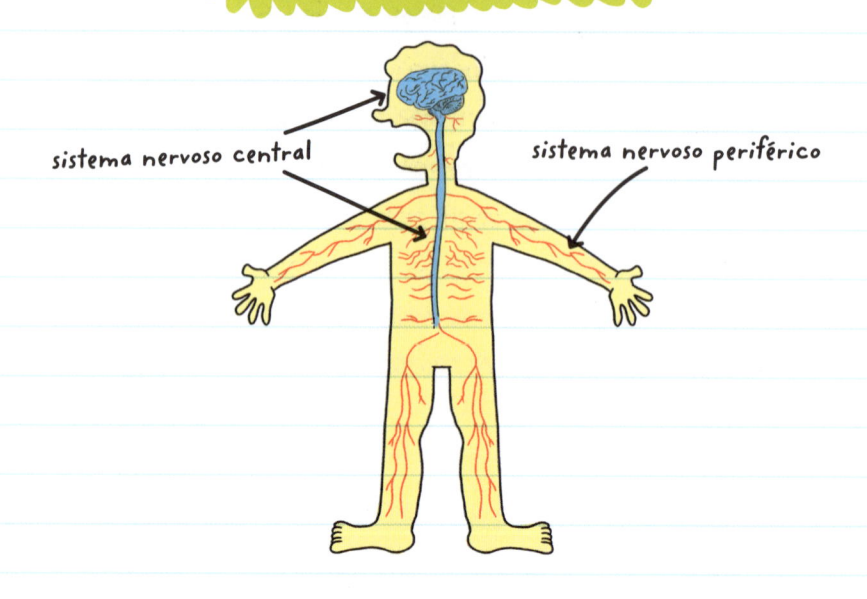

O SISTEMA ENDÓCRINO

O sistema endócrino controla o metabolismo, o crescimento, a quantidade de água, a temperatura, a pressão arterial e a reprodução dos seres humanos.

O sistema endócrino não depende de sinais elétricos. Em vez disso, conta com HORMÔNIOS, substâncias químicas que afetam o comportamento e as ações de muitos órgãos. Esses hormônios são fabricados por **GLÂNDULAS**.

Parte do sistema nervoso central que controla os hormônios, o HIPOTÁLAMO é a ligação entre o sistema nervoso e o sistema endócrino.

GLÂNDULA
Órgão que produz hormônios.

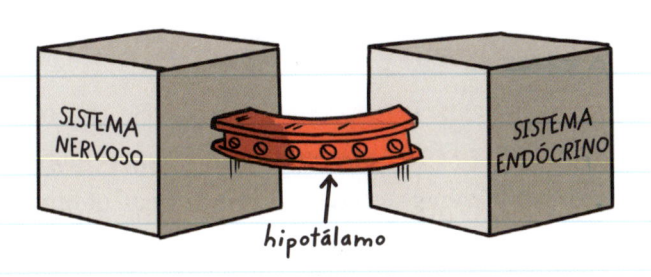

SISTEMA NERVOSO — hipotálamo — SISTEMA ENDÓCRINO

GLÂNDULA	HORMÔNIO PRODUZIDO
GLÂNDULA TIREOIDE (Fica na garganta, perto das cordas vocais.)	Os mais importantes são a tiroxina e a triiodotironina. **FUNÇÃO**: regula o metabolismo e o uso da energia criada pelo corpo
GLÂNDULA PITUITÁRIA (Ligada ao encéfalo. Tem o tamanho de uma ervilha.)	Vários hormônios, entre eles o hormônio do crescimento. **FUNÇÃO**: estimula o crescimento do corpo humano; controla outras glândulas, como os ovários e os testículos
PÂNCREAS	Insulina. **FUNÇÃO**: produz o hormônio que controla a quantidade de glicose no sangue
TESTÍCULOS (MACHOS)	Testosterona. **FUNÇÃO**: controla a puberdade e a capacidade de um macho de produzir espermatozoides, além de facilitar outras funções

GLÂNDULA	HORMÔNIO PRODUZIDO
OVÁRIOS (FÊMEAS)	Estrogênio e progesterona **FUNÇÃO:** o estrogênio controla a puberdade; a progesterona e o estrogênio ajudam a controlar a capacidade de uma fêmea de engravidar, além de facilitar outras funções
GLÂNDULA PINEAL	Melatonina (hormônio do sono) **FUNÇÃO:** regula as sensações de sonolência à noite e vigília de manhã

SISTEMA ENDÓCRINO

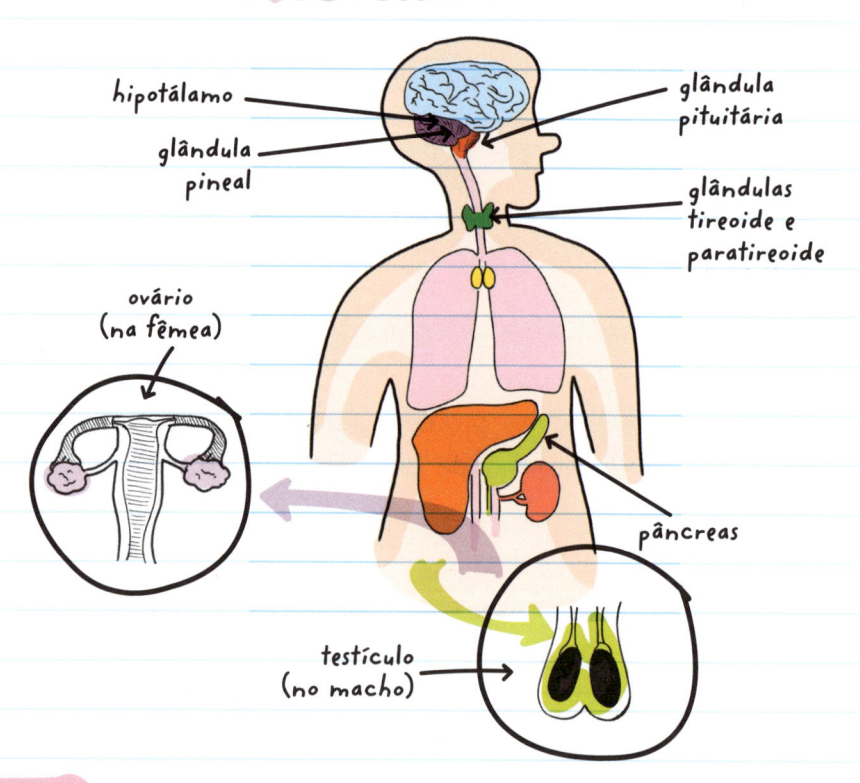

- hipotálamo
- glândula pineal
- glândula pituitária
- glândulas tireoide e paratireoide
- ovário (na fêmea)
- pâncreas
- testículo (no macho)

VERIFIQUE SEUS CONHECIMENTOS

1. Qual é a função do sistema nervoso?

2. Que células especiais compõem o sistema nervoso?

3. Qual é a função dos axônios?

4. O que acontece quando um sinal elétrico alcança uma sinapse?

5. De que partes é composto o sistema nervoso central?

6. Para que parte do encéfalo o tálamo envia a maioria dos sinais?

7. Que parte do sistema nervoso periférico controla os músculos voluntários?

8. Qual é a parte do sistema nervoso periférico que controla os reflexos?

9. Que parte do encéfalo liga o sistema nervoso central ao sistema endócrino?

10. O que são hormônios?

RESPOSTAS

CONFIRA AS RESPOSTAS

1. O sistema nervoso permite a comunicação entre o encéfalo e o resto do corpo.

2. Os neurônios.

3. Os axônios transmitem impulsos nervosos do corpo de um neurônio até o corpo de outro neurônio.

4. O sinal elétrico é convertido em um sinal químico (neurotransmissor), que atravessa a sinapse.

5. Encéfalo e medula espinhal.

6. Para o cérebro.

7. O sistema nervoso somático.

8. O sistema nervoso autônomo.

9. O hipotálamo.

10. Os hormônios são substâncias químicas produzidas por glândulas que afetam o comportamento de muitos órgãos.

Capítulo 40
SISTEMAS RESPIRATÓRIO E CARDIOVASCULAR

O SISTEMA RESPIRATÓRIO

A respiração celular se dá por uma série de reações que decompõem a glicose, um açúcar simples, liberando assim ATP, uma molécula que funciona como fonte de energia para as células. Para usar esse açúcar, ou "queimar essas calorias", o corpo precisa de oxigênio para decompor a glicose. A respiração celular usa oxigênio e, como produtos residuais, libera dióxido de carbono e água. O sangue é o sistema de entrega que transporta o oxigênio dos pulmões para as células e o dióxido de carbono das células para os pulmões.

Os principais órgãos do sistema respiratório são os **PULMÕES**, que contêm músculos lisos que se expandem e se contraem.

Quando os pulmões se expandem, criam uma diferença de pressão entre o interior do corpo humano e o ambiente externo, o que causa a entrada de ar. Quando os pulmões se contraem, a pressão dentro do corpo aumenta, produzindo a saída de ar.

> Palavras relacionadas ao sistema respiratório têm o prefixo *pneumo-*, do grego *pneumon*, que significa "pulmão". Pneumonia, por exemplo, é uma doença causada por uma infecção nos pulmões.

Respiração

A RESPIRAÇÃO é o processo mecânico de inspirar e expirar. O processo é automático: não é preciso pensar para respirar. Quando precisamos de mais oxigênio, respiramos mais depressa (é por isso que ficamos ofegantes quando fazemos exercício físico, o corpo necessita de mais oxigênio para queimar mais glicose e assim obter mais energia).

Existem duas **CAVIDADES** (aberturas) por onde o ar pode entrar no corpo: o nariz e a boca. Quando inspiramos, o oxigênio entra pela **FARINGE**, a cavidade atrás do nariz e da boca que leva o ar para a garganta.

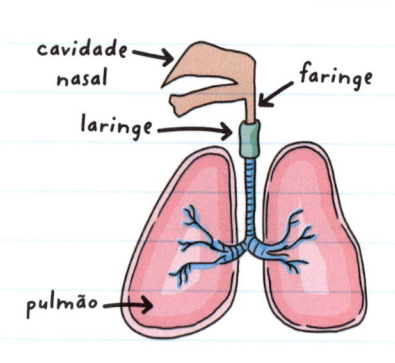

A cavidade entre o nariz e o céu da boca é chamada de NASOFARINGE, e a cavidade entre o céu da boca e o começo da garganta é chamada de OROFARINGE.

O ar com oxigênio entra na **LARINGE**, uma passagem muscular e aberta que liga os pontos de entrada da faringe aos pulmões. A laringe também sustenta e protege as pregas vocais. A área que conecta a faringe à laringe é chamada de LARINGOFARINGE.

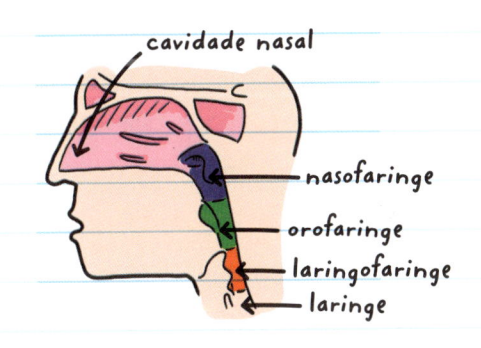

Se houvesse apenas uma cavidade, os alimentos iriam parar nos pulmões junto com o ar. Para evitar que isso aconteça, a laringe se divide em duas cavidades:

- o **ESÔFAGO**, uma cavidade que vai até o estômago, para a digestão dos alimentos, e

- a **TRAQUEIA**, que vai até os pulmões. Quando comemos, a EPIGLOTE (uma pequena porta de vaivém no fundo da garganta)

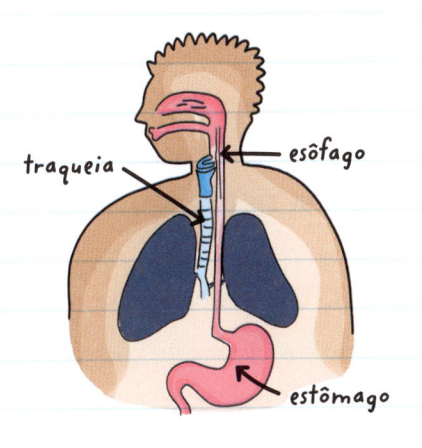

fecha a traqueia, evitando que o alimento entre nas vias aéreas quando você come, mas a mantém aberta quando você respira.

Quando engolimos, a traqueia se fecha, por isso não conseguimos engolir e respirar ao mesmo tempo.

Antes de chegar aos pulmões, a traqueia se divide em dois **BRÔNQUIOS**. Um deles penetra o pulmão esquerdo e o outro penetra o pulmão direito.

O ar passa por ramificações menores, chamadas BRONQUÍOLOS, até chegar aos **ALVÉOLOS**. Os alvéolos transferem o oxigênio dos pulmões para o sangue, que o leva até as células do corpo.

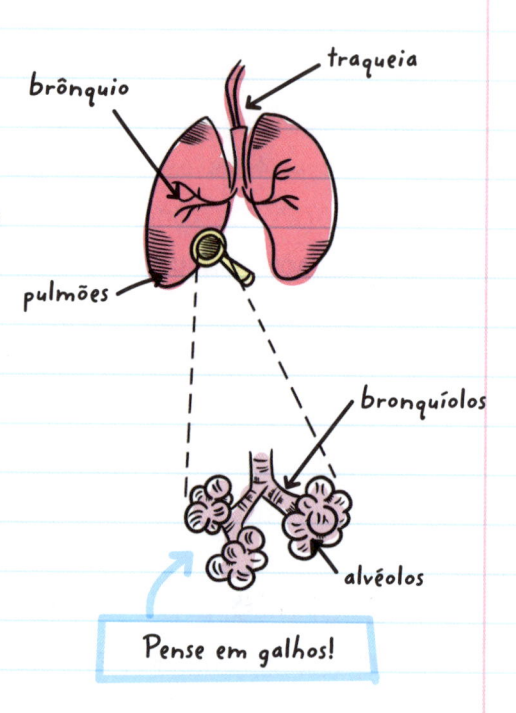

traqueia
brônquio
pulmões
bronquíolos
alvéolos

Pense em galhos!

Proteção dos pulmões

O sistema respiratório e seus órgãos têm duas proteções:

- **CÍLIOS**, pelinhos que revestem várias cavidades do corpo

- **MUCO**, líquido espesso e pegajoso

Tanto os cílios quanto o muco evitam a entrada de substâncias nocivas como poeira, bactérias e vírus nos pulmões. Os cílios movem o muco sujo para cima, até a extremidade superior da traqueia.

> O muco pode ser expelido pelo nariz, cuspido ou engolido (eca!). O ácido gástrico se encarrega de matar qualquer germe que tenha contaminado o muco.

Os cílios se movem para a frente e para trás em movimentos ondulares e estão sempre transportando muco.

> Fumar destrói os cílios da traqueia e do sistema respiratório, por isso os fumantes têm aquela tosse carregada. Eles precisam dessa tosse para expelir o muco dos pulmões.

O SISTEMA CARDIOVASCULAR

O sistema cardiovascular transporta nutrientes para todo o corpo. O componente principal é o **CORAÇÃO**, um órgão bombeador formado de músculos cardíacos. O coração bombeia **SANGUE** para o corpo inteiro. O sangue é um fluido com células que combatem infecções, transportam oxigênio e resíduos e reparam danos sofridos pela pele e pelos músculos.

O coração tem quatro câmaras, dois ÁTRIOS e dois VENTRÍCULOS. O sangue sempre vai de um átrio para um ventrículo.

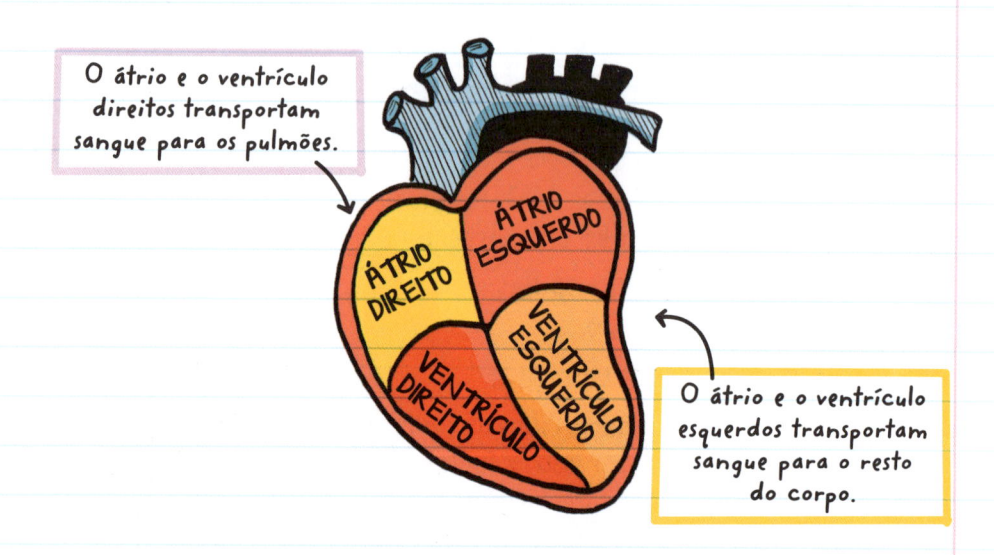

O átrio e o ventrículo direitos transportam sangue para os pulmões.

ÁTRIO DIREITO
ÁTRIO ESQUERDO
VENTRÍCULO DIREITO
VENTRÍCULO ESQUERDO

O átrio e o ventrículo esquerdos transportam sangue para o resto do corpo.

As palavras relacionadas ao sistema cardiovascular têm o prefixo *hemo-* ou *hemato-*, do grego *haima*, que significa "sangue". *Hemofilia*, por exemplo, é a doença na qual uma pessoa sofre sangramentos excessivos devido a uma deficiência na coagulação sanguínea.

O sangue é produzido nos ossos e tem duas partes:

- **PLASMA**, que é composto de água e proteínas dissolvidas. Constitui cerca de 55% do sangue.

- **SAIS**, **PROTEÍNAS** e **CÉLULAS**, que constituem os 45% restantes.

Entre as células estão as hemácias, os leucócitos e as **PLAQUETAS**.

Como 45% do sangue são compostos de sais e células, o sangue é muito mais espesso que uma solução como a água do mar, que contém apenas 4% de sal e outras substâncias.

As HEMÁCIAS são o tipo de célula mais comum no sangue. Elas transportam o oxigênio para as células do corpo e removem resíduos.

As PLAQUETAS são as células reparadoras. Se uma parte do corpo está danificada, elas correm para o local para formar coágulos e evitar novos sangramentos.

Quando o machucado forma uma "casca" é porque as plaquetas estão trabalhando.

Quando um trecho do sistema cardiovascular está danificado, as plaquetas vão até a área e liberam substâncias para atrair mais plaquetas. Esse é um exemplo de retroalimentação positiva.

Os LEUCÓCITOS ajudam a proteger o corpo de bactérias e vírus nocivos.

Existe cerca de 1 plaqueta para cada 20 hemácias e cerca de 1 leucócito para cada 700 hemácias.

Circulação do oxigênio

O sistema cardiovascular depende do sistema esquelético para produzir células sanguíneas. A medula óssea forma células sanguíneas de todos os tipos, que entram no sistema cardiovascular por meio de **CAPILARES**, os menores vasos sanguíneos do corpo.

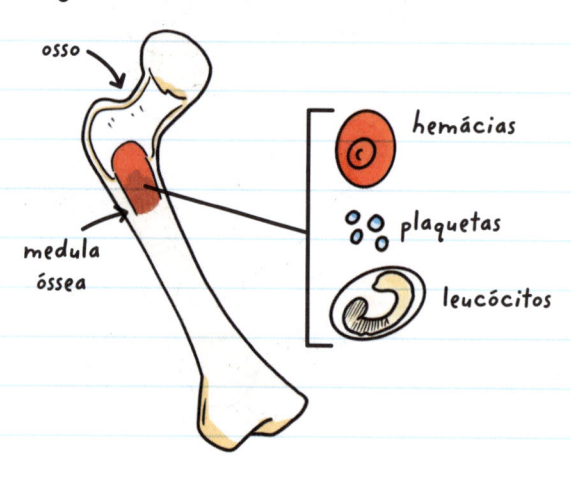

osso
medula óssea

hemácias
plaquetas
leucócitos

Os capilares são tão finos que as células sanguíneas têm de passar por eles em fila indiana.

As hemácias DESOXIGENADAS não contêm oxigênio. Para receberem oxigênio, precisam percorrer as **VEIAS** e chegar ao átrio direito do coração.

VEIA
Vaso sanguíneo que transporta sangue desoxigenado.

Dentro do coração, o ventrículo direito bombeia o sangue desoxigenado para os pulmões. Ali, o sangue entra em um novo conjunto de capilares. Nos capilares, os alvéolos dos pulmões trocam oxigênio e dióxido de carbono no processo de respiração. O oxigênio então entra no sangue e é absorvido pelas hemácias.

> O movimento espontâneo de gases sem o uso de energia entre o gás dos alvéolos e o sangue dos capilares dos pulmões é chamado de **difusão**.

As hemácias absorvem o oxigênio usando **HEMOGLOBINA**, uma molécula que contém ferro. Esse ferro atrai o oxigênio como um ímã, fazendo com que ele permaneça nas hemácias quando elas percorrem o corpo. Esse sangue é chamado de **SANGUE OXIGENADO**, porque contém oxigênio.

A circulação continua quando o sangue oxigenado retorna ao coração pelo átrio esquerdo, de onde passa para o ventrículo esquerdo, de onde é bombeado para uma **ARTÉRIA** chamada AORTA, que se ramifica para levá-lo a todas as partes do corpo.

> **ARTÉRIA**
> Vaso sanguíneo que bombeia sangue oxigenado.

Quando as hemácias percorrem as artérias, entram em capilares que levam às células do corpo. Quando elas entram em ambientes pobres em oxigênio, o oxigênio da hemoglobina se separa das hemácias e é absorvido pelas células. O sangue desoxigenado então deixa os capilares e é levado para as veias, completando o ciclo de circulação.

A viagem do sangue pelo corpo

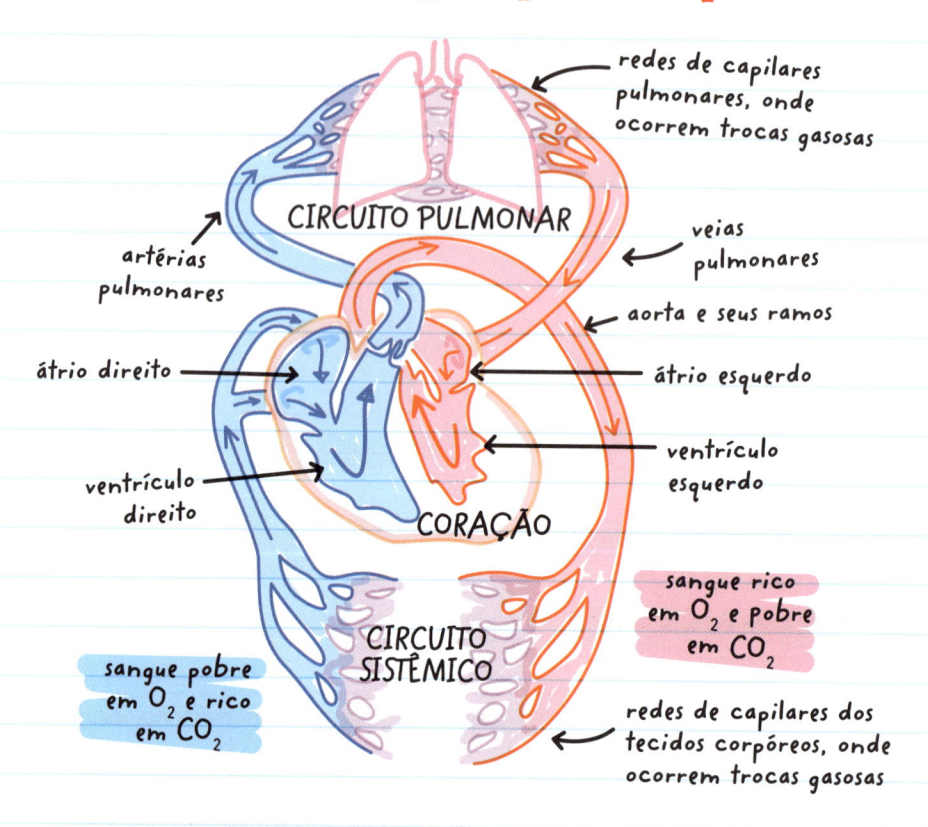

- redes de capilares pulmonares, onde ocorrem trocas gasosas
- CIRCUITO PULMONAR
- artérias pulmonares
- veias pulmonares
- aorta e seus ramos
- átrio direito
- átrio esquerdo
- ventrículo direito
- ventrículo esquerdo
- CORAÇÃO
- sangue rico em O_2 e pobre em CO_2
- CIRCUITO SISTÊMICO
- sangue pobre em O_2 e rico em CO_2
- redes de capilares dos tecidos corpóreos, onde ocorrem trocas gasosas

Sangue oxigenado dos pulmões ➡ átrio esquerdo ➡ ventrículo esquerdo ➡ aorta e depois outras artérias ➡ capilares ➡ átrio direito ➡ ventrículo direito ➡ pulmões para oxigenação. Em seguida, o ciclo recomeça.

> O sangue oxigenado é chamado de sangue arterial. O sangue desoxigenado é chamado de sangue venoso. Geralmente artérias transportam sangue oxigenado e veias transportam sangue venoso, com exceção das artérias e veias pulmonares.

VERIFIQUE SEUS CONHECIMENTOS

1. Que órgão processa o oxigênio?

2. O que é a faringe?

3. Por que a laringe se divide em duas cavidades?

4. Qual é a função dos alvéolos?

5. O que o corpo faz com o muco?

6. Quais são as funções do sangue?

7. Que substância corresponde à maior parte do sangue e que porcentagem do sangue ela representa?

8. Em que artéria entra o sangue oxigenado ao sair do coração?

9. Que tipo de sangue corre nas veias?

10. Como o oxigênio é transportado pelo sangue?

RESPOSTAS

CONFIRA AS RESPOSTAS

1. O pulmão.

2. A faringe é a cavidade atrás do nariz e da boca que leva à garganta.

3. A laringe se divide em duas cavidades para evitar que os alimentos entrem nos pulmões por engano ao serem engolidos.

4. Os alvéolos trocam oxigênio e dióxido de carbono com o sangue.

5. Os cílios levam o muco sujo até o alto da traqueia para que possa ser engolido e o ácido gástrico se encarregue de matar qualquer germe que tenha contaminado o muco, ou então para que seja cuspido ou expelido pelo nariz.

6. O sangue contém células que combatem infecções, transportam oxigênio e resíduos e reparam danos sofridos pela pele e pelos músculos.

7. O plasma, que constitui 55% do sangue.

8. Na aorta.

9. Sangue desoxigenado.

10. O sangue é atraído pelo ferro da hemoglobina e percorre o corpo nas hemácias.

Capítulo 41
SISTEMAS DIGESTÓRIO E EXCRETOR

O SISTEMA DIGESTÓRIO

O SISTEMA DIGESTÓRIO é responsável por obter dos alimentos ingeridos os nutrientes necessários para o corpo humano. Existem dois tipos de digestão:

DIGESTÃO MECÂNICA: o corpo aumenta fisicamente a superfície do alimento, triturando-o (quando mastigamos), e depois o estômago mistura e comprime a comida. Os dois processos aumentam a eficiência da digestão química.

DIGESTÃO QUÍMICA: o corpo decompõe o alimento por meio de **ENZIMAS**, proteínas especiais que aceleram reações químicas.

SISTEMA DIGESTÓRIO

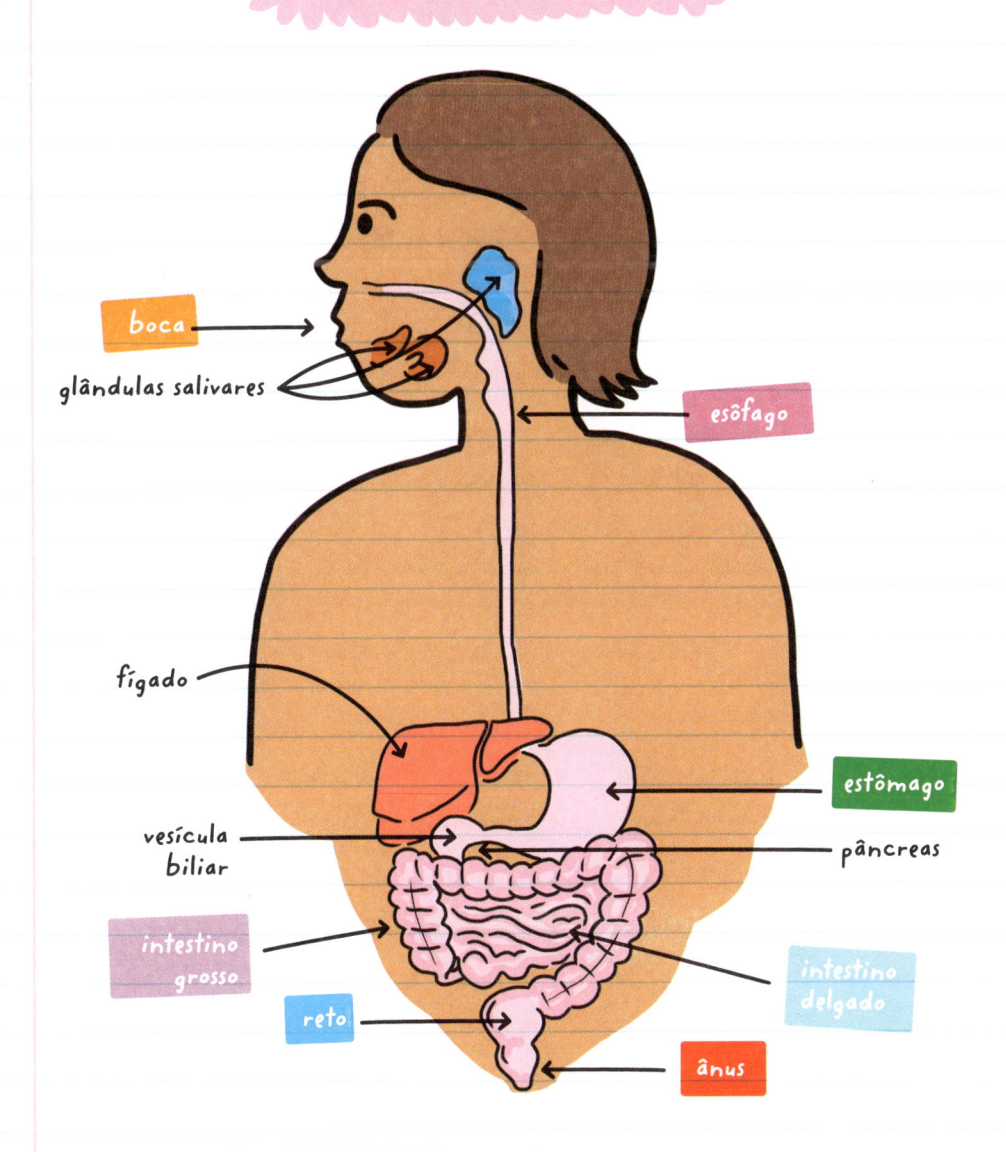

- boca
- glândulas salivares
- esôfago
- fígado
- estômago
- vesícula biliar
- pâncreas
- intestino grosso
- intestino delgado
- reto
- ânus

O TRATO GASTROINTESTINAL envolve:

boca   esôfago   estômago
intestino delgado   intestino grosso   reto   ânus

377

O PROCESSO DE DIGESTÃO

1º passo: Quando o alimento é colocado na boca, os dentes participam da digestão mecânica, dividindo-o em pedaços menores. A **SALIVA** lubrifica o alimento e contém enzimas, como a AMILASE SALIVAR, que inicia a digestão dos carboidratos. Além disso, a saliva ajuda a proteger o corpo, combatendo bactérias e outros patógenos.

> Palavras relacionadas ao sistema digestório têm o prefixo *gastro-*, do grego *gaster*, que significa "estômago". Gastrite, por exemplo, é uma doença causada pelo edema do revestimento do estômago.

2º passo: Quando o alimento é engolido, a traqueia, que leva ar para os pulmões, é fechada pela glote, e o alimento vai para o esôfago. O esôfago é um músculo lubrificado com muco que se contrai e relaxa alternadamente de forma involuntária, empurrando o alimento na direção do estômago. Esse tipo de movimento é chamado de **PERISTALTISMO**.

> Esse processo acontece em todo o trato gastrointestinal, para movimentar o alimento.

3º passo: Antes de chegar ao estômago, a comida passa pelo ==ESFÍNCTER ESOFÁGICO==, um anel muscular que separa o esôfago do estômago. Quando a comida deixa o esôfago, o esfíncter se fecha, evitando que o ácido gástrico e alimentos parcialmente digeridos entrem no esôfago.

4º passo: O ==ESTÔMAGO== é um músculo gigante que digere o alimento quimicamente usando uma mistura de ácidos e enzimas, e mecanicamente, por vibração, compressão e agitação. O alimento digerido misturado com o ácido gástrico é chamado de ==QUIMO==.

> Um muco espesso evita que o estômago seja atacado pelos seus ácidos.

5º passo: Depois que o alimento é digerido, o ==ESFÍNCTER PILÓRICO== se abre. O esfíncter pilórico separa o estômago do ==INTESTINO DELGADO==, que absorve nutrientes do quimo e os transfere para o sistema cardiovascular.

> **ESFÍNCTER PILÓRICO**
> Anel muscular que separa o estômago do intestino delgado.

Os ÓRGÃOS ACESSÓRIOS, como o fígado, o pâncreas e a vesícula biliar, ajudam o intestino delgado a absorver nutrientes. O pâncreas e a vesícula biliar secretam enzimas e bile, que facilitam esse processo. O fígado processa nutrientes absorvidos pelo intestino delgado e filtra o sangue proveniente do trato gastrointestinal.

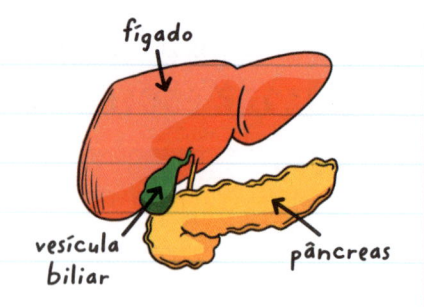

Nesse ponto da digestão, as únicas substâncias que restam no trato gastrointestinal são os resíduos alimentares que não podem ser digeridos. Quando esses resíduos passam pelo **INTESTINO GROSSO**, toda a água ainda presente é absorvida.

INTESTINO GROSSO
Órgão responsável pela absorção de água da parte do alimento que não pode ser digerida.

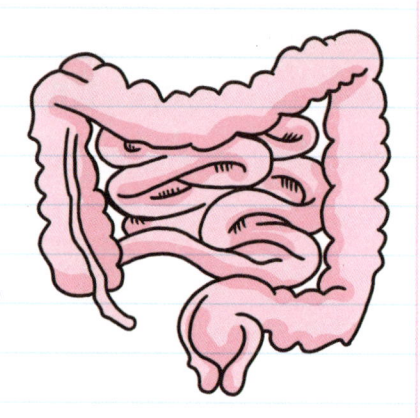

Depois que a água é absorvida, o intestino grosso forma **FEZES**, um resíduo sólido que deve ser removido do corpo.

Intestino delgado → Nutrientes; Intestino grosso → Água

O resíduo sólido deixa o organismo ao passar por outro esfíncter, o **ÂNUS**, que separa o intestino grosso do exterior do corpo, finalizando o processo de digestão.

O TRATO GASTROINTESTINAL

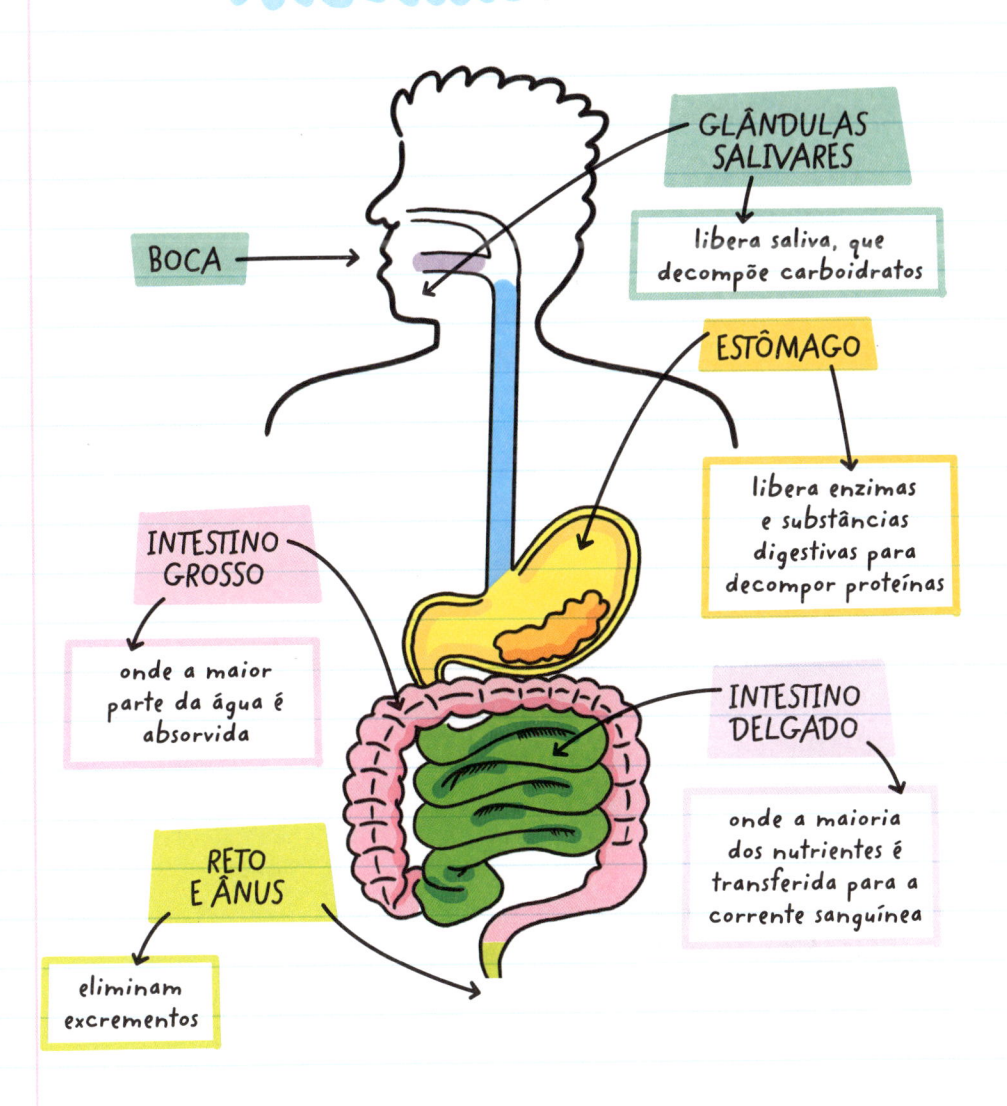

BOCA

GLÂNDULAS SALIVARES
libera saliva, que decompõe carboidratos

ESTÔMAGO
libera enzimas e substâncias digestivas para decompor proteínas

INTESTINO GROSSO
onde a maior parte da água é absorvida

INTESTINO DELGADO
onde a maioria dos nutrientes é transferida para a corrente sanguínea

RETO E ÂNUS
eliminam excrementos

O SISTEMA EXCRETOR

O SISTEMA EXCRETOR elimina resíduos do corpo para manter a homeostase. É composto por pele, pulmões e rins. Quando o alimento passa pelo intestino delgado, todos os nutrientes são transferidos para o sangue. As substâncias que restam após a respiração celular, como fosfatos, sulfatos e compostos nitrogenados, conhecidas como RESÍDUOS METABÓLICOS, são transportadas pelo sangue para os RINS.

> **RINS**
> Órgãos que removem os resíduos do sangue.

O sistema urinário

O SISTEMA URINÁRIO filtra o sangue e descarta resíduos metabólicos e o excesso de água e sais minerais. O sangue com os resíduos chega aos rins pela ARTÉRIA RENAL. A artéria conduz o sangue para os NÉFRONS. Lá, o sangue é filtrado e a água e os nutrientes que ainda podem ser úteis para o corpo são reabsorvidos. Os resíduos passam para o URETER, um tubo que transporta URINA (líquido com resíduos) para a bexiga, onde ela é armazenada até ser expelida pelo corpo por meio da URETRA. O sangue limpo deixa os rins pela veia renal e volta para a circulação.

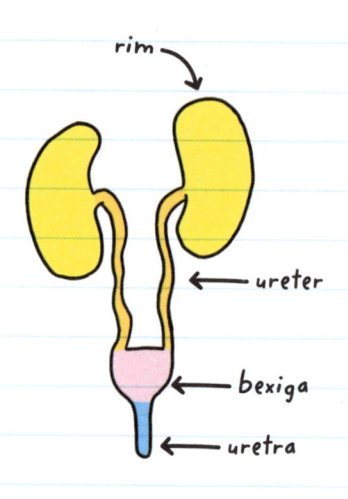

> renal: relativo aos rins

- rim
- ureter
- bexiga
- uretra

VERIFIQUE SEUS CONHECIMENTOS

1. Qual é o primeiro passo da digestão?

2. Que processo involuntário manda o alimento do esôfago para o estômago?

3. O que impede que o ácido gástrico suba para o esôfago?

4. Como o estômago decompõe os alimentos?

5. Que órgão do sistema digestório é responsável pela absorção de nutrientes?

6. O que faz o fígado?

7. Qual é a função do intestino grosso?

8. Para onde o sangue leva os resíduos?

9. Para onde vai o sangue limpo?

10. Qual é a função dos rins?

RESPOSTAS

CONFIRA AS RESPOSTAS

1. Decompor e lubrificar os alimentos na boca.

2. O peristaltismo.

3. O esfíncter esofágico.

4. O estômago digere os alimentos quimicamente usando uma mistura de ácidos e enzimas e digere os alimentos mecanicamente por vibração, compressão e agitação.

5. O intestino delgado.

6. O fígado filtra o sangue proveniente do trato gastrointestinal e processa alguns nutrientes que foram absorvidos pelo intestino delgado.

7. O intestino grosso absorve toda a água restante do alimento que não pode ser digerido.

8. O sangue leva os resíduos para os rins.

9. O sangue limpo volta à circulação pela veia renal.

10. Os rins removem resíduos do sangue.

Capítulo 42
SISTEMA IMUNOLÓGICO

O SISTEMA IMUNOLÓGICO, ou imunitário, defende o nosso organismo contra doenças e infecções. É o exército pessoal que combate os invasores nocivos.

ATACAR!

Muitas doenças podem ser causadas por patógenos, organismos infecciosos como bactérias, vírus e outros parasitas. Todas evitam que o corpo funcione normalmente.

Os patógenos podem ser contraídos a partir de qualquer coisa com que o ser humano entre em contato, como comida e até outros seres humanos.

Como são muito infecciosos, os patógenos infectam qualquer organismo facilmente, não apenas seres humanos.

> Muitos organismos não podem ser infectados por certos patógenos. São chamados de PORTADORES. Um mosquito, por exemplo, não pode ser afetado por um vírus, mas pode infectar um ser humano com o vírus ao picá-lo.

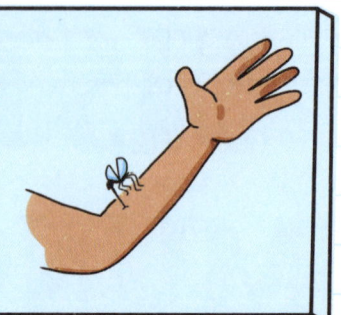

Como os patógenos são perigosos, o corpo precisa ser capaz de encontrá-los e eliminá-los antes que possam causar algum mal. Esse é o papel do sistema imunológico, que detecta a presença de patógenos e reage a eles. As duas ações juntas são chamadas de RESPOSTA IMUNOLÓGICA.

$$\text{detecção + reação = resposta imunológica}$$

Os objetivos do sistema de defesa ao detectar uma infecção por patógeno são:

RESPOSTA IMUNOLÓGICA
Detecção e reação do sistema imunológico a patógenos.

1. eliminar o patógeno quanto antes;

2. evitar que o patógeno prejudique a homeostase.

O sistema imunológico usa duas linhas de defesa para atingir seus objetivos. A primeira envolve MÉTODOS PASSIVOS, que tentam evitar que um número maior de patógenos entre no corpo. A segunda usa **LEUCÓCITOS** para destruir os patógenos que entraram no corpo. Os leucócitos são ativados apenas quando os patógenos conseguem passar pela primeira linha de defesa.

> **LEUCÓCITOS**
> Células sanguíneas brancas que combatem patógenos.

Existem cinco tipos principais de leucócito:

- **LINFÓCITOS**: detectam patógenos

- **NEUTRÓFILOS**: as primeiras células que chegam ao local da infecção depois que um patógeno é detectado

- **MONÓCITOS**: ajudam a destruir patógenos e removem células mortas ou velhas

- **EOSINÓFILOS**: destroem certas bactérias e parasitas

- **BASÓFILOS**: protegem o organismo contra ALÉRGENOS, substâncias que causam uma reação alérgica, liberando HISTAMINAS (compostos químicos) que acionam várias defesas e causam a dilatação dos vasos sanguíneos.

IMUNIDADE NÃO ESPECÍFICA

O corpo conta com vários mecanismos de defesa para impedir a entrada de patógenos. São barreiras físicas e químicas como tossir, lacrimejar e produzir muco. Segue uma lista das principais barreiras e seus objetivos.

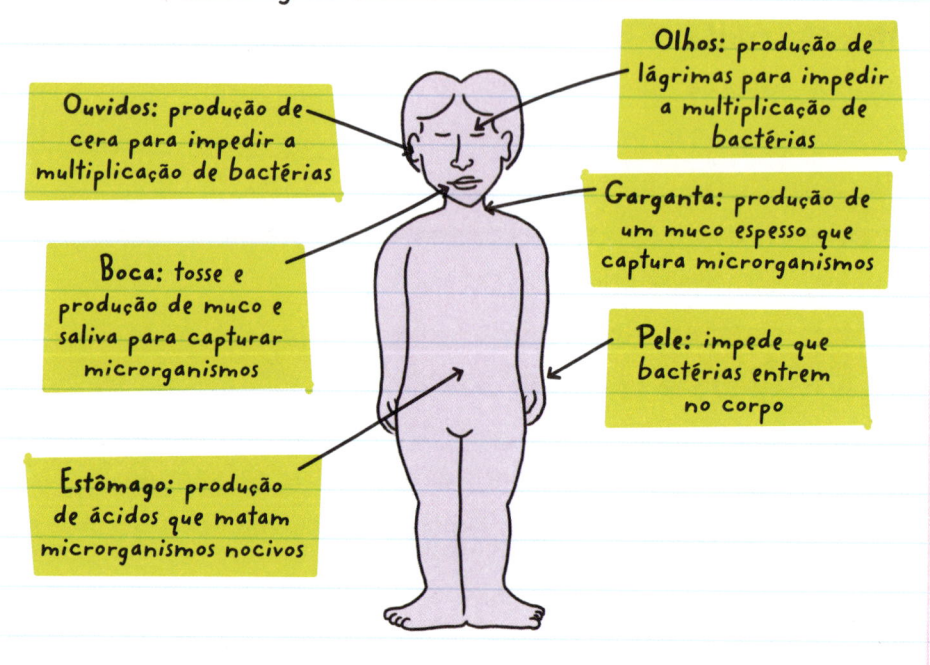

Ouvidos: produção de cera para impedir a multiplicação de bactérias

Olhos: produção de lágrimas para impedir a multiplicação de bactérias

Boca: tosse e produção de muco e saliva para capturar microrganismos

Garganta: produção de um muco espesso que captura microrganismos

Pele: impede que bactérias entrem no corpo

Estômago: produção de ácidos que matam microrganismos nocivos

Quando um patógeno supera a primeira linha de defesa e invade o corpo, o corpo emprega defesas não específicas para impedir que os patógenos avancem e se multipliquem. São chamadas de "não específicas" porque, sejam quais forem os organismos invasores, as reações são as mesmas. Entre elas estão a inflamação e a febre. Quando essas respostas não específicas falham, o corpo aciona uma segunda linha de defesa.

IMUNIDADE ESPECÍFICA

O sistema linfático

Quando um patógeno supera a primeira linha de defesa, o corpo recorre à segunda linha de defesa, que é a **RESPOSTA IMUNOLÓGICA ADAPTATIVA**, uma resposta imunológica que envolve as ações dos leucócitos.

Para o corpo ativar a resposta imunológica adaptativa, primeiro é preciso que o patógeno seja identificado pelo sistema linfático, que usa um fluido especial chamado **LINFA** para isso. Contida em vasos linfáticos, a linfa atravessa as células do corpo, coletando e eliminando resíduos.

> **LINFA**
> Fluido que coleta resíduos das células do corpo.

Linfa vem do latim *lympha*, que significa "água". O sistema linfático "lava" as células com linfa para limpá-las.

Os vasos linfáticos estão sempre próximos de veias e artérias, limpando e filtrando o sangue constantemente.

A linfa leva os resíduos para os NÓDULOS LINFÁTICOS, que fazem uma filtragem para determinar se patógenos infectaram o corpo. Caso isso tenha acontecido, os nódulos linfáticos criam LINFÓCITOS, que são enviados ao sangue para procurar a infecção.

O sistema imunológico adaptativo é responsável por uma resposta imunológica mais intensa, e também pela **MEMÓRIA IMUNOLÓGICA**, que associa patógenos a um antígeno específico. Os ANTÍGENOS são partes de patógenos que podem ativar uma resposta imunológica. Dependendo do tipo de invasão que ocorre, dois tipos diferentes de resposta imunológica podem ocorrer: a RESPOSTA IMUNOLÓGICA HUMORAL e a RESPOSTA IMUNOLÓGICA MEDIADA POR CÉLULAS. São chamadas de IMUNIDADE ATIVA.

A resposta imunológica humoral

Essa resposta envolve ANTICORPOS produzidos por células chamadas CÉLULAS B. Os anticorpos são liberados no sangue e nos fluidos corporais e ajudam a neutralizar patógenos como bactérias e vírus, marcando-os para serem destruídos por outras células do sistema imunológico, como os MACRÓFAGOS.

Além disso, após a infecção, CÉLULAS B DE MEMÓRIA são geradas e permanecem no corpo, prontas para reagir produzindo anticorpos rapidamente se o mesmo patógeno tentar invadir de novo. Isso confere uma resposta mais eficiente e rápida em infecções futuras, garantindo imunidade duradoura.

> Os anticorpos também podem vir da mãe. Se ela tiver anticorpos contra antígenos específicos, pode passá-los para os filhos durante a gravidez ou pelo leite materno. É a chamada IMUNIDADE PASSIVA. Alguns tratamentos médicos utilizam anticorpos como "remédio", sendo também um tipo de imunidade passiva.

A imunidade mediada por células

Nesse tipo de resposta, as CÉLULAS T desempenham o papel principal. Elas atacam diretamente células anormais (como as cancerosas) ou infectadas por vírus. Em vez de usar anticorpos, essa resposta se baseia na ação direta das células T para destruir as células invasoras ou danificadas.

Existem diferentes tipos de células T:

* células T citotóxicas, que destroem as células infectadas ou anormais;
* células T auxiliares, que coordenam a resposta imunológica e recrutam outras células de defesa quando necessário;
* células T de memória, que permitem que o sistema imunológico reconheça e responda mais rapidamente a futuras infecções pelo mesmo patógeno.

A MEDICINA MODERNA E O SISTEMA IMUNOLÓGICO

Recentemente, os biólogos e médicos desenvolveram novos meios de prevenir pandemias, como o uso de ANTIBIÓTICOS, ANTIVIRAIS e VACINAS.

doenças que se espalham pelo mundo inteiro

Os antibióticos são remédios que servem para matar ou retardar o crescimento de bactérias, enquanto os antivirais impedem que um vírus se multiplique. Os dois

> Muitas bactérias são benéficas ao corpo, como as que o ajudam a realizar a digestão. Os antibióticos também matam esse tipo de bactéria.

remédios funcionam atacando processos ou moléculas que existem nas bactérias e nos vírus, mas não nas células humanas normais. Muitos antibióticos, por exemplo, impedem que as bactérias fabriquem paredes celulares, o que não afeta as células humanas, porque as células animais não têm paredes celulares.

A vacina é uma substância que estimula o sistema imunológico do corpo a trabalhar contra a infecção. Contém o antígeno do patógeno contra o qual foi criada. As vacinas usam bactérias ou vírus mortos ou enfraquecidos ou seu material genético para estimular a produção de anticorpos. Ela imita a infecção e estimula o sistema imunológico a produzir células T e anticorpos. O sistema imunológico identifica as proteínas da superfície do patógeno. Quando a infecção acaba, o corpo fica com células T e células B de memória que aprenderam a combater a doença e têm um "registro" das proteínas da superfície do patógeno. Desse modo, a vacina prepara o corpo para reconhecer e combater futuros ataques dessa mesma proteína da superfície. Também é um tipo de imunidade ativa, pois estimula e "ensina" o corpo a se proteger.

> A vacina contra a gripe é feita das cepas de vírus da gripe mais frequentes em um dado ano.

Quando um patógeno invade o corpo após a vacinação, as células B de memória fabricam anticorpos imediatamente e são capazes de combater o patógeno, com a ajuda das células T, até exterminá-lo.

VERIFIQUE SEUS CONHECIMENTOS

1. O que são os patógenos?

2. O que é a resposta imunológica?

3. Quais são as células do sistema imunológico?

4. Que tipo de célula é responsável pela detecção de patógenos?

5. Qual é a primeira linha de defesa do sistema imunológico?

6. O que são antígenos?

7. Qual é a função dos anticorpos?

8. Qual é a função de um antiviral?

9. Como funcionam as vacinas?

RESPOSTAS

CONFIRA AS RESPOSTAS

1. São agentes infecciosos, como bactérias e vírus.

2. É a detecção e reação do sistema imunológico a patógenos.

3. As células do sistema imunológico são os leucócitos.

4. O linfócito.

5. Os ouvidos, a boca, o estômago, os olhos, a garganta e a pele.

6. Os antígenos são partes de patógenos que podem gerar uma resposta imunológica.

7. Os anticorpos circulam no sangue ligando-se aos patógenos e marcando-os para serem destruídos pelos macrófagos.

8. Combater vírus.

9. As vacinas usam bactérias ou vírus mortos ou enfraquecidos ou seu material genético para estimular o corpo a produzir antígenos, imunizando o corpo contra patógenos.

Capítulo 43
SISTEMA REPRODUTOR

Uma característica fundamental a respeito de qualquer organismo é a forma como ele transmite suas informações genéticas para a geração seguinte. A criação de organismos permite a perpetuação da espécie.

O **SISTEMA REPRODUTOR** é responsável pela produção de novos organismos. Homens e mulheres têm sistemas reprodutores diferentes, que permitem a combinação de informações genéticas e a geração de um novo organismo.

SISTEMA REPRODUTOR FEMININO

Os principais órgãos do sistema reprodutor feminino são os **OVÁRIOS**, o **ÚTERO** e a **VAGINA**.

Os ovários são duas estruturas nas quais os **ÓVULOS** residem e amadurecem. Óvulos são células que contêm metade do material genético necessário para produzir descendentes. Quando amadurece, o óvulo desce do ovário para a **TUBA UTERINA**, onde se une a um espermatozoide, iniciando um processo conhecido como **FECUNDAÇÃO**.

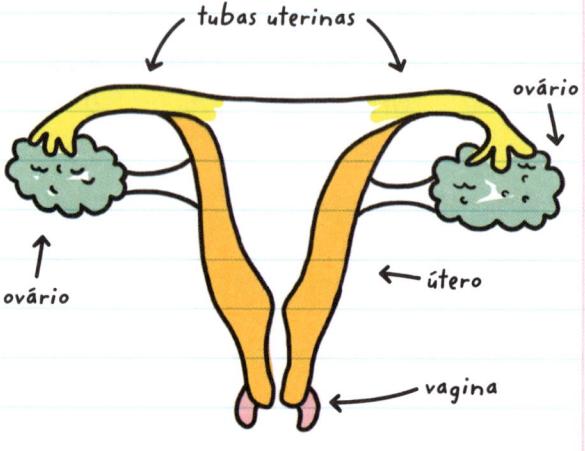

(Diagrama: tubas uterinas, ovário, útero, vagina)

ÓVULOS
Células sexuais femininas que contêm metade das informações genéticas necessárias para produzir descendentes.

FECUNDAÇÃO
Fusão das células sexuais masculina e feminina.

TUBA UTERINA
Duto que transporta o óvulo do ovário até o útero.

Em um processo chamado *fertilização in vitro*, a fecundação de um óvulo por um espermatozoide ocorre fora do aparelho reprodutor feminino.

A liberação de um óvulo maduro do ovário é chamada de OVULAÇÃO.

> As mulheres nascem com 1 a 2 milhões de óvulos nos ovários. Elas não produzem óvulos depois do nascimento.

Nas mulheres, a cada período que pode variar de 21 a 35 dias, a parede uterina fica mais espessa para receber um óvulo fecundado. Quando a fecundação não acontece, o útero descarta parte do revestimento em um processo conhecido como MENSTRUAÇÃO.

Os ovários também produzem hormônios como o ESTROGÊNIO, responsável pelo desenvolvimento do sistema reprodutor e por características secundárias, como pelos púbicos e seios.

O sangue menstrual sai pela **VAGINA**, canal que liga o útero ao exterior. Os espermatozoides também usam a vagina para chegar a uma das tubas uterinas e fecundar um óvulo.

O SISTEMA REPRODUTOR MASCULINO

Os principais órgãos do sistema reprodutor masculino são os **TESTÍCULOS** e o **PÊNIS**.

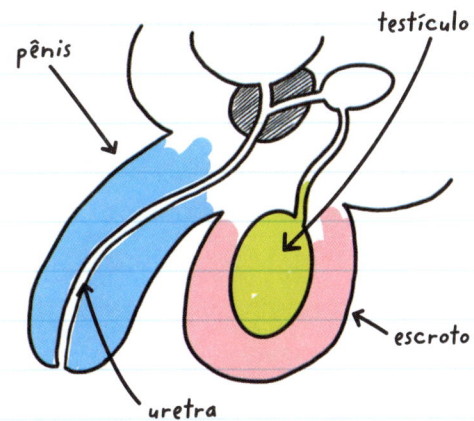

Os testículos são dois órgãos localizados nos **ESCROTOS** e que produzem **ESPERMATOZOIDES**. Os espermatozoides têm uma cabeça e uma cauda. Na cabeça estão as informações genéticas (DNA), e a cauda é usada para locomoção. Os espermatozoides são gerados em TÚBULOS SEMINÍFEROS dentro dos testículos. Quando os espermatozoides amadurecem, deixam os túbulos e vão para o EPIDÍDIMO, onde são armazenados.

> **ESCROTO**
> Órgão em forma de saco onde fica o testículo.

> **ESPERMATOZOIDE**
> Célula sexual masculina que contém metade das informações genéticas necessárias para gerar descendentes.

tubo que transporta e armazena espermatozoides

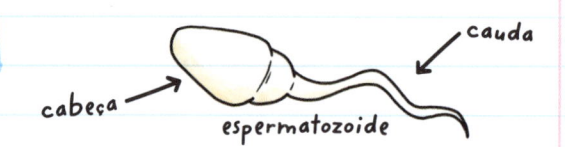

cabeça → espermatozoide ← cauda

Para sair do corpo, os espermatozoides precisam passar pelo epidídimo e entrar no **CANAL DEFERENTE**, um tubo que transfere espermatozoides para o pênis. Quando eles passam pelo canal deferente, recebem nutrientes do **FLUIDO SEMINAL**, que fornece aos espermatozoides a energia de que necessitam para deixar o pênis no processo de ejaculação. Para a reprodução acontecer, o sêmen deve ser ejaculado no aparelho reprodutor feminino.

A combinação de fluido seminal e espermatozoides é chamada de SÊMEN.

Os testículos também produzem hormônios, como a **TESTOSTERONA**, responsável pelo desenvolvimento de tecidos reprodutivos masculinos como testículos e PRÓSTATA, e por características sexuais secundárias, como o aumento da massa muscular, o aumento e a maturação dos ossos e o crescimento de pelos e cabelos.

FECUNDAÇÃO E GRAVIDEZ

Quando o espermatozoide e o óvulo se encontram, seus materiais genéticos se combinam, produzindo uma célula humana completa chamada **ZIGOTO** e dando início ao período de cerca de nove meses de gravidez. Aproximadamente trinta horas após a fertilização, o zigoto inicia o processo de divisão celular.

ZIGOTO
Óvulo fecundado.

Após cerca de três semanas de divisão celular, o zigoto se torna um **EMBRIÃO**. Nesse estágio, as células começam a se diferenciar. Por exemplo, algumas se tornam células cardíacas, enquanto outras viram células dos olhos e orelhas.

EMBRIÃO
Estágio do desenvolvimento de um óvulo fecundado em que as células começam a se diferenciar.

Depois de nove semanas de desenvolvimento, o embrião é considerado um **FETO**, que continua a crescer por sete meses até se tornar um ser humano totalmente formado.

> **FETO**
> Ser humano em desenvolvimento que já apresenta a base inicial de todos os órgãos e estruturas do corpo.

> Um zigoto humano parte de uma única célula e se torna um bebê em cerca de nove meses.

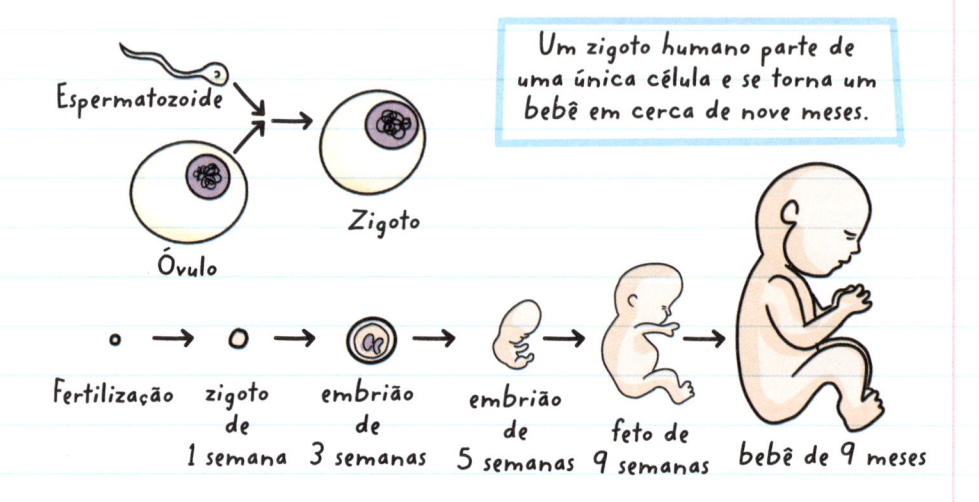

Espermatozoide — Óvulo — Zigoto

Fertilização → zigoto de 1 semana → embrião de 3 semanas → embrião de 5 semanas → feto de 9 semanas → bebê de 9 meses

Desenvolvimento humano

Depois de nascer, o bebê cresce e se desenvolve em etapas:

PERÍODO NEONATAL: as primeiras quatro semanas após o nascimento. O bebê se acostuma a estar fora do corpo da mãe.

PRIMEIRA INFÂNCIA: do nascimento até cerca de dois anos. Inicialmente as funções homeostáticas do bebê não são bem desenvolvidas. Quando ele amadurece, seu

corpo aprende a se regular melhor. O bebê também passa por um desenvolvimento cerebral rápido e aprende a se movimentar – engatinhando, andando e correndo.

SEGUNDA E TERCEIRA INFÂNCIA: dos 2 até mais ou menos 12 anos. O sistema nervoso amadurece. A coordenação motora melhora, junto com a linguagem e a capacidade de raciocínio.

PUBERDADE E ADOLESCÊNCIA:

A puberdade é o início da maturidade sexual e do desenvolvimento das características sexuais. Os seres humanos passam por uma fase de crescimento rápido, estimulada pelos hormônios denominados testosterona (homens) e estrogênio (mulheres). A adolescência começa com a maturidade sexual: a ocorrência do primeiro ciclo menstrual nas mulheres e a presença de espermatozoides no sêmen nos homens.

VIDA ADULTA: os ossos param de crescer e, conforme a vida adulta avança, tornam-se mais fracos. A digestão e o metabolismo ficam mais lentos. É importante aumentar o nível de atividades físicas e mentais para reduzir os efeitos do envelhecimento.

Intersexo é um termo usado para descrever uma variação biológica que ocorre durante o desenvolvimento fetal. Refere-se a pessoas que nascem com características sexuais – incluindo genitália, gônadas (ovário ou testículo) e padrões cromossômicos – que não correspondem inteiramente às definições típicas de masculino ou feminino. Isso pode incluir:

- Pessoas que nascem com uma combinação de células com cromossomos XX (femininos) e células com cromossomos XY (masculinos).

- Pessoas que nascem com órgãos genitais (ovário ou testículo) ou características sexuais que apresentam tanto aspectos masculinos quanto femininos, ou variações de um ou de outro.

É importante notar que, embora algumas pessoas intersexo possam se identificar como transgênero, nem todas se enquadram nessa categoria. O termo "intersexo" é, acima de tudo, uma descrição biológica, e não uma identidade de gênero.

O **sexo** (o fato de um indivíduo ser geneticamente masculino ou feminino) não determina necessariamente o gênero de uma pessoa. Para algumas pessoas o sexo e o gênero estão relacionados, mas para outras não. Uma pessoa pode ser:

- **cisgênero:** o gênero corresponde ao sexo genético (um macho se considera homem e uma fêmea se considera mulher).

- **transgênero:** o gênero difere do sexo genético (um macho se considera mulher ou uma fêmea se considera homem).

- **não binário:** o gênero não faz parte das categorias homem ou mulher.

- **gênero fluido:** o gênero não permanece estável (pessoas de gênero fluido também podem usar os termos queer, bigênero, multigênero ou poligênero).

- **agênero:** não se identifica com nenhum dos dois gêneros.

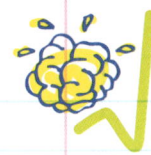

VERIFIQUE SEUS CONHECIMENTOS

1. Qual é a função da reprodução?

2. Quais são os principais órgãos do sistema reprodutor masculino?

3. Os escrotos contêm os _____.

4. Qual é a função do epidídimo?

5. Que estrutura transfere o espermatozoide do epidídimo para o pênis?

6. Quais são os principais órgãos do sistema reprodutor feminino?

7. Em que lugar o óvulo se encontra com o espermatozoide?

8. Que processo ocorre quando um óvulo não é fecundado?

9. O que acontece quando o zigoto se torna um embrião?

10. Qual é a diferença entre um zigoto e um embrião?

RESPOSTAS 403

CONFIRA AS RESPOSTAS

1. Permitir que uma espécie continue existindo.

2. Os testículos e o pênis.

3. testículos

4. O epidídimo armazena os espermatozoides.

5. O canal deferente.

6. Ovários, tubas uterinas, útero e vagina

7. Na tuba uterina.

8. O processo de menstruação, no qual parte do revestimento do útero é descartada.

9. As células começam a se diferenciar.

10. O zigoto é o óvulo fecundado e o embrião é o organismo humano no qual o zigoto se desenvolve.

Unidade 10

Genética

Capítulo 44
INTRODUÇÃO À GENÉTICA

TRAÇOS E ALELOS

A genética é o estudo da **HEREDITARIEDADE**, a passagem de traços dos pais para os filhos. As unidades que contêm as informações hereditárias dos organismos são chamadas de **GENES**.

Os traços genéticos incluem todas as características de um organismo. Exemplos de traços nos seres humanos: o tipo de cabelo, a cor dos olhos, a cor da pele e diversos comportamentos.

O experimento de Mendel

GREGOR MENDEL (1822-1884) é considerado o pai da genética moderna por causa dos seus experimentos nessa área. Em 1856, estudou genética usando pés de ervilha para descobrir como os genes são transferidos dos pais para os filhos.

Em seus experimentos com pés de ervilha, Gregor Mendel observou várias **GERAÇÕES** dessas plantas e descobriu que existem dois tipos de traço: o **TRAÇO DOMINANTE** e o **TRAÇO RECESSIVO**. O dominante se manifesta mesmo quando a planta herda duas formas diferentes de um gene – uma de cada genitor. Esse caso é chamado de GENÓTIPO HETEROZIGOTO. Já o recessivo não se manifesta nos heterozigotos; ele só se expressa quando a planta herda duas formas iguais de um gene, condição conhecida como GENÓTIPO HOMOZIGOTO.

Quando as células sexuais dos pais se combinam, o filho obtém aleatoriamente um gene de cada genitor. Em seu experimento, Mendel cruzou pés de ervilha (pais) que tinham características diferentes (**ALELOS**) e observou os descendentes.

GERAÇÃO
Conjunto de indivíduos de um grupo que nasceram mais ou menos na mesma época.

TRAÇO DOMINANTE
A característica que se manifesta sempre que está presente, mesmo com uma única cópia do gene.

TRAÇO RECESSIVO
A característica que só se manifesta quando há duas cópias do gene recessivo.

Os genes se "expressam" quando um traço se manifesta.

ALELOS
As diferentes versões de um gene. Cada organismo herda dois alelos para cada característica, um de cada genitor.

Ele queria descobrir quais características dos pais se manifestariam no filho.

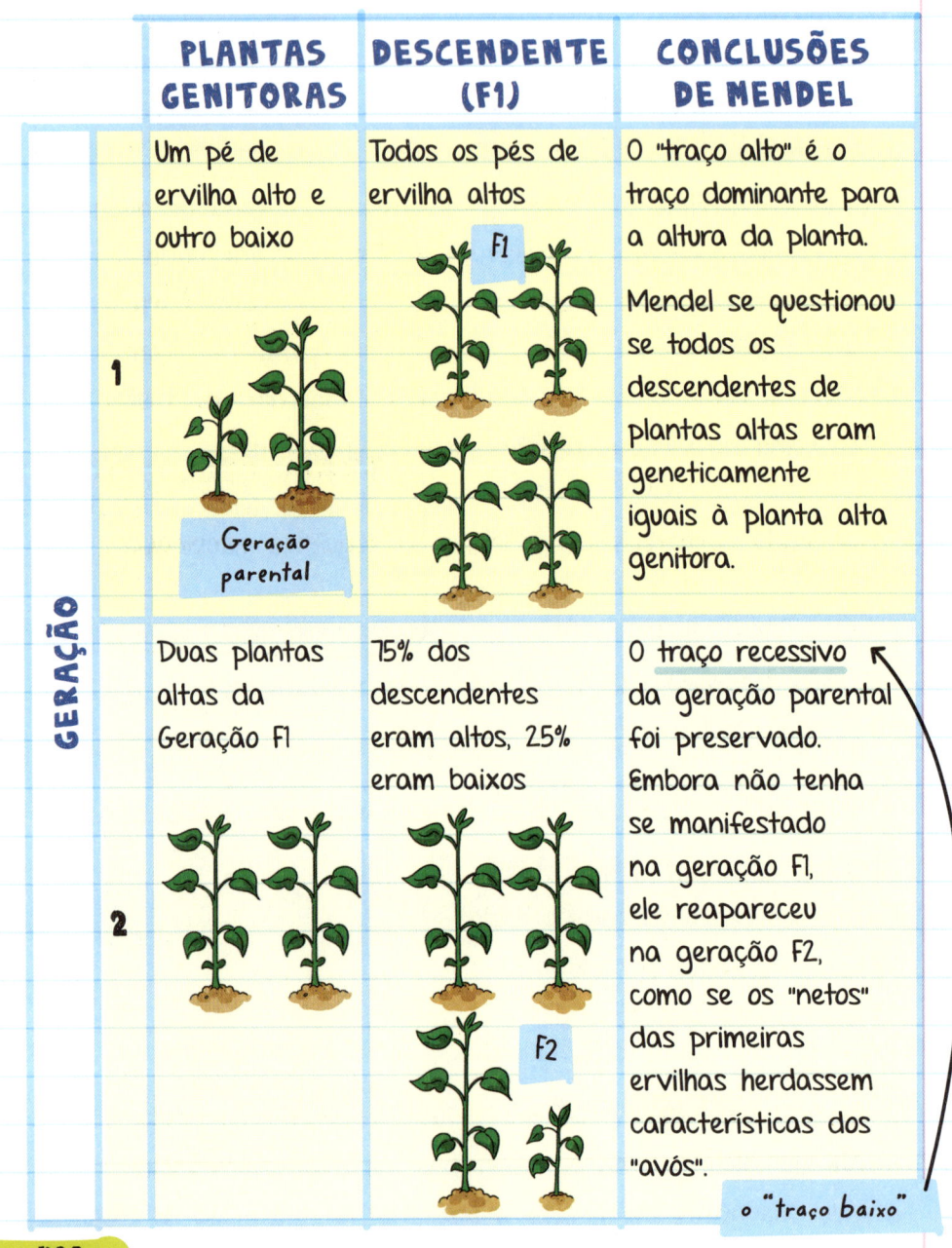

GERAÇÃO	PLANTAS GENITORAS	DESCENDENTE (F1)	CONCLUSÕES DE MENDEL
1	Um pé de ervilha alto e outro baixo (Geração parental)	Todos os pés de ervilha altos (F1)	O "traço alto" é o traço dominante para a altura da planta. Mendel se questionou se todos os descendentes de plantas altas eram geneticamente iguais à planta alta genitora.
2	Duas plantas altas da Geração F1	75% dos descendentes eram altos, 25% eram baixos (F2)	O traço recessivo da geração parental foi preservado. Embora não tenha se manifestado na geração F1, ele reapareceu na geração F2, como se os "netos" das primeiras ervilhas herdassem características dos "avós". o "traço baixo"

As gerações são chamadas de parental, F1, F2 e assim por diante. A letra F vem de "filial" (primeira geração filial, segunda geração filial, etc.). A geração F1 é produzida pelo cruzamento de dois organismos parentais, enquanto a geração F2 é produzida pelo cruzamento de dois organismos da geração F1.

Com esse experimento, Mendel pôde observar a ideia de alelos. Ele percebeu que cada organismo herda um alelo de cada genitor, e esses alelos podem ser iguais ou diferentes para uma mesma característica (como a altura, nos experimentos com ervilhas). É como se os alelos pudessem "concordar" ou "discordar" sobre como será cada característica do organismo.

Assim, cada característica pode ter as seguintes combinações de alelos:

1. Alelo dominante do pai e alelo dominante da mãe.

2. Alelo dominante do pai e alelo recessivo da mãe.

3. Alelo recessivo do pai e alelo dominante da mãe.

4. Alelo recessivo do pai e alelo recessivo da mãe.

A conclusão de Mendel foi que, quando o organismo possui pelo menos um alelo dominante, ocorre um caso de dominância: o alelo dominante sempre se manifesta na aparência do organismo. A característica recessiva, por outro lado, só aparece se o organismo herdar dois alelos recessivos, um de cada genitor.

Dessa forma, nas combinações 1, 2 e 3, a característica dominante se manifesta. Apenas na combinação 4 a característica recessiva aparece (ou seja, 25% dos casos). É como se a característica dominante "se impusesse" quando está presente, sendo mais forte que a recessiva.

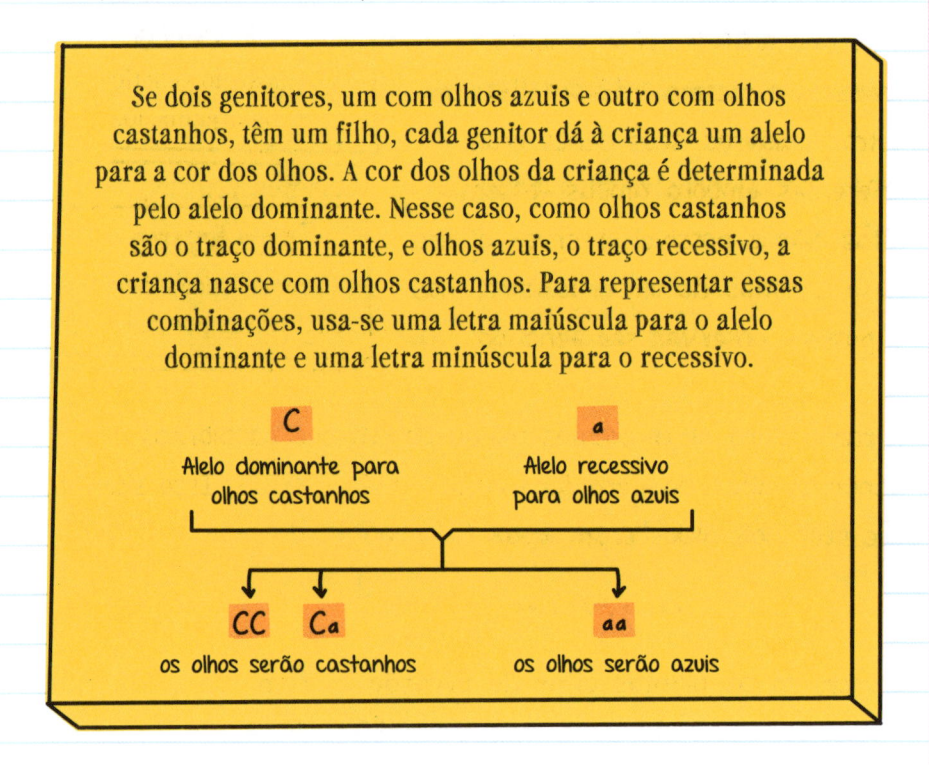

> Se dois genitores, um com olhos azuis e outro com olhos castanhos, têm um filho, cada genitor dá à criança um alelo para a cor dos olhos. A cor dos olhos da criança é determinada pelo alelo dominante. Nesse caso, como olhos castanhos são o traço dominante, e olhos azuis, o traço recessivo, a criança nasce com olhos castanhos. Para representar essas combinações, usa-se uma letra maiúscula para o alelo dominante e uma letra minúscula para o recessivo.
>
> **C** — Alelo dominante para olhos castanhos
> **a** — Alelo recessivo para olhos azuis
>
> **CC Ca** os olhos serão castanhos
> **aa** os olhos serão azuis

Os membros da segunda geração de Mendel provaram que os genes recessivos são preservados mesmo quando não se manifestam. Se o contrário fosse verdade e os genes dominantes *apagassem* os recessivos, os membros da segunda geração seriam todos altos, já que os genitores eram altos. Só que isso não aconteceu: os novos filhos "resgataram" características dos avós.

Isso significa que as plantas altas da geração 1 e as plantas altas da geração 2 não tinham o mesmo **GENÓTIPO**, embora tivessem o mesmo **FENÓTIPO**. Em outras palavras, seus genes eram diferentes, embora ambas fossem altas. Não é possível observar a olho nu o genótipo de um organismo, mas é possível observar seu fenótipo.

GENÓTIPO
Composição genética de um organismo.

FENÓTIPO
Características físicas expressas por genes.

A razão para os diferentes genótipos era que as plantas genitoras altas da geração 1 eram HOMOZIGOTOS. Isso significa que seus dois alelos eram iguais.

como AA e aa

Entretanto, as plantas altas da geração 2 eram HETEROZIGOTOS, devido a seus alelos diferentes.

como Aa

411

O QUADRO DE PUNNETT

Como todas as características são criadas por dois alelos, é possível prever os genótipos de descendentes usando um QUADRO DE PUNNETT para determinar a probabilidade de que um descendente expresse certo traço.

> **REGINALD PUNNETT** (1875-1967) foi um geneticista britânico que criou o quadro de Punnett, a ferramenta usada para prever o genótipo de descendentes.

Quadro de Punnett mono-híbrido

Os QUADROS DE PUNNETT MONO-HÍBRIDOS examinam apenas um traço, como o "traço alto" observado por Mendel. Os diagramas a seguir consistem em quatro retângulos, cada um representando 25% de probabilidade de obter descendentes com certo genótipo. A soma de todas as probabilidades é 100%.

Não importa qual genitor está na lateral ou no topo.

		GENITOR 2	
		Alelo 1	Alelo 2
GENITOR 1	Alelo 1	25%	25%
	Alelo 2	25%	25%

Para analisar quadros de Punnett, basta pegar uma letra do alelo de um genitor e uma letra do alelo do outro genitor e reuni-las no retângulo em que as duas letras se encontram. O resultado deve ser o seguinte:

		GENITOR 2	
		A1	A2
GENITOR 1	A1	A1-A1	A1-A2
	A2	A2-A1	A2-A2

O quadro de Punnett mono-híbrido pode ser usado para explicar os genótipos de todos os descendentes do experimento de Mendel. Os dois alelos para altura podem ser representados como A para alto e a para baixo.

Na primeira parte do experimento, Mendel cruzou uma planta homozigoto alta e uma planta homozigoto baixa. A planta homozigoto alta pode ser representada como AA, enquanto a planta homozigoto baixa pode ser representada como aa.

		GENITOR 2	
		a	a
GENITOR 1	A	Aa	Aa
	A	Aa	Aa

Isso quer dizer que todos os descendentes são altos: Aa. O alelo dominante A é a característica expressa nos descendentes.

Cruzamento mono-híbrido

O cruzamento feito por Mendel na etapa seguinte do experimento foi entre dois descendentes heterozigotos altos (Aa e Aa). Também é conhecido como **CRUZAMENTO MONO-HÍBRIDO**.

CRUZAMENTO MONO-HÍBRIDO
O acompanhamento de um único gene [Aa × Aa]

		GENITOR 2	
		A	a
GENITOR 1	A	AA	Aa
	a	Aa	aa

Este resultado explica por que 75% dos descendentes de segunda geração de Mendel eram altos e os outros 25% eram baixos. Três dos quatro retângulos contêm o traço dominante alto (AA, Aa, Aa), enquanto o retângulo restante contém o traço recessivo baixo (aa).

> Esses quadros de Punnett mostram apenas a probabilidade de cada resultado. Os quatro descendentes poderiam não ser exatamente três altos e um baixo, e sim dois altos e dois baixos ou mesmo quatro altos e nenhum baixo. Mas, quando o número de descendentes aumenta, a proporção tende a refletir a probabilidade. Sendo assim, plantas com 400 descendentes provavelmente teriam cerca de 300 descendentes altos e 100 baixos.

Quadros de Punnett di-híbridos

Os QUADROS DE PUNNETT DI-HÍBRIDOS examinam dois traços, o que significa rastrear dois genes, (AaBb × AaBb), por exemplo. Nesse caso, o quadro de Punnett conta com 16 retângulos, cada um representando uma probabilidade de 6,25% de o descendente ter esse genótipo.

		GENITOR 2			
		Alelo 1	Alelo 2	Alelo 3	Alelo 4
GENITOR 1	Alelo 1	6,25%	6,25%	6,25%	6,25%
	Alelo 2	6,25%	6,25%	6,25%	6,25%
	Alelo 3	6,25%	6,25%	6,25%	6,25%
	Alelo 4	6,25%	6,25%	6,25%	6,25%

Se Mendel tivesse testado tanto a altura como a cor das plantas em seus experimentos, os genitores homozigotos teriam um genótipo AAMM e aamm, em que M representa o alelo amarelo e m representa o alelo verde recessivo para a cor da ervilha. Portanto, AAMM, AAMm, AaMM e AaMm seriam os alelos para pés de ervilha altos e amarelos.

Nos quadros de Punnett di-híbridos, usamos combinações de alelos para os dois genitores. O MÉTODO PEIÚ cria as combinações usadas para simular os cruzamentos, que ficam listadas do lado e no alto do quadrado para cada genitor.

- Para o genitor AAMM:
  P: Usamos as primeiras letras de cada traço – AAMM (AM),
  E: Usamos as letras externas – AAMM (AM),
  I: Usamos as letras internas – AAMM (AM),
  Ú: Usamos as últimas letras de cada traço – AAMM (AM).

- Para o genitor aamm, fazemos a mesma coisa:
  P: Primeiras – aamm (am),
  E: Externas – aamm (am),
  I: Internas – aamm (am),
  Ú: Últimas – aamm (am).

		GENITOR 2			
		am	am	am	am
GENITOR 1	AM	AaMm	AaMm	AaMm	AaMm
	AM	AaMm	AaMm	AaMm	AaMm
	AM	AaMm	AaMm	AaMm	AaMm
	AM	AaMm	AaMm	AaMm	AaMm

O quadro mostra que existe uma probabilidade de 100% para alelos heterozigotos (AaMm).

Cruzamento di-híbrido

O cruzamento de descendentes dos genitores homozigotos é um **CRUZAMENTO DI-HÍBRIDO**, entre dois genes.

> **CRUZAMENTO DI-HÍBRIDO**
> O cruzamento de dois genes

Para determinar as combinações de alelos para esse cruzamento, usamos novamente o método PEIÚ.

- Para dois genitores AaMm:
  Primeiras – AaMm (AM),
  Externas – AaMm (Am),
  Internas – AaMm (aM),
  Últimas – AaMm (am).

		GENITOR 2			
		AM	Am	aM	am
GENITOR 1	AM	AAMM	AAMm	AaMM	AaMm
	Am	AAMm	AAmm	AaMm	Aamm
	aM	AaMM	AaMm	aaMM	aaMm
	am	AaMm	Aamm	aaMm	aamm

O resultado do cruzamento di-híbrido mostra que existe:

- uma probabilidade de 56,25% de que os descendentes sejam altos e amarelos
AAMM, AAMm, AaMM, AaMm, AAMm, AaMm, AaMM, AaMm, AaMm (6,25 × 9 = 56,25)

- uma probabilidade de 18,75% de que os descendentes sejam altos e verdes
AAmm, Aamm, Aamm (6,25 × 3 = 18,75)

- uma probabilidade de 18,75% de que os descendentes sejam baixos e amarelos
aaMM, aaMm, aaMm (6,25 × 3 = 18,75)

- uma probabilidade de 6,25% de que os descendentes sejam baixos e verdes
aamm (6,25 × 1)

VERIFIQUE SEUS CONHECIMENTOS

1. O que é a genética?

2. Qual foi a contribuição de Gregor Mendel para a genética?

3. O que são os genes?

4. Qual é a diferença entre traços dominantes e recessivos?

5. Como os traços recessivos são preservados de uma geração para outra?

6. O que é o genótipo de um organismo?

7. Qual é a diferença entre uma planta alta homozigoto e uma planta alta heterozigoto?

8. Para que serve o quadro de Punnett?

9. O que é um cruzamento mono-híbrido?

10. O que é um cruzamento di-híbrido?

RESPOSTAS 419

CONFIRA AS RESPOSTAS

1. É o estudo da hereditariedade.

2. Gregor Mendel descobriu como os genes são transferidos dos pais para os filhos.

3. Os genes são as unidades que contêm as informações hereditárias de um organismo.

4. Traços dominantes são os traços que são expressos nos heterozigotos e traços recessivos são os traços que não são expressos nos heterozigotos.

5. Os genes têm dois alelos. Se um deles é recessivo, é preservado, mesmo que não seja expresso, e pode ser passado para a geração seguinte.

6. O genótipo é a composição genética de um organismo.

7. A planta alta heterozigoto contém um alelo recessivo, enquanto a homozigoto não tem.

8. O quadro de Punnett ajuda a prever o genótipo e o fenótipo dos descendentes.

9. É o acompanhamento de uma única característica (um par de alelos).

10. É um cruzamento em que se observa a herança de duas características (ou dois pares de alelos).

Capítulo 45

DNA E RNA

O **DNA** (ácido desoxirribonucleico) é a molécula que contém todos os genes de um organismo, além das instruções para o seu crescimento e funcionamento. É uma sequência

> James Watson, Rosalind Franklin e Francis Crick identificaram a estrutura do DNA em 1953.

de nucleotídeos que formam duas fitas. Cada nucleotídeo é composto por uma base nitrogenada, um grupo fosfato e uma desoxirribose (um açúcar semelhante à ribose encontrada no ATP).

As fitas são unidas pelas **BASES NITROGENADAS** pareadas e unidas por ligações de hidrogênio.

> **BASE NITROGENADA**
> Uma das quatro unidades do DNA.

As duas fitas de DNA são ANTIPARALELAS. Isso significa que a cabeça de uma fita é sempre pareada com a cauda da outra fita. Juntas, adquirem um formato peculiar de dupla-hélice.

como uma escada de caracol

No DNA existem quatro bases nitrogenadas: ADENINA (A), TIMINA (T), GUANINA (G) e CITOSINA (C).

As fitas de DNA são complementares, ou seja, as bases se ligam em pares específicos: a adenina (A) se liga sempre à timina (T), e a citosina (C) à guanina (G). Essa sequência de pares de bases é a "linguagem" que informa à célula como construir um organismo.

No RNA (ácido ribonucleico), a timina (T) é substituída pela URACILA (U). Uma hélice contém uma sequência de bases nitrogenadas, enquanto a outra hélice possui as bases correspondentes, formando os **PARES DE BASES**:

> **PAR DE BASES**
> Bases que se ligam, como adenina e timina, e citosina e guanina.

- adenina-timina (A-T): duas ligações de hidrogênio entre cada par

- citosina-guanina (C-G): três ligações de hidrogênio entre cada par

As bases nitrogenadas que compõem os nucleotídeos no DNA e no RNA se dividem em PURINAS e PIRIMIDINAS. As purinas são maiores e incluem a adenina (A) e a guanina (G). Já as pirimidinas são menores e, no DNA, incluem a citosina (C) e a timina (T) – no RNA, a uracila (U) substitui a timina. As purinas sempre formam pares com as pirimidinas, pois seu tamanho e forma se encaixam perfeitamente, criando ligações de hidrogênio que mantêm as fitas de DNA unidas.

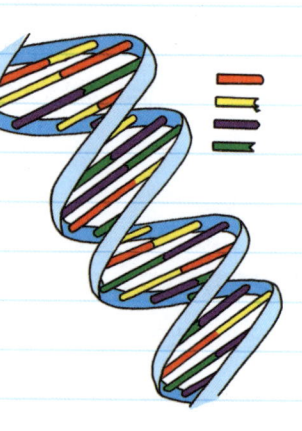

O mnemônico a seguir ajuda a memorizar o pareamento de bases:

Ana Tenta Conhecer Genética
(Adenina + Timina / Citosina + Guanina)

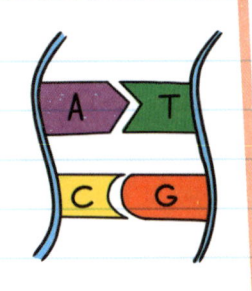

É COMO OLHAR NO ESPELHO.

NEM TANTO!

A ordem dos pares de bases torna o DNA de cada pessoa único. Mesmo gêmeos idênticos têm DNA diferente, embora muito parecido.

O DNA NA CÉLULA

Como armazena muitas informações, o DNA precisa ser comprimido em um formato que caiba dentro das células de um organismo. Ele fica armazenado no núcleo da célula, na forma de **CROMATINA**. A cromatina é feita de DNA enrolado em torno de proteínas chamadas HISTONAS. A cromatina se enrola inúmeras vezes nas histonas, formando NUCLEOSSOMOS e criando uma estrutura compacta que pode armazenar muitos metros de DNA em uma única fibra de cromatina.

CROMATINA
Estrutura feita de DNA e histonas.

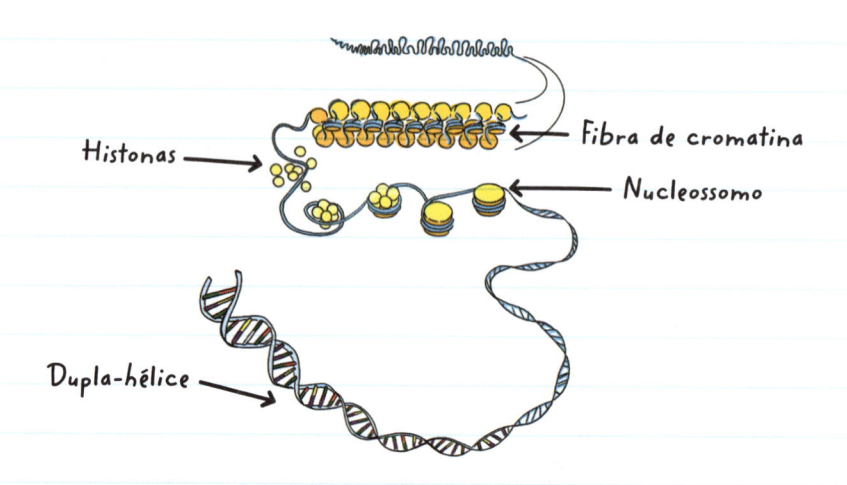

Histonas →
Fibra de cromatina
Nucleossomo
Dupla-hélice

O DNA tem dois metros de comprimento, mas a cromatina é tão compacta que o DNA de um organismo cabe no núcleo de uma célula.

> O **PROJETO GENOMA HUMANO** foi um projeto global para mapear o **genoma** humano, a coleção de todos os genes de um organismo. O estudo descobriu que o DNA humano contém cerca de 25 mil genes.

REPLICAÇÃO DO DNA

Quando uma célula se divide, cada célula-filha precisa ter o mesmo DNA da célula-mãe para funcionar adequadamente. Isso significa que o DNA deve ser copiado. Essa cópia é chamada de **REPLICAÇÃO DO DNA**.

REPLICAÇÃO DO DNA
O processo de copiar o DNA.

Durante a replicação do DNA, os pares de bases da dupla-hélice são separados e cada fita é copiada.

O processo de replicação do DNA tem quatro etapas:

1. O DNA é "aberto" por uma proteína chamada **HELICASE**, que separa as fitas da dupla-hélice. As fitas separadas assumem uma forma de Y chamada GARFO. Outra proteína, a **DNA POLIMERASE**, se liga às duas fitas separadas. A replicação começa nas duas fitas ao mesmo tempo.

HELICASE
Proteína que "abre" o DNA separando pares de ligações.

DNA POLIMERASE
Enzima que cria moléculas de DNA copiando informações genéticas.

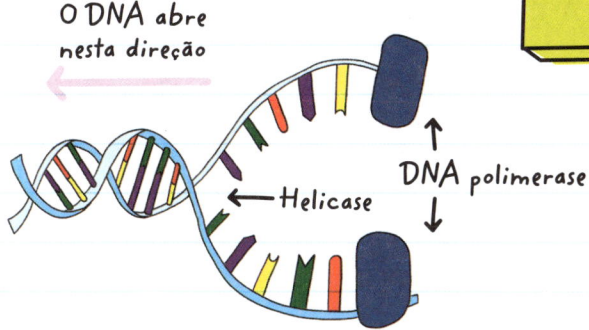

O DNA abre nesta direção
← Helicase
DNA polimerase

2. As duas fitas são replicadas em direções contrárias, mantendo a formação antiparalela do DNA. A primeira, a FITA LÍDER, é replicada na direção em que a abertura acontece. A segunda, a FITA ATRASADA, é replicada na direção contrária à abertura.

As fitas líder e atrasada são chamadas de "fitas molde" e servem de referência para o processo de cópia.

3. No caso da fita líder, outra proteína (PRIMASE) cria uma fita curta chamada iniciador, que se liga à fita líder. O iniciador é o ponto de partida para a replicação. A DNA polimerase se desloca continuamente, a partir da extremidade do iniciador, na direção em que o DNA está sendo aberto, criando uma nova fita que se liga à fita líder, formando pares de bases A-T e C-G.

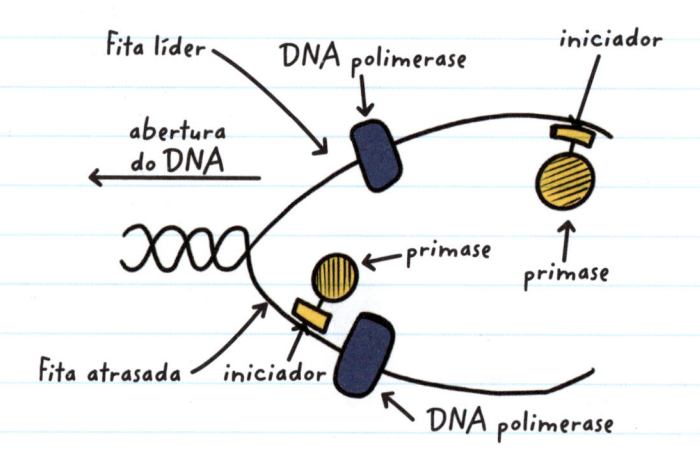

4. No caso da fita atrasada, os iniciadores se ligam em diferentes pontos e a DNA polimerase adiciona bases do mesmo modo que na fita líder. A polimerase se desloca na direção contrária àquela na qual a molécula de DNA está sendo aberta. Isso significa que:

- Novos iniciadores são adicionados enquanto a molécula é aberta, ao contrário da fita líder, que usa apenas um iniciador.

- A DNA polimerase precisa parar cada vez que atinge o começo de outro iniciador e se deslocar para a extremidade do seguinte.

A DNA polimerase lê a fita molde e adiciona a base complementar para criar um par de bases. Por exemplo: se ela tem uma base adenina (A), a polimerase adiciona uma base timina, criando um par de bases adenina-timina (A-T). Se a matriz tem uma base citosina (C), a polimerase adiciona uma base guanina (G), criando um par de bases citosina-guanina (C-G).

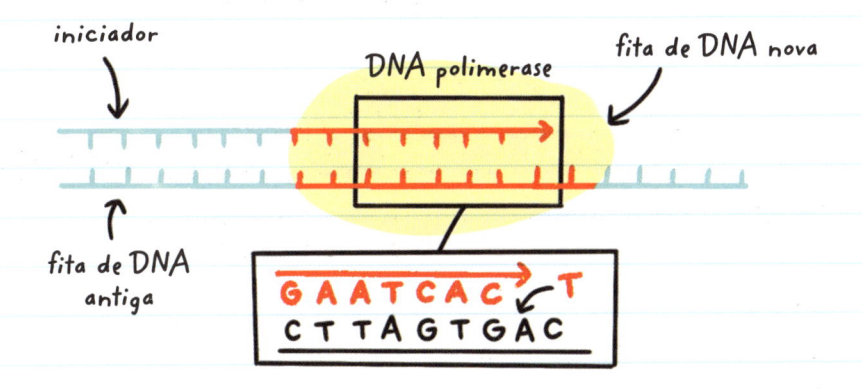

> A fita atrasada tem esse nome porque a polimerase precisa parar e reiniciar cada vez que um novo iniciador é adicionado, ao contrário do que acontece na fita líder, em que as bases são adicionadas continuamente.

iniciador

DNA polimerase

fita de DNA nova

fita de DNA antiga

G A A T C A C → T
C T T A G T G A C

> As bases feitas entre iniciadores sucessivos na fita atrasada são chamadas de **FRAGMENTOS DE OKAZAKI**, em homenagem a **REIJI OKAZAKI**, que, em 1968, descobriu as diferenças no modo como as duas fitas de DNA são replicadas.

5. Quando o DNA é totalmente replicado, tanto na fita líder quanto na fita atrasada, outra proteína, a **EXONUCLEASE**, remove os iniciadores originais, para que a DNA polimerase finalize a replicação da sequência completa. Com isso, formam-se duas fitas duplas de DNA.

6. No final da replicação, todas as bases estão pareadas, porém alguns nucleotídeos de uma mesma fita ainda não estão ligados entre si, tarefa que é cumprida por uma enzima chamada **DNA LIGASE**.

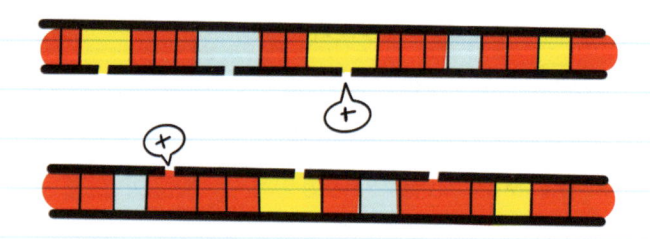

TRANSCRIÇÃO

As instruções do DNA precisam ser lidas e usadas pela célula. O primeiro passo desse processo é a **TRANSCRIÇÃO**, que acontece dentro do núcleo. Durante esse processo, as duas fitas de DNA são separadas pela helicase (como acontece na replicação do DNA), e uma enzima chamada **RNA POLIMERASE** se liga a uma das fitas e começa a lê-la. Essa fita é chamada de **FITA MOLDE**.

Quando a RNA polimerase lê a fita molde, constrói uma nova parecida com a fita de DNA que estava originalmente ligada à modelo. Essa fita nova é chamada de **MRNA**. Para ser eficaz, o RNA usa as mesmas bases que o DNA, com a exceção da timina (T), que é substituída pela uracila (U). As bases do RNA formam pares com a fita molde do mesmo modo que os pares de bases que ligam duas fitas de DNA.

> Pares de bases nas fitas de RNA: citosina e guanina (C-G) e uracila e adenina (U-A).

> Pense no RNA como uma cópia temporária do DNA que foi ligeiramente alterada e é lida pela célula.

RNA: U G G U A G U ← C
Fita molde: A C C A T C A G T C

> "Transcrever" significa escrever. A RNA polimerase "escreve" novas fitas de RNA com base no DNA.

Depois de criada, a fita de RNA se separa do DNA, e as duas fitas de DNA formam um par de novo. O RNA deixa o núcleo onde fica o DNA e é lido por um **RIBOSSOMO** para criar as proteínas de que a célula necessita para funcionar adequadamente. As proteínas são formadas por moléculas pequenas, chamadas AMINOÁCIDOS. No processo de TRADUÇÃO, o ribossomo lê a informação do RNA: cada trinca de nucleotídeos lida pelo ribossomo sinaliza um aminoácido que se ligará a uma sequência que originará a proteína desejada.

> **RIBOSSOMO**
> Estrutura da célula que lê o RNA e fabrica proteínas.

Mutações

Após a replicação, a célula verifica a ocorrência de qualquer problema e corrige erros grosseiros. Às vezes, porém, pequenos erros não são detectados e persistem. Quando resultam em uma mudança no código genético, esses erros são chamados de **MUTAÇÕES**.

> O câncer é uma doença causada por mutações nas células.

Se uma mutação passa despercebida, é possível que a célula com o novo DNA produza proteínas nocivas e cause doenças. Às vezes, porém, essas mutações são inofensivas e podem até ajudar um organismo a sobreviver melhor no seu ambiente.

TIPOS DE MUTAÇÃO

TIPO DE MUTAÇÃO	DESCRIÇÃO
MUTAÇÃO PONTUAL • silenciosa • missense • nonsense	■ Mutação pontual: alteração em um único par de nucleotídeos. • Mutação silenciosa: não altera o aminoácido sintetizado. • Mutação missense: altera o aminoácido sintetizado. • Mutação nonsense: impede que a síntese do aminoácido prossiga. **EXEMPLO:** SEQUÊNCIA ORIGINAL SEQUÊNCIA MUTADA *Está vendo o C (citosina) destacado? A substituição da timina por citosina é uma mutação pontual. A presença de citosina impedirá o pareamento correto.* Esse tipo de problema pode acontecer devido a erros na replicação do DNA ou na transcrição do RNA.
MUTAÇÃO POR DELEÇÃO OU INSERÇÃO	■ Mutações que resultam de uma deleção ou inserção de nucleotídeos à sequência. **EXEMPLO:** Esse tipo de mutação é mais drástico e danoso que as mutações pontuais.

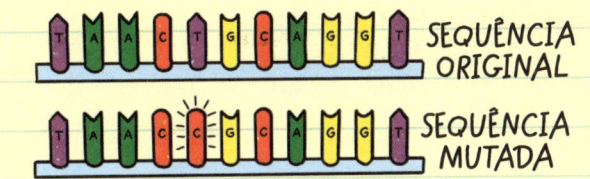

Também pode haver mutações que afetam grandes regiões da molécula de DNA. São as **MUTAÇÕES CROMOSSÔMICAS**, que resultam de mudanças na estrutura dos CROMOSSOMOS, que é a cromatina altamente compactada.

A cromatina forma cromossomos durante a divisão celular. Os cromossomos são tão compactados que só podem ser vistos por microscópio.

O cromossomo pode sofrer vários tipos de mudança estrutural:

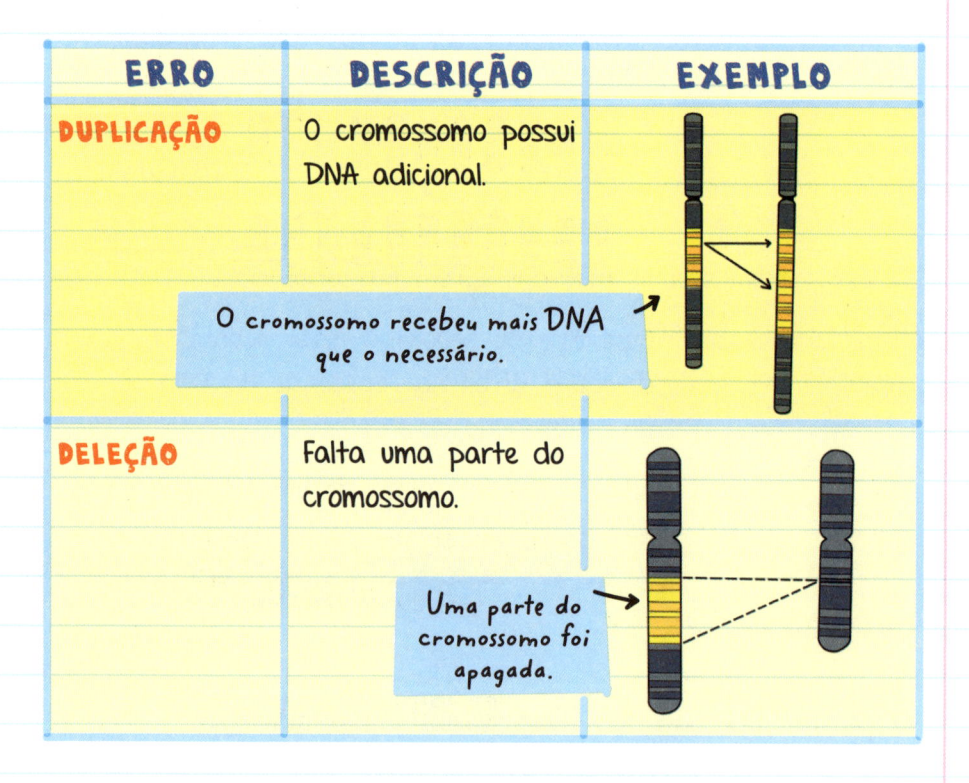

ERRO	DESCRIÇÃO	EXEMPLO
DUPLICAÇÃO	O cromossomo possui DNA adicional. *O cromossomo recebeu mais DNA que o necessário.*	
DELEÇÃO	Falta uma parte do cromossomo. *Uma parte do cromossomo foi apagada.*	

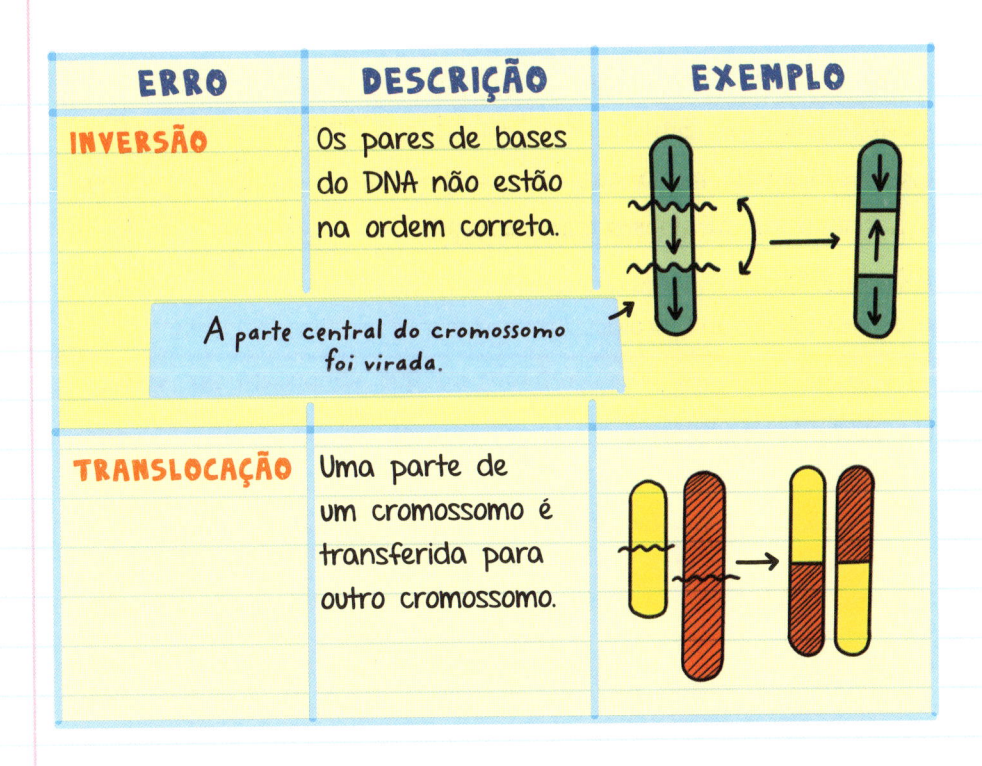

ERRO	DESCRIÇÃO	EXEMPLO
INVERSÃO	Os pares de bases do DNA não estão na ordem correta. *A parte central do cromossomo foi virada.*	
TRANSLOCAÇÃO	Uma parte de um cromossomo é transferida para outro cromossomo.	

Se esses cromossomos mutados forem passados para os descendentes, podem surgir DOENÇAS GENÉTICAS, aquelas causadas por problemas nos genes.

GENES LIGADOS AO SEXO

Dois dos 46 cromossomos humanos são CROMOSSOMOS DETERMINANTES DO SEXO. Os biólogos os chamam de **CROMOSSOMOS XY**.

As pessoas que têm dois cromossomos X pareados (XX) costumam desenvolver características femininas, enquanto as pessoas que têm um par XY costumam desenvolver características masculinas. Como todos os cromossomos, o par XY contêm informações sobre genes específicos. Entretanto, como os cromossomos XY afetam o sexo, os genes para os quais eles codificam informações são chamados de **GENES LIGADOS AO SEXO**. Quando esses genes sofrem mutações, ocorrem transtornos relacionados ao sexo.

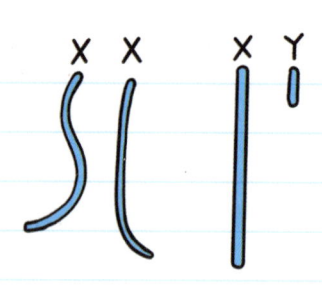

Exemplos de transtorno de genes ligados ao sexo:

TRANSTORNO	DESCRIÇÃO
CROMOSSOMO X	
Hemofilia	Incapacidade de coagulação sanguínea.
Distrofia muscular de Duchenne	Perda de células musculares devido à ausência de proteínas que ajudam a manter as células musculares intactas.
Deuteranopia	Também conhecida como daltonismo vermelho-verde, é a forma mais comum do transtorno.
CROMOSSOMO Y	
Microdeleção do cromossomo Y	Fecundidade ou contagem de espermatozoides reduzida.
Síndrome XYY	Alta estatura e dificuldade de aprendizagem.

> Como os cromossomos Y costumam estar presentes somente nos homens, só eles podem ter esses transtornos.

VERIFIQUE SEUS CONHECIMENTOS

1. O que é o DNA?

2. Que bases compõem o DNA?

3. Que proteínas fazem a compactação da cromatina?

4. Por que o DNA precisa ser copiado?

5. Qual é o papel de um iniciador?

6. Como a célula lida com as ausências de ligações entre os nucleotídeos que estão em uma mesma fita no final da replicação do DNA?

7. O que é RNA?

8. Que problemas as mutações podem causar?

9. O que são doenças genéticas?

10. Por que os genes codificados pelos cromossomos X e Y são chamados de "genes ligados ao sexo"?

RESPOSTAS 435

CONFIRA AS RESPOSTAS

1. O DNA (ou ácido desoxirribonucleico) armazena as instruções para o crescimento e o funcionamento de cada organismo.

2. Adenina, timina, guanina e citosina.

3. As histonas.

4. Para que células-filha recebam as mesmas informações genéticas (mesmo DNA) de sua célula-mãe e funcionem normalmente.

5. Um iniciador funciona como ponto de partida para a replicação do DNA nas duas fitas.

6. A célula usa DNA ligase para eliminar as lacunas.

7. O RNA é uma fita simples de código genético lida pela célula.

8. As mutações podem produzir proteínas nocivas e causar doenças.

9. São doenças causadas por problemas nos genes.

10. Porque o sexo de uma pessoa depende dos cromossomos X e Y.

Capítulo 46
ENGENHARIA GENÉTICA

Todo gene é usado para criar um produto dentro das células de um organismo. Essa **EXPRESSÃO GÊNICA** pode ser controlada com base nas necessidades do corpo e nas condições ambientais. A expressão gênica controla todas as reações químicas do corpo.

Quando nos alimentamos, por exemplo, a química do corpo começa imediatamente a mudar. A boca produz saliva, o estômago se agita e as células se preparam para receber nutrientes. Quando ficamos muito tempo sem comer, o corpo produz um sinal completamente diferente. Retemos mais água e começamos a queimar reservas de gordura, que se transformam nos açúcares de que o corpo precisa para gerar energia.

> **EXPRESSÃO GÊNICA**
> O uso de um gene para criar um produto pelo organismo, como uma proteína ou um mRNA.

ENGENHARIA GENÉTICA

Os biólogos podem usar processos biológicos ou químicos para alterar os genes de uma célula. Esse processo é chamado de

ENGENHARIA GENÉTICA. Por meio dela, os cientistas podem manipular o DNA para mudar o comportamento do organismo.

Com a engenharia genética, plantas e animais já foram alterados para
- resistir melhor às doenças;
- crescer mais depressa;
- ser mais nutritivos.

A engenharia de organismos para nossos propósitos pode melhorar a qualidade dos alimentos, mas, ao mesmo tempo, os organismos podem perder genes que os ajudam a viver em um dado ambiente. Se uma espécie morre devido à falta de genes adequados, sua ausência pode ter um grande impacto no ambiente.

Os cientistas formularam um conjunto de regras baseadas no que consideram correto para as pessoas, os animais e o ambiente, mas os avanços na engenharia genética levaram à criação de novas regras.

ORGANISMOS GENETICAMENTE MODIFICADOS (conhecidos também como TRANSGÊNICOS) são exemplos de plantas e animais criados por meio de engenharia genética. A maioria dos alimentos geneticamente modificados foi criada para tornar as plantas resistentes a doenças. O milho e a soja são exemplos de alimentos geneticamente modificados.

HUMM. ESTÁ CRESCENDO BEM.

A engenharia genética envolve várias técnicas praticadas por biólogos moleculares, como a remoção e a adição de fitas de DNA, que muitas vezes são criadas artificialmente por esses cientistas, que adicionam a ordem e o número desejados de pares de bases.

Para remover e adicionar DNA, são usadas ENZIMAS DE RESTRIÇÃO, proteínas especiais que cortam o DNA na extremidade de uma sequência e depois cortam o DNA da fita complementar na extremidade oposta da mesma sequência. As enzimas de restrição deixam para trás "extremidades pegajosas", extremidades do DNA em que alguns nucleotídeos não têm base complementar. Esses fragmentos de DNA podem facilmente se ligar a outras extremidades pegajosas.

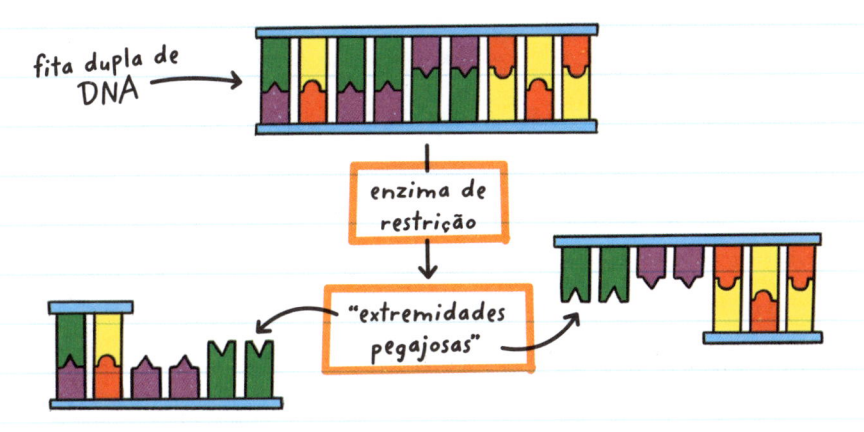

fita dupla de DNA

enzima de restrição

"extremidades pegajosas"

Transformação do DNA

Além de ter muitos cromossomos, um grande número de bactérias conta com moléculas circulares de DNA conhecidas como PLASMÍDEOS, que ficam flutuando livremente na célula. Os plasmídeos contêm genes que ajudam as bactérias a sobreviver. Ao contrário do DNA cromossômico, os plasmídeos podem se replicar mesmo que a bactéria não esteja se dividindo. Bactérias que não contêm plasmídeos têm menos probabilidade de sobreviver.

As bactérias podem perder plasmídeos quando se dividem. Isso ocorre porque os plasmídeos não são essenciais para a vida das bactérias, por isso elas não se esforçam para mantê-los. Mas as células bacterianas reconhecem a utilidade dos plasmídeos e têm capacidade de absorvê-los do ambiente, num processo chamado de **TRANSFORMAÇÃO**.

Os cientistas utilizam esse processo de transformação para fabricar plasmídeos que deem às bactérias características desejáveis e as estimulam a absorvê-los. Como as bactérias se dividem muito rápido, os cientistas obtêm milhões de bactérias com plasmídeos artificiais em um curto espaço de tempo.

Para aumentar as chances de as bactérias absorverem os plasmídeos, os cientistas induzem um **ESTADO DE COMPETÊNCIA** nas bactérias para torná-las temporariamente permeáveis ao DNA. Os plasmídeos costumam ser resistentes a antibióticos, então os cientistas podem eliminar as bactérias que não absorveram os plasmídeos usando antibióticos.

> **ESTADO DE COMPETÊNCIA**
> Estado no qual as bactérias têm mais probabilidade de absorver plasmídeos.

VERIFIQUE SEUS CONHECIMENTOS

1. O que é a expressão gênica?

2. O que é engenharia genética?

3. Como a engenharia genética ajudou plantas e animais?

4. Qual é o lado negativo da engenharia genética?

5. Que técnicas são usadas na engenharia genética?

6. Como funcionam as enzimas de restrição?

7. O que são plasmídeos?

8. Qual é a diferença entre plasmídeos e DNA cromossômico?

9. O que é a transformação?

10. O que os cientistas fazem para aumentar as chances de as bactérias absorverem os plasmídeos?

CONFIRA AS RESPOSTAS

1. É o uso de um gene para criar um produto pelo organismo, como uma proteína ou um mRNA.

2. É o processo de manipulação de DNA para alterar os comportamentos de um organismo.

3. A engenharia genética ajudou plantas e animais a ser mais resistentes a doenças e a crescer mais depressa.

4. A engenharia genética pode afetar de forma negativa a sobrevivência de um organismo no ambiente em que vive.

5. A engenharia genética utiliza várias técnicas praticadas por biólogos moleculares, como a remoção e a adição de fitas de DNA.

6. As enzimas de restrição cortam fitas de DNA em lugares específicos, deixando para trás "extremidades pegajosas" que podem se ligar, alterando a sequência de nucleotídeos.

7. São moléculas circulares de DNA cujos genes ajudam as bactérias a permanecerem vivas.

8. Os plasmídeos podem se replicar mesmo que a bactéria não esteja se dividindo.

9. É o processo no qual as bactérias absorvem plasmídeos do ambiente.

10. Os cientistas alteram as bactérias para induzi-las a um estado de competência.

Unidade 11

A vida na Terra

Capítulo 47
EVOLUÇÃO

A TEORIA DA EVOLUÇÃO

A **EVOLUÇÃO** é a mudança e o desenvolvimento dos traços hereditários de uma espécie ao longo de muitas gerações. É responsável pelo surgimento de muitas espécies na Terra.

> **EVOLUÇÃO**
> Mudanças e desenvolvimento de traços hereditários de uma espécie ao longo do tempo.

A evolução é influenciada principalmente pelo ambiente, que muda com o passar do tempo. Por exemplo: se fica mais quente, os organismos que não conseguem sobreviver a temperaturas mais altas precisarão sair dali para não morrer.

Essas mudanças acontecem por meio de mutações, mudanças genéticas aleatórias. Nem todas as mutações são benéficas; somente as que resultam em traços positivos para os descendentes podem levar à evolução. Esses descendentes

EVOLUÍRAM, ou seja, são geneticamente diferentes dos genitores, embora continuem sendo parentes próximos.

> Os seres humanos criaram raças por meio de um processo chamado *reprodução seletiva*, no qual duas raças são cruzadas para produzir uma terceira, com traços mais desejáveis.
>
> Labrador + Poodle = Labradoodle

EVIDÊNCIAS DA EVOLUÇÃO: INDÍCIOS ESTRUTURAIS

Os cientistas levaram muito tempo para entender a evolução porque as evidências são difíceis de encontrar e exigem o estudo de diferentes espécies. Por exemplo: os animais têm estruturas corporais que executam funções parecidas (o modo como as asas de um pássaro o impulsionam no ar é semelhante ao modo como as nadadeiras de um peixe o impulsionam na água; as patas de um cachorro se parecem com as patas de um gato). Essas semelhanças, consideradas exemplos da evolução, são chamadas de **ESTRUTURAS HOMÓLOGAS**.

Exemplos da evolução também podem vir de ==ESTRUTURAS VESTIGIAIS==. Nos seres humanos, o cóccix é uma estrutura vestigial; não temos cauda, mas o osso que controlaria uma cauda continua presente.

> **ESTRUTURA VESTIGIAL**
> Uma estrutura que não realiza nenhuma função em um organismo.

remanescente

Estruturas homólogas: estruturas corporais semelhantes e com a mesma origem, herdadas de um ancestral comum.

Estruturas análogas: estruturas corporais semelhantes, mas que surgiram independentemente em duas espécies diferentes e não foram herdadas de um ancestral comum.

NÃO SE PREOCUPE, SEU CÓCCIX NÃO APARECE.

Embriologia

Uma área que forneceu aos cientistas evidências da evolução foi a ==EMBRIOLOGIA==. A embriologia estuda os embriões, organismos que estão nas primeiras etapas do desenvolvimento. Observando embriões de várias espécies, os cientistas perceberam que muitas espécies têm características semelhantes em seu desenvolvimento inicial.

As semelhanças entre os embriões ajudaram os cientistas a criar a teoria de um ==ANCESTRAL COMUM==. Um ancestral comum demonstra que nenhum organismo é completamente diferente de outro, o que é um fator importante no estudo da evolução.

> **ANCESTRAL COMUM**
> Um organismo antigo que é ancestral de dois ou mais organismos que vivem atualmente.

Semelhanças embrionárias:

EMBRIÕES DE

SALAMANDRA   GALINHA   VACA   SER HUMANO

PEIXE   TARTARUGA   PORCO   COELHO

Fósseis

Os **FÓSSEIS** são a evidência mais conhecida da evolução. Fósseis são impressões ou restos preservados de organismos pré-históricos. Os fósseis preservam a estrutura de um organismo, dando aos cientistas uma boa ideia de como era o aspecto de certos organismos que viveram no passado remoto. Também oferecem um meio de comparar espécies semelhantes do passado e observar se as semelhanças se mantiveram, diminuíram ou aumentaram nas espécies atuais.

Os fósseis se formaram ao longo de milhões de anos, quando rochas, lama e água cobriram os restos de animais mortos e endureceram. Com o tempo, esses restos foram enterrados cada vez mais fundo, à medida que sedimentos, sujeira e lama se depositavam. Quando os organismos se decompõem, deixam para trás seus vestígios, ossos ou impressões. Uma porcentagem mínima de organismos se fossiliza. Em geral, outros organismos consomem ou decompõem o corpo de um organismo morto, devolvendo seus nutrientes ao solo. Quando um organismo é enterrado rapidamente ou tem partes duras como ossos, dentes ou conchas, é mais provável que seja preservado. Os cientistas dispõem de recursos que lhes permitem não só determinar a idade dos fósseis, mas também seu parentesco com organismos que existem hoje.

Vários modos de fossilização dos organismos

RESTOS ORIGINAIS	Os animais ficam presos em alcatrão, gelo ou **ÂMBAR** (uma resina de árvore endurecida) e morrem. Seus corpos, ou partes deles, permanecem intactos.	
VESTÍGIOS FÓSSEIS	Os animais pisam na lama ou no alcatrão. Quando a água evapora, a pegada se solidifica na pedra.	
SUBSTITUIÇÃO POR MINERAIS	Os minerais dos ossos, dos dentes ou das conchas têm pequenas bolsas de ar. Quando os animais são enterrados, os minerais do solo ocupam as bolsas de ar e transformam as partes do animal em pedra.	

PELÍCULAS DE CARBONO

Um organismo é prensado por camadas duras de sedimentos ao longo de milhões de anos e aquecido pelas camadas profundas da Terra. O organismo perde todos os líquidos e gases do corpo em decomposição e deixa para trás uma película de carbono, o elemento mais presente na parte sólida do corpo de um organismo.

MOLDES E CONTRAMOLDES

Ao longo do tempo, o organismo é prensado na terra e começa a se dissolver. A lama e o sedimento endurecem em volta do corpo em decomposição. O espaço deixado na pedra é uma impressão do organismo, chamada de **MOLDE**. Se a lama e os minerais ocupam esse espaço e se solidificam, formam um **CONTRAMOLDE**.

Às vezes, os restos são submetidos a tanta pressão e tanto calor que o resíduo não oferece informações da espécie de onde veio e é apenas puro carbono líquido ou sólido. É o que chamamos de COMBUSTÍVEL FÓSSIL. Usamos a energia dos restos para fazer muitos tipos de máquina funcionarem. O carvão e o gás natural são exemplos de combustíveis fósseis.

TEORIAS EVOLUTIVAS PRÉ-DARWINIANAS

CHARLES DARWIN é conhecido pela teoria evolutiva que conhecemos hoje, mas outros cientistas que viveram antes dele estudaram a evolução. Alguns chegaram a usar a formação de fósseis para embasar suas teorias.

PESSOA	DESCRIÇÃO
Carlos Lineu (Início do século XVIII)	● O biólogo que criou o sistema de classificação de organismos que usamos hoje. ● Acreditava que a criação de novas espécies era possível.
Conde de Buffon (Meados do século XVIII)	● Matemático que acreditava que seres vivos mudam devido ao ambiente e a fatores aleatórios. ● Sugeriu que o ser humano e os macacos eram parentes.
Erasmus Darwin (Final do século XVIII)	● Avô de Charles Darwin e poeta. ● Foi o primeiro a acreditar que a evolução acontece e aconteceu antes de o ser humano estar no planeta, mas não foi capaz de explicar como ocorreu.
Barão Georges Cuvier (Final do século XVIII)	● Historiador natural que observou que os ossos de animais fossilizados eram muito diferentes dos ossos dos animais modernos. ● Estudando restos de elefantes, ele percebeu que uma espécie antiga do animal era completamente diferente dos elefantes modernos e concluiu que as espécies novas tinham se adaptado a mudanças ocorridas na Terra.

PESSOA	DESCRIÇÃO
Jean-Baptiste de Monet de Lamarck (Início do século XIX)	• Botânico e aluno do conde de Buffon. • Estudou vários animais e observou suas semelhanças, o que o levou a acreditar que as espécies que existiam no passado não eram as espécies que iriam existir no futuro. • Primeiro a associar a capacidade dos animais de se adaptar a mudanças e às modificações que poderiam acontecer em seus corpos. • Acreditava que organismos simples se tornavam mais complexos à medida que se adaptavam ao ambiente. • Para provar sua teoria, afirmou que o pescoço da girafa tinha ficado mais comprido porque ela precisava usá-lo para se alimentar em galhos cada vez mais altos. Com isso, ao longo de várias gerações, os descendentes ficariam com pescoços cada vez mais longos.

A TEORIA DA EVOLUÇÃO DE DARWIN

Em 1859, CHARLES DARWIN formulou sua teoria da evolução com base nas teorias dos seus predecessores. Antes dele, os cientistas não foram capazes de confirmar suas teorias estudando espécies vivas. Charles Darwin foi o primeiro a conseguir fazer isso durante uma viagem às Ilhas Galápagos em 1835.

Quando Darwin estudou os animais de Galápagos, deparou-se com vários tipos de tentilhão, uma ave pequena. Os tentilhões têm diferentes formatos de bico, cada um apropriado para certos tipos de alimento. Um tentilhão que se alimenta de insetos, por exemplo, tem um bico fino e comprido capaz de alcançar espaços pequenos nas árvores ou no solo, onde os insetos vivem, enquanto outro tipo de tentilhão tem um bico largo para esmagar sementes. Darwin concluiu que as diferentes necessidades ambientais desses tentilhões haviam exercido uma PRESSÃO EVOLUTIVA para que evoluíssem a partir de um ancestral comum.

Darwin seguiu esse raciocínio e criou a teoria da **SELEÇÃO NATURAL**, segundo a qual espécies mais bem adaptadas ao ambiente passam seus traços para os descendentes. Por sua vez, as espécies que não se adaptam não sobrevivem por muito tempo.

> **SELEÇÃO NATURAL**
> Processo em que organismos nascidos com traços físicos bem adaptados ao ambiente sobrevivem e passam seus traços aos descendentes.

Antes da viagem a Galápagos, Darwin estudou fósseis e constatou que muitas espécies tinham sido extintas por causa de mudanças no clima ou do surgimento de novos predadores. Seus estudos confirmaram que animais que não se adaptavam ao ambiente eram extintos.

> A expressão "sobrevivência do mais apto", que costuma ser usada para explicar a seleção natural, não é de Charles Darwin. Foi dita originalmente pelo sociólogo e filósofo **HERBERT SPENCER**, após ler a obra de Darwin.

Pontos principais da seleção natural

- Organismos da mesma espécie têm traços diferentes.

- Organismos competem entre si pela sobrevivência.

- Indivíduos com traços que os ajudam a sobreviver se reproduzem com mais sucesso e passam esses traços aos descendentes.

- Com o tempo, organismos com novos traços podem se tornar outra espécie.

Quando uma espécie não está adaptada ao ambiente, seja porque o ambiente mudou ou porque a competição pela sobrevivência aumentou, ela pode ser **EXTINTA**, com a morte de todos os membros da espécie.

EXTINTO? JAMAIS!

Um dos mecanismos mais importantes que podem levar a diferentes traços nos indivíduos da mesma espécie são mutações, ou mudanças genéticas aleatórias. Às vezes, elas não trazem nenhum benefício e mal podem ser percebidas, mas, quando a mutação leva a uma mudança positiva, pode aumentar a capacidade de sobrevivência de um organismo.

Um exemplo de mutação é a **CAMUFLAGEM**, adaptação física na qual o organismo se assemelha ao ambiente. As asas, as penas, as folhas, o pelo ou o cabelo podem contribuir para a camuflagem. Um organismo sem essa habilidade pode ser visto mais facilmente, o que dificulta a fuga de predadores ou a captura de presas.

A EVOLUÇÃO DOS PRIMATAS

Os primatas são um grupo de mamíferos do qual fazem parte os símios e os lêmures. Os seres humanos são muito mais numerosos que os outros membros do grupo. Os primatas compartilharam características que os diferenciam de outros mamíferos, o que sugere que têm um ancestral comum. As principais características dos primatas são:

- polegares opositores, que permitem segurar objetos

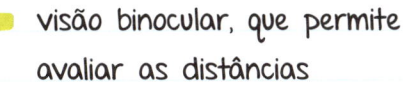

- visão binocular, que permite avaliar as distâncias

- ombros com movimento giratório, que permitem levantar os braços acima da cabeça

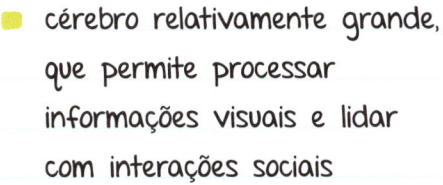

- cérebro relativamente grande, que permite processar informações visuais e lidar com interações sociais

OI, GENTE!

> Quando mutações acontecem no óvulo ou no espermatozoide, elas podem ser passadas para os descendentes. Um indivíduo que nasce com um novo traço – produto de uma mutação que lhe proporciona uma camuflagem –, pode estar mais preparado para a sobrevivência e, portanto, deixar mais descendentes. Isso leva a uma situação na qual animais que não têm camuflagem são substituídos por animais que têm, por exemplo.

Cerca de 6 milhões de anos atrás, surgiram primatas semelhantes aos seres humanos que andavam sobre duas pernas, chamados HOMINÍDEOS. Um dos fósseis de hominídeo mais antigos, apelidado de Lucy, foi descoberto na África. Os fósseis de hominídeos de 1,5 a 2 milhões de anos atrás já exibem características mais humanas.

Os seres humanos atuais pertencem à espécie *Homo sapiens sapiens*. É a única espécie de hominídeo que ainda não está extinta. Os primeiros humanos modernos, chamados de "Cro-Magnons", viveram no fim da última era do gelo (entre 40 mil e 100 mil anos atrás) e coexistiram com os neandertais por cerca de 10 mil anos. Os neandertais eram baixinhos e pesados, com uma protuberância acima dos olhos e queixo pequeno. Moravam em cavernas, fabricavam ferramentas e caçavam animais.

Quando os primeiros seres humanos deixaram a África, interagiram e cruzaram com os neandertais, que viviam na Europa e na Ásia.

VERIFIQUE SEUS CONHECIMENTOS

1. O que é a evolução?

2. O que são os fósseis?

3. Cite seis tipos de fóssil.

4. Qual cientista foi um dos primeiros a acreditar que o ser humano e o macaco eram parentes?

5. Quem foi o primeiro cientista a acreditar na evolução?

6. Quando os cientistas consideraram pela primeira vez que adaptações a um ambiente poderiam ter um impacto no corpo de um organismo?

7. Onde Charles Darwin confirmou sua teoria da evolução?

8. O que causou a evolução dos tentilhões?

9. O que é a seleção natural?

10. Que evidência ajudou Darwin a confirmar que os organismos que não eram capazes de se adaptar ao ambiente não sobreviveriam?

RESPOSTAS 459

CONFIRA AS RESPOSTAS

1. A mudança nos traços de uma espécie que ocorre ao longo de várias gerações.

2. Os fósseis são impressões ou restos de organismos pré-históricos que preservam a estrutura de um organismo.

3. Restos originais, vestígios fósseis, substituição por minerais, películas de carbono, moldes e contramoldes.

4. O conde de Buffon.

5. Erasmus Darwin.

6. Em meados do século XVIII.

7. Nas Ilhas Galápagos.

8. As diferentes necessidades ambientais da espécie de ave.

9. Seleção natural é o processo no qual organismos com traços físicos bem adaptados ao ambiente sobrevivem e passam seus traços aos descendentes.

10. Os fósseis.

Capítulo 48
A HISTÓRIA DA VIDA

O *Homo sapiens* surgiu a partir de mamíferos ancestrais há cerca de 300 mil anos. Nessa época, a Terra tinha 4,5 bilhões de anos e havia abrigado muito mais espécies que as existentes hoje. Essa informação vem da presença de fósseis em várias camadas do **MANTO** terrestre.

MANTO
Região entre a crosta e o núcleo.

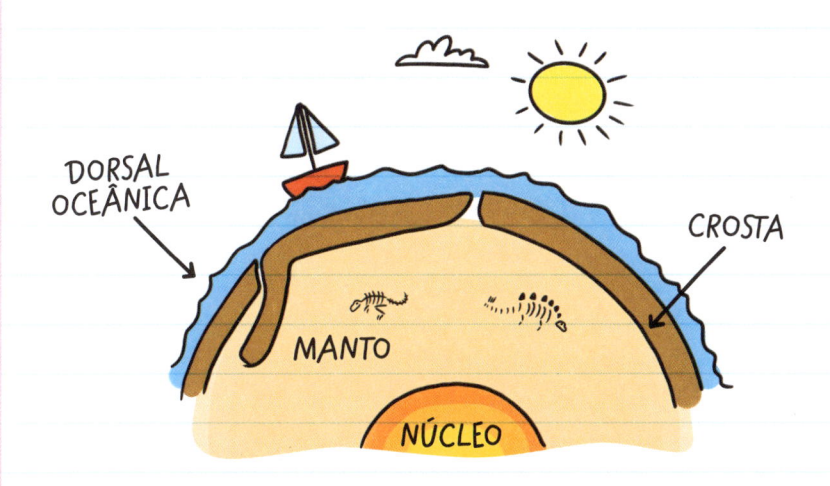

DORSAL OCEÂNICA

CROSTA

MANTO

NÚCLEO

ESCALA DE TEMPO GEOLÓGICO

Muitos fósseis estão enterrados na mesma camada da crosta terrestre, o que significa que os organismos podem ter vivido no mesmo período. Uma ESCALA DE TEMPO GEOLÓGICO foi criada para organizar os fósseis e dar aos cientistas um meio de estudar períodos específicos.

> *Geologia* vem do grego *geo*, que significa "terra", e do sufixo grego *-logia*, que significa "estudo de". A geologia é o estudo da Terra, e a escala de tempo geológico é o estudo da Terra com base no tempo.

A escala de tempo geológico é um meio de os cientistas datarem os fósseis de acordo com a camada em que foram encontrados. Cada período corresponde a um evento importante, como a separação dos continentes, grandes mudanças climáticas ou o surgimento de novos organismos.

A escala de tempo geológico é dividida em várias categorias, com base no nível de conhecimento dos cientistas a respeito de determinada época.

A subdivisão mais longa é o ÉON. Existem quatro éons: HADEANO, ARQUEANO, PROTEROZOICO e FANEROZOICO.

Os éons são divididos em ERAS menores, que são divididas em PERÍODOS ainda menores. Na era Cenozoica, a mais recente, os períodos são divididos ainda mais, em ÉPOCAS, devido à grande quantidade de evidências fósseis que encontramos de organismos desses períodos.

ESCALA DE TEMPO GEOLÓGICO	
ÉON	ERA
Hadeano	
Arqueano	Eoarqueano
	Paleoarqueano
	Mesoarqueano
	Neoarqueano
Proterozoico	Paleoproterozoica
	Mesoproterozoica
	Neoproterozoica

ÉON	ERA	PERÍODOS
Fanerozoico	Paleozoica	Cambriano
		Ordoviciano
		Siluriano
		Devoniano
		Carbonífero
		Permiano
	Mesozoica	Triássico
		Jurássico
		Cretáceo
	Cenozoica	Paleogeno
		Neogeno
		Quaternário

Use esses mnemônicos para se lembrar da ordem dos éons:

Heroico **A**nimal **P**rotege **F**ernando

Humildes **A**belhas **P**olinizam **F**lores

(**H**adeano, **A**rqueano, **P**roterozoico, **F**anerozoico)

ÉON HADEANO: (Duração: 600 milhões de anos)
4,6 bilhões de anos atrás a 4 bilhões de anos atrás.

No ÉON HADEANO, a Terra estava repleta de lava fundida. Acredita-se que toda a água do planeta teria evaporado devido ao calor intenso.

O Hadeano é considerado um éon informal, usado originalmente para explicar o período entre a formação da Terra e as primeiras rochas conhecidas. Seu nome é uma homenagem ao deus grego do mundo subterrâneo, Hades.

ÉON ARQUEANO: (Duração: 1,5 bilhão de anos)
4 bilhões de anos atrás até 2,5 bilhões de anos atrás

Eras: Eoarqueano, Paleoarqueano, Mesoarqueano, Neoarqueano

O ÉON ARQUEANO é marcado pelo resfriamento da Terra, que permitiu a formação de continentes e oceanos. Milhões de anos após o surgimento dos oceanos, os primeiros **MICRÓBIOS**, organismos unicelulares microscópicos, começaram a aparecer.

ÉON PROTEROZOICO: (Duração: 2 bilhões de anos)
2,5 bilhões de anos atrás até 500 milhões de anos atrás

Eras: Paleoproterozoica, Mesoproterozoica, Neoproterozoica

O ÉON PROTEROZOICO é marcado pelo surgimento de formas de vida eucariontes complexas, o que foi possibilitado pelo acúmulo de oxigênio na atmosfera. As células eucariontes têm estruturas celulares especializadas que são limitadas por membranas.

A partir desses micróbios eucariontes, surgiram organismos pluricelulares, como as algas e organismos do Reino Protista.

ÉON FANEROZOICO: (Duração: 500 milhões de anos até o momento)

Eras: Paleozoica, Mesozoica, Cenozoica

Os primeiros organismos complexos começaram a surgir durante o ÉON FANEROZOICO. A maioria dos organismos fossilizados encontrados hoje é desse período.

ERA PALEOZOICA

O início da vida nos oceanos como conhecemos. Os descendentes dessas espécies sobrevivem até hoje. Durante essa era, começou a transição da vida dos oceanos para terra firme com invertebrados simples, como vermes, e vertebrados mais complexos, como anfíbios.

- Período Cambriano

  O período Cambriano foi um divisor de águas na evolução, num evento conhecido como Explosão Cambriana, no qual surgiu um número de organismos maior do que em qualquer outro período da história da Terra. Foi nesse período que surgiram invertebrados como esponjas, medusas e vermes.

- Período Ordoviciano

  Surgiram invertebrados e os primeiros vertebrados, como os peixes sem mandíbula.

- Período Siluriano

  Surgiram os peixes com mandíbula e os vertebrados com pulmões primitivos. Surgiram também as primeiras plantas terrestres.

- Período Devoniano
  Surgiram os primeiros anfíbios e grandes florestas.

- Período Carbonífero
  Anfíbios e florestas tomaram conta da terra firme. Surgiram insetos e os primeiros répteis.

- Período Permiano
  Insetos e répteis começaram a se espalhar pela terra firme.

ERA MESOZOICA

A era Mesozoica também é conhecida como a ERA DOS DINOSSAUROS, os répteis que dominaram a terra firme. Os maiores e mais perigosos predadores do planeta dessa era impediram a proliferação de outras formas de vida, como os anfíbios e os mamíferos.

- Período Triássico
  Surgiram os primeiros dinossauros e mamíferos.

- Período Jurássico
  Os dinossauros dominaram a terra firme.

  Os mamíferos primitivos capazes de se esconder ou se enterrar sobreviveram.

- Período Cretáceo
    Os dinossauros continuaram dominando a terra firme.

    Angiospermas, gimnospermas e coníferas começaram a germinar.

Meteoros colidiram com a Terra, lançando poeira na atmosfera e bloqueando a luz solar. Isso mudou o clima do planeta, matando primeiro as plantas e em seguida os animais que se alimentavam delas. Os dinossauros acabaram morrendo também pela falta de alimento.

ERA CENOZOICA

A era Cenozoica é a era mais moderna, que começou após a extinção em massa de várias espécies 65 milhões de anos atrás. Os mamíferos sobreviveram porque os dinossauros tinham morrido. A era Cenozoica é conhecida como a ERA DOS MAMÍFEROS E DAS AVES.

- Períodos Paleogeno e Neogeno
    Marcados por uma grande mudança no clima. Geleiras no hemisfério norte começaram a se formar e grandes massas terrestres se separaram.

    Todas as épocas desses períodos são definidas pela evolução dos mamíferos sobreviventes em primatas e pela transformação dos primatas nos primeiros humanos.

- Período Quaternário

    O período Quaternário é marcado por eras do gelo (períodos de resfriamento) alternadas com períodos de aquecimento. Esses ciclos mudaram as formas de vida no planeta.

    A humanidade domina esse período. Os primeiros humanos apareceram há 2,8 milhões de anos e o *Homo sapiens* (como nós) apareceu há 300 mil anos.

AS ORIGENS DA VIDA

Os cientistas ainda debatem como a vida surgiu. Todos veem a célula, a estrutura que todos os seres vivos possuem, como uma peça-chave da origem da vida. As células são estruturas orgânicas, o que significa que são compostas principalmente do elemento carbono. Assim, a maioria das hipóteses para o surgimento da vida começa com o carbono.

O experimento de Miller-Urey

A hipótese mais conhecida é que as primeiras moléculas orgânicas vieram de uma mistura de gases na atmosfera primitiva da Terra com energia na forma de calor e raios.

Em 1952, STANLEY MILLER e HAROLD UREY tentaram recriar as condições primitivas da Terra usando vapor d'água, metano, amônia e hidrogênio para representar a atmosfera e descargas elétricas para representar relâmpagos.

Após expor os gases à energia (calor e relâmpagos), os cientistas os resfriaram, fazendo os gases se condensarem em um líquido que pudessem observar. <u>O resultado do experimento de Miller-Urey foi a presença de água e vários aminoácidos orgânicos básicos</u>, incluindo alguns necessários para a existência de vida hoje. Isso apoiou a teoria de que as primeiras formas de vida apareceram natural e espontaneamente como resultado de reações químicas e das condições da atmosfera primitiva da Terra.

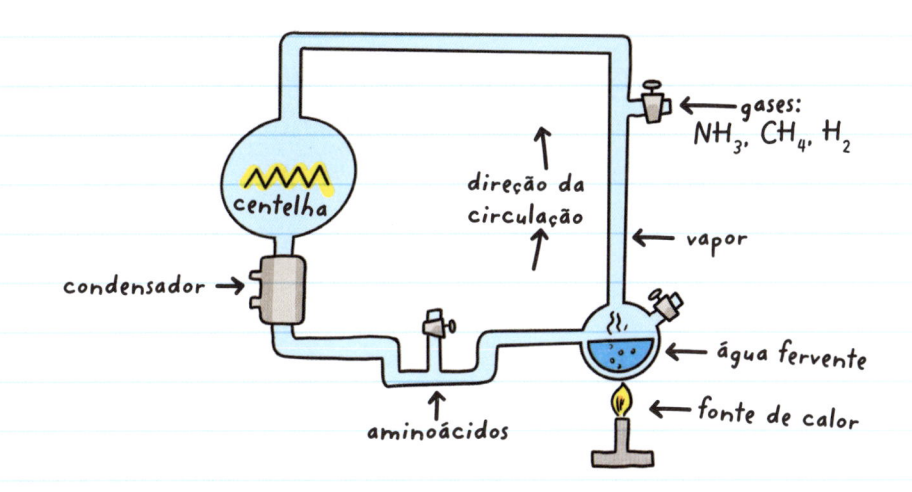

gases: NH_3, CH_4, H_2
centelha
direção da circulação
vapor
condensador
água fervente
fonte de calor
aminoácidos

PROTOCÉLULAS

Mesmo que as moléculas orgânicas pudessem se formar espontaneamente, como no experimento de Miller-Urey, elas teriam que se organizar na forma de uma célula procarionte. A teoria da PROTOCÉLULA trata dessa questão. Uma protocélula é um conjunto de compostos orgânicos envolvidos por uma membrana lipídica. Poderia ser, por exemplo, uma gota de óleo com moléculas de água, carbono, sódio e potássio. Embora essa hipótese faça sentido, os cientistas não sabem como as primeiras protocélulas se formaram e se tornaram células procariontes.

O mundo do RNA

Outra hipótese é a de que a vida se baseia na criação de moléculas orgânicas capazes de guardar informações, como o DNA e o RNA. O RNA é considerado mais simples que o DNA porque é uma molécula de fita única, enquanto o DNA é uma molécula de fita dupla. Com sua capacidade de armazenar informações genéticas, a estrutura mais simples do RNA leva cientistas a considerar a teoria de que a vida começou com o RNA. Entretanto, ao contrário do experimento de Miller-Urey, isso não pode ser testado.

VERIFIQUE SEUS CONHECIMENTOS

1. Quais são as evidências físicas que nos ajudam a entender as espécies antigas que habitaram a Terra?

2. O que os cientistas usam para organizar os fósseis e estudar períodos de tempo?

3. Por que se acredita que não havia água durante o éon Hadeano?

4. O que os cientistas acreditam ter causado o surgimento dos organismos eucariontes?

5. Em que era os organismos começaram a migrar dos oceanos para terra firme?

6. Que período marcou o fim da Era dos Dinossauros?

7. Quando começaram as eras do gelo na Terra?

8. Por que a era Mesozoica é conhecida como a Era dos Dinossauros?

9. Por que os dinossauros foram extintos?

10. O que inspirou Miller e Urey a usar as substâncias que eles usaram em seu experimento?

RESPOSTAS

CONFIRA AS RESPOSTAS

1. Os fósseis.

2. A escala de tempo geológico.

3. Porque durante o éon Hadeano as temperaturas foram muito altas e a água teria evaporado.

4. O acúmulo de oxigênio na atmosfera.

5. Na era Paleozoica.

6. O período Cretáceo.

7. No período Quaternário.

8. Porque os dinossauros eram grandes predadores e somente alguns mamíferos sobreviveram.

9. Quando o clima terrestre mudou, quase todas as plantas morreram. Isso fez com que os dinossauros morressem de fome.

10. As substâncias que eles usaram eram as que estavam presentes na atmosfera primitiva da Terra.

Unidade 12

Ecossistemas e habitats

Capítulo 49

O ECOSSISTEMA

FATORES BIÓTICOS E ABIÓTICOS

A **ECOLOGIA** é o estudo da interação dos organismos com o ambiente. Os ecologistas chamam essa interação de **ECOSSISTEMA**. Eles estudam as populações das várias espécies e as **COMUNIDADES** dessas espécies dentro de um ecossistema.

> biólogos que estudam ecologia

> **COMUNIDADE**
> Grupo de espécies diferentes que ocupam o mesmo ambiente.

Um ecossistema contém:

- fatores bióticos: todos os organismos vivos do ambiente
- fatores abióticos: todos os componentes não vivos do ambiente

Fatores bióticos às vezes criam fatores abióticos, que nutrem os organismos do ecossistema. As plantas e os animais mortos, por exemplo, são decompostos em materiais orgânicos básicos que se tornam parte do solo. As plantas precisam desse material orgânico para sobreviver.

FATORES	EXEMPLOS	
Abióticos	Ar	Luz
	Água	Solo
	Temperatura	
Bióticos	Bactérias	
	Protistas e cromistas	
	Fungos	
	Plantas	
	Animais	

CLIMA

O **CLIMA** é a combinação de condições atmosféricas a que um ambiente está sujeito. Inclui a temperatura, a pressão do ar, a chuva e a presença de nuvens e vento. Cada região da Terra tem um clima diferente. Por exemplo, o equador é mais quente que os polos porque recebe luz solar mais direta.

Ao longo da História, o clima tem sido influenciado pelo **EFEITO ESTUFA**, um processo natural que mantém a Terra aquecida o suficiente para sustentar a vida. No efeito estufa, gases como o dióxido de carbono e o metano aprisionam o calor da radiação solar.

Normalmente, parte do calor que vem do Sol é irradiada pela Terra de volta para o espaço. Os **GASES DO EFEITO ESTUFA** presentes na atmosfera evitam que esse calor escape e o enviam de volta para a Terra. No entanto, a ação humana aumentou a concentração desses gases, intensificando o efeito e elevando as temperaturas de maneira significativa.

> **GÁS DE EFEITO ESTUFA**
> Qualquer gás que contribui para aprisionar calor na atmosfera terrestre.

O dióxido de carbono é um gás do efeito estufa. A partir do momento em que os seres humanos aumentaram o uso de combustíveis produtores de dióxido de carbono, passamos a liberar cada vez mais dióxido de carbono na atmosfera, aprisionando cada vez mais calor. Como a temperatura afeta outros fatores abióticos, o aumento de temperatura pode ter consequências negativas, como incêndios florestais, enchentes, tornados e furacões.

NÍVEIS DE ORGANIZAÇÃO DE UM ECOSSISTEMA

Os ecossistemas podem ser divididos em níveis. Do menor para o maior, eles são os seguintes: organismo, população, comunidade, ecossistema, bioma e biosfera.

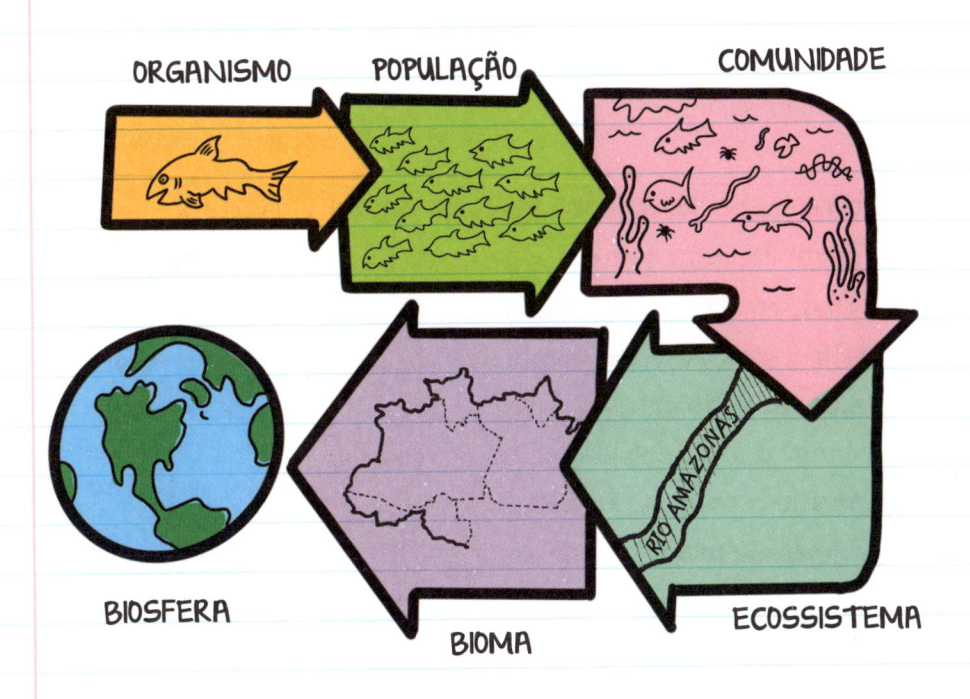

ORGANISMO → POPULAÇÃO → COMUNIDADE → ECOSSISTEMA → BIOMA → BIOSFERA

A biosfera

Os ecologistas chamam o conjunto de todos os seres vivos da Terra de **BIOSFERA**.

Os tipos de vida da biosfera e seus ambientes estão diretamente ligados. As populações podem competir entre si ou se ajudar. As que se ajudam frequentemente estão em relações simbióticas, nas quais dois ou mais organismos agem de um modo que beneficia todos os organismos envolvidos.

> sim = junto; bio = vida; simbiose é a interação de duas formas de vida diferentes

Entretanto, se o ambiente ou o clima não sustentam organismos normalmente simbióticos, eles competem entre si por recursos, em alguns casos até mesmo predando uns aos outros para aumentar as chances de sobrevivência.

O bioma

Os ecologistas dividem a biosfera com base nos climas e nas formas de vida presentes para facilitar o estudo dos organismos em seus ambientes. Essas divisões são chamadas de **BIOMAS**. Os biomas têm ecossistemas, climas, vegetação e vida selvagem semelhantes.

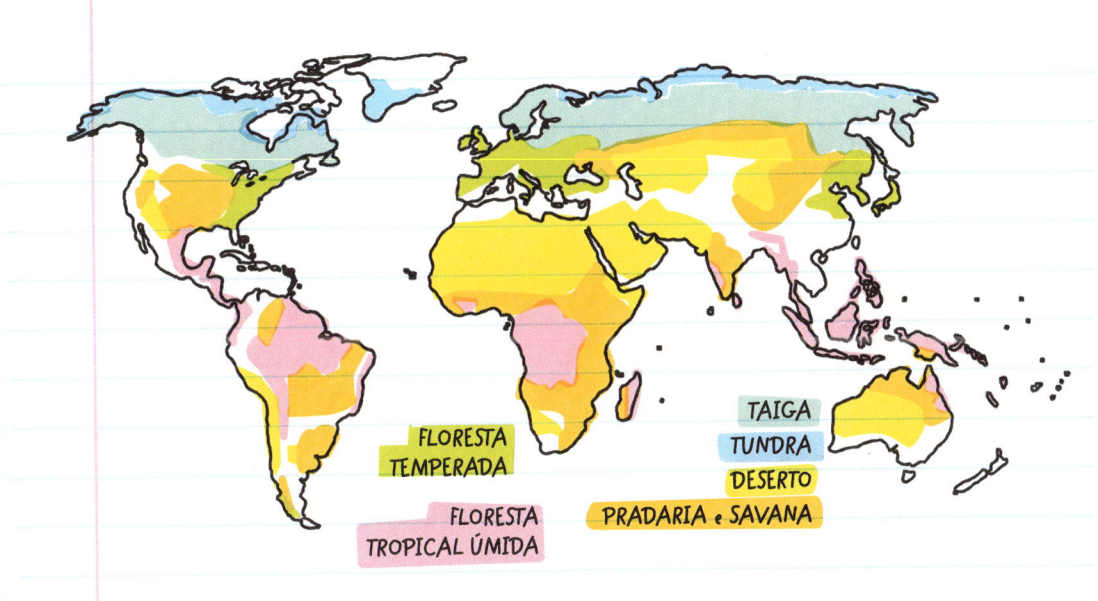

FLORESTA TEMPERADA
FLORESTA TROPICAL ÚMIDA
TAIGA
TUNDRA
DESERTO
PRADARIA e SAVANA

TIPOS DE BIOMA

BIOMA	DESCRIÇÃO	ORGANISMOS
Floresta temperada	Florestas onde existem quatro estações distintas.	Organismos que podem migrar ou se adaptar em resposta a mudanças sazonais. Arbustos, árvores, aves, ursos, raposas.

TIPOS DE BIOMA

BIOMA	DESCRIÇÃO	ORGANISMOS
Floresta tropical úmida	Florestas onde chove o ano inteiro.	Organismos que precisam de muita umidade e altas temperaturas. Palmeiras, orquídeas, sapos, macacos, insetos.
Savana	Planícies dominadas por gramíneas. Chove muito pouco, o que pode causar incêndios.	Plantas que não precisam de muita água. Animais como leões, zebras, gnus.
Pradaria	Clima mais temperado e apresenta chuvas moderadas, principalmente na primavera e no verão.	Gramíneas, animais de pasto, animais predadores. Bisões, lobos-guarás, antílopes.

TIPOS DE BIOMA

BIOMA	DESCRIÇÃO	ORGANISMOS
Taiga	Florestas frias típicas da zona temperada.	Plantas que podem sobreviver ao gelo e à neve e que retêm água. Árvores perenes, animais com pelagem espessa. Ursos, alces, linces.
Tundra	Planícies frias, com solos congelados.	Plantas de raízes curtas. Musgos, arbustos. Animais que migram ou hibernam nos meses mais frios. Ursos-polares, caribus, esquilos.
Deserto	Duas estações principais: uma quente e seca e outra fria.	Organismos capazes de armazenar água. Cactos, camelos.

TIPOS DE BIOMA		
BIOMA	**DESCRIÇÃO**	**ORGANISMOS**
Aquático	O maior bioma da Terra. Mares, rios e lagos. IUPI!	Organismos capazes de viver na água. Algas, peixes, anfíbios, crustáceos, mamíferos marinhos.

Ciclos de nutrientes

Todos os biomas se sustentam pela reciclagem de nutrientes. Esses **CICLOS DE NUTRIENTES** são importantes para sustentar o clima mundial.

CICLO DA ÁGUA

A água evapora de lagos, rios e mares e transpira das plantas. (é liberada)

- O vapor d'água se condensa em nuvens.

- A chuva cai das nuvens, alimentando lagos, rios, mares e plantas.

CICLO DO OXIGÊNIO

- As plantas produzem oxigênio por meio da fotossíntese.

- Animais e plantas respiram e usam esse oxigênio para produzir glicose (liberando dióxido de carbono como subproduto).

CICLO DO CARBONO

- A queima de combustíveis fósseis, como gás natural e carvão, e a expiração dos animais lançam dióxido de carbono na atmosfera.

- As plantas absorvem dióxido de carbono para usar na fotossíntese.

- Os animais comem as plantas junto com o dióxido de carbono armazenado nelas.

- As plantas e os animais morrem, liberando dióxido de carbono na atmosfera; alguns se tornam combustíveis fósseis após milhões de anos.

PIRÂMIDE ECOLÓGICA

Muitos ciclos de nutrientes dependem da produção de energia realizada por organismos do ecossistema. Os ciclos de água, oxigênio e carbono são importantes porque essas substâncias são necessárias para a produção de energia de qualquer organismo.

Quando os ecologistas separam os organismos de acordo com seus métodos de produção de energia, descobrem que os que produzem energia usando fatores abióticos são mais numerosos que os que produzem energia comendo outros organismos. Essa separação é chamada de **CADEIA ALIMENTAR**.

As cadeias alimentares são representadas da seguinte forma:

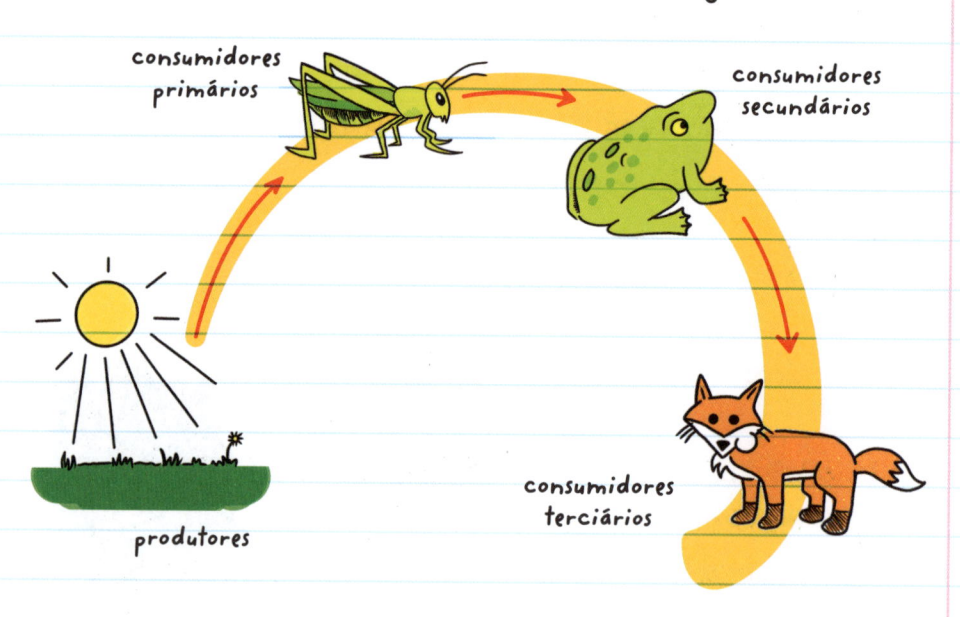

consumidores primários

consumidores secundários

consumidores terciários

produtores

PRODUTORES

- Aqueles que produzem energia usando fatores abióticos, como a luz e o dióxido de carbono da atmosfera.

- Existem mais produtores que qualquer outro tipo de organismo na pirâmide ecológica.

NHAM!

CONSUMIDORES PRIMÁRIOS

Organismos que obtêm energia comendo produtores.

NHAM!

CONSUMIDORES SECUNDÁRIOS

Organismos que obtêm energia comendo consumidores primários.

CONSUMIDORES TERCIÁRIOS

Também conhecidos como SUPERPREDADORES, são organismos que comem consumidores secundários.

Os consumidores terciários estão no topo da cadeia alimentar e não há predadores acima deles. Às vezes, os superpredadores disputam presas.

> Nas cadeias alimentares, os **DECOMPOSITORES**, como fungos e bactérias, geralmente não aparecem, pois elas mostram apenas o fluxo direto de energia entre produtores e consumidores.
>
> Já nas **TEIAS ALIMENTARES**, os decompositores são incluídos, pois atuam em todos os níveis, consumindo restos de plantas e animais.

VERIFIQUE SEUS CONHECIMENTOS

1. Como é chamada a combinação de organismos vivos com seu ambiente?

2. Quais são os dois tipos de fator de um ecossistema?

3. O que é o clima?

4. Que efeito exerceu grande influência sobre o clima da Terra ao longo da história do planeta?

5. Como os gases do efeito estufa causam o efeito estufa?

6. O conjunto de todos os seres vivos da Terra é chamado de _____.

7. O que ajuda os animais que vivem na taiga a sobreviver?

8. O que sustenta todos os biomas?

9. O que são os produtores?

10. Onde os superpredadores se situam na cadeia alimentar?

RESPOSTAS

CONFIRA AS RESPOSTAS

1. Ecossistema.

2. Fatores abióticos e bióticos.

3. O clima é a combinação de condições atmosféricas de um ambiente.

4. O efeito estufa.

5. Os gases do efeito estufa impedem que o excesso de calor seja liberado para o espaço e o enviam de volta para a Terra.

6. biosfera

7. Pelagem espessa.

8. Os ciclos de nutrientes.

9. Os produtores são organismos que produzem energia a partir da luz e do dióxido de carbono capturados da atmosfera.

10. Os superpredadores se situam no topo da cadeia alimentar.

Capítulo 50
POPULAÇÕES

FATORES LIMITANTES

Os **FATORES LIMITANTES** são recursos dentro de um ambiente que podem retardar ou interromper o crescimento populacional. A disponibilidade de nutrientes é um dos fatores limitantes mais relevantes.

> **FATOR LIMITANTE**
> Condição que impede o crescimento populacional em um ambiente.

Quando a quantidade de nutrientes disponíveis em um ecossistema é alta, por exemplo, a população aumenta até que eles sejam escassos. Quando os nutrientes estão escassos, a população diminui até que o número de organismos vivos corresponda à quantidade de nutrientes disponíveis. Esse padrão populacional pode ser modelado pelos ecologistas usando o chamado CRESCIMENTO LOGÍSTICO.

De acordo com o modelo de crescimento logístico, a população cresce com o tempo, até que alcança a **CAPACIDADE DE CARGA**, o número de organismos que um ambiente pode sustentar.

A capacidade de carga depende do fator limitante. Se houvesse uma quantidade infinita de nutrientes, por exemplo, não haveria capacidade de carga para o fator limitante da nutrição. Nesse caso, o modelo de crescimento logístico se tornaria um modelo de **CRESCIMENTO EXPONENCIAL**, no qual a população cresce sem limites.

Vários fatores limitantes podem impactar um ecossistema:

COMPETIÇÃO: Todas as espécies de um ecossistema precisam de espaço e alimento. Os organismos competem por esses recursos, limitando a quantidade que cada um obtém.

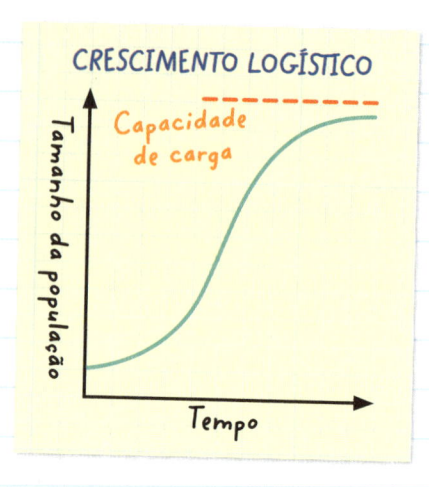

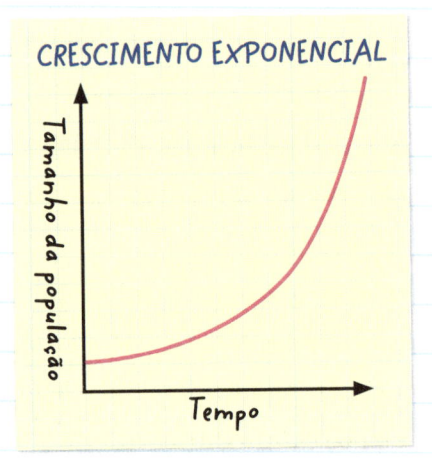

PREDAÇÃO: Os predadores reduzem as populações de presas.

DOENÇAS: As doenças podem se espalhar por ecossistemas inteiros e causar a morte de muitas espécies.

DESASTRES NATURAIS: Incêndios, terremotos, furacões e enchentes perturbam a vida dos animais a ponto de tornar o ecossistema inabitável para algumas espécies.

CLIMA ANORMAL: Os animais dependem de sua capacidade de adaptação para sobreviver. Quando o clima muda muito depressa, os animais não têm tempo de se adaptar e podem morrer.

Os efeitos das mudanças climáticas podem levar a padrões climáticos anormais, como o aquecimento global, em que a temperatura da Terra aumenta a cada ano.

AÇÃO HUMANA: O ser humano toma decisões que podem ameaçar espécies e ecossistemas. Exemplos: a queima de combustíveis fósseis, a derrubada de florestas e a caça de animais.

O MEGALAIANO

O **MEGALAIANO** é a era geológica atual, em que a humanidade exerce grande influência sobre o clima e o ambiente. Foi marcada pelo início de uma seca de 200 anos que causou o declínio de muitas civilizações, como as do Egito, da Grécia e da Mesopotâmia.

CIVILIZAÇÕES são unidades de organização para o desenvolvimento social e cultural humano. Antes do sedentarismo, nossa espécie se deslocava de um lugar para outro em busca de alimento.

Antes das civilizações, os alimentos eram caçados ou coletados. Os seres humanos iam para onde os animais migrassem ou para lugares onde crescessem frutas, legumes, verduras e oleaginosas. Graças ao crescimento da **AGRICULTURA**, os seres humanos passaram a ser capazes de se fixar em um local e produzir alimentos.

> **AGRICULTURA**
> O processo de produzir alimentos.

Em um intervalo de 3 mil anos, a sociedade humana se tornou mais complexa devido ao acúmulo de conhecimento e aos progressos da tecnologia. No início do século XIX, o mundo passou por outra mudança drástica, quando as sociedades humanas passaram de agrícolas para industriais.

As fábricas foram criadas para que trabalhadores pudessem fazer produtos que seriam vendidos. Assim, as pessoas deixaram de fabricar seus próprios produtos e passaram a receber dinheiro para fabricá-los. Com essa mudança, a terra que era dedicada à agricultura começou a ser ocupada por fábricas. Esse período é chamado de REVOLUÇÃO INDUSTRIAL.

> A **Revolução Industrial** aconteceu durante o século XIX. Os produtos passaram a ser produzidos em fábricas. As pessoas se deslocaram de áreas rurais para grandes cidades em busca de trabalho.

Durante a Revolução Industrial, as condições de vida eram precárias. Muitos trabalhadores das fábricas eram crianças, que se machucavam com frequência nas máquinas perigosas. Além disso, como as fábricas ocupavam muito espaço, as pessoas começaram a viver em cidades densamente povoadas, o que facilitou a proliferação de doenças. No fim do século XIX, alguns países começaram a criar leis e padrões para saneamento básico, proibição do trabalho infantil e proteção ambiental.

O FUTURO DA HUMANIDADE
Biodiversidade

Assim como qualquer outro organismo, o ser humano depende do seu ecossistema para se sustentar. Nossa civilização sobrevive à custa dos recursos ambientais. Por isso, quando os recursos acabam, é possível que as civilizações enfrentem uma catástrofe.

> As mudanças climáticas que causam efeitos na temperatura, como o aquecimento global, provocam aumento das secas, das enchentes, dos incêndios e das nevascas. Esses desastres naturais podem destruir nossos recursos.

Como os ecossistemas abrigam várias espécies, a falta de recursos pode colocar em risco a sobrevivência das plantas e dos animais. Isso resulta em uma redução da população, que afeta a **BIODIVERSIDADE** (a variedade de espécies em um ecossistema). A biodiversidade é necessária para que os organismos sobrevivam em um ecossistema. Quando um conjunto de organismos começa a morrer, os outros também sofrem consequências.

Recursos naturais

Os recursos naturais que podem ser reciclados ou substituídos rapidamente pela natureza (em menos de cem anos) são chamados de **RECURSOS RENOVÁVEIS**. Alguns exemplos de recursos renováveis são a luz solar, o vento e a água, mas também árvores e outras plantas produtoras de oxigênio, que podem ser usadas de diversas formas e replantadas.

RECURSOS NÃO RENOVÁVEIS podem levar milhões de anos para serem substituídos. São combustíveis

> A maioria dos recursos não renováveis reside no subsolo e é formada ao longo de milhões de anos.

fósseis, como carvão e gás natural, minerais e metais. Para manter a biodiversidade, os recursos precisam ser usados de forma eficiente e racional.

Recursos renováveis	Recursos não renováveis
luz solar	metais, minerais (diamantes, por exemplo) e combustíveis fósseis (carvão, petróleo bruto, gás natural)
árvores	
água	
vento	

Para atender às necessidades da sociedade, utilizamos tanto recursos não renováveis, como minerais e combustíveis fósseis, quanto recursos renováveis, como a água. No entanto, a **SUSTENTABILIDADE** é fundamental para garantir a disponibilidade desses recursos no futuro. Enquanto os recursos não renováveis se esgotam com o uso, os renováveis também precisam de uma gestão cuidadosa para evitar escassez e degradação.

O aumento da biodiversidade

Quando altera o **HABITAT** de outros organismos, o homem pode comprometer a biodiversidade. O **DESMATAMENTO** (derrubada das florestas), a poluição e as mudanças climáticas são perigos criados pelo próprio homem. Embora muitas ações humanas afetem negativamente a biodiversidade, também existem esforços voltados para reduzir esses danos.

MEIOS DE MELHORAR A BIODIVERSIDADE

MÉTODO	DESCRIÇÃO
Preservação das espécies	O homem pode cuidar das espécies que estão começando a morrer devido às mudanças ambientais, estabelecendo regras que ajudem as populações a se recuperarem.
Transição de recursos não renováveis para renováveis	Ao limitar o uso de recursos não renováveis, os seres humanos podem reduzir a destruição do meio ambiente.
Criação de parques nacionais e reservas	Os parques nacionais possibilitam que os animais vivam nos seus ecossistemas com o mínimo de interferência humana.
Redução, reúso, reciclagem	A redução e o reúso de recursos não renováveis e a reciclagem de recursos renováveis garantem que os recursos não sejam desperdiçados.
Divulgação científica	Os ecologistas precisam comunicar suas descobertas científicas para que o público compreenda como suas ações afetam o meio ambiente.

VERIFIQUE SEUS CONHECIMENTOS

1. Por que o número de organismos de uma espécie vivendo no mesmo ecossistema é limitado?

2. Explique o conceito de capacidade de carga.

3. Como os desastres naturais limitam o número de membros de uma espécie?

4. O que é a era Megalaiana?

5. O que o ser humano fazia para obter alimento antes de se estabelecer nas sociedades agrícolas?

6. O que aconteceu quando as sociedades deixaram de ser agrícolas para se tornarem industriais?

7. O que é a biodiversidade?

8. O que são os recursos renováveis?

9. Que atividades humanas ameaçam a biodiversidade?

10. Como a preservação das espécies ajuda as populações?

RESPOSTAS 499

CONFIRA AS RESPOSTAS

1. Porque os fatores limitantes impedem que a população de uma espécie ultrapasse certo limite.

2. O número de organismos que um ambiente pode abrigar, determinado pelos fatores limitantes.

3. Os desastres naturais destroem ecossistemas, tornando-os menos habitáveis.

4. A era Megalaiana é nossa era geológica atual, na qual o ser humano influencia o clima e o ambiente.

5. O ser humano caçava e coletava alimentos.

6. A terra antes dedicada à agricultura foi substituída por fábricas, e as pessoas se mudaram para as cidades para encontrar trabalho.

7. A biodiversidade é a variedade de espécies em um ecossistema.

8. Os recursos renováveis são recursos naturais que podem ser reciclados ou substituídos rapidamente pela natureza.

9. Desmatamento, poluição e mudanças climáticas.

10. A preservação tem o objetivo de impedir a extinção de espécies.

CONHEÇA OUTROS LIVROS DA COLEÇÃO

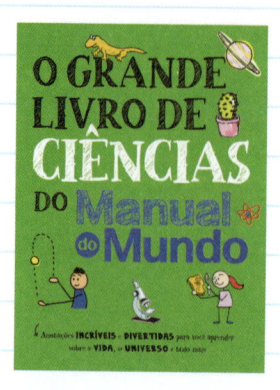

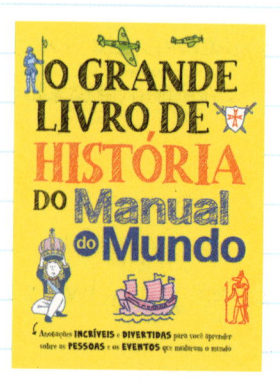

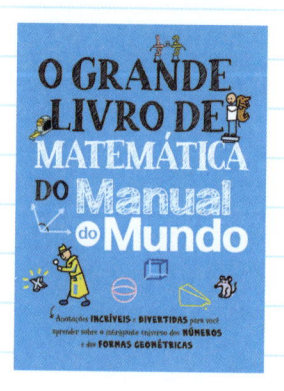

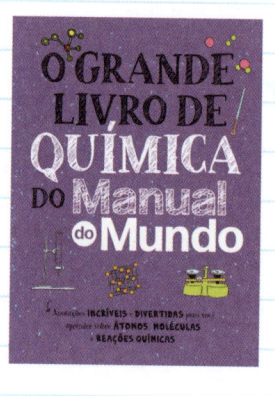

O GRANDE LIVRO DE CIÊNCIAS DO Manual do Mundo

O GRANDE LIVRO DE HISTÓRIA DO Manual do Mundo

O GRANDE LIVRO DE MATEMÁTICA DO Manual do Mundo

O GRANDE LIVRO DE QUÍMICA DO Manual do Mundo

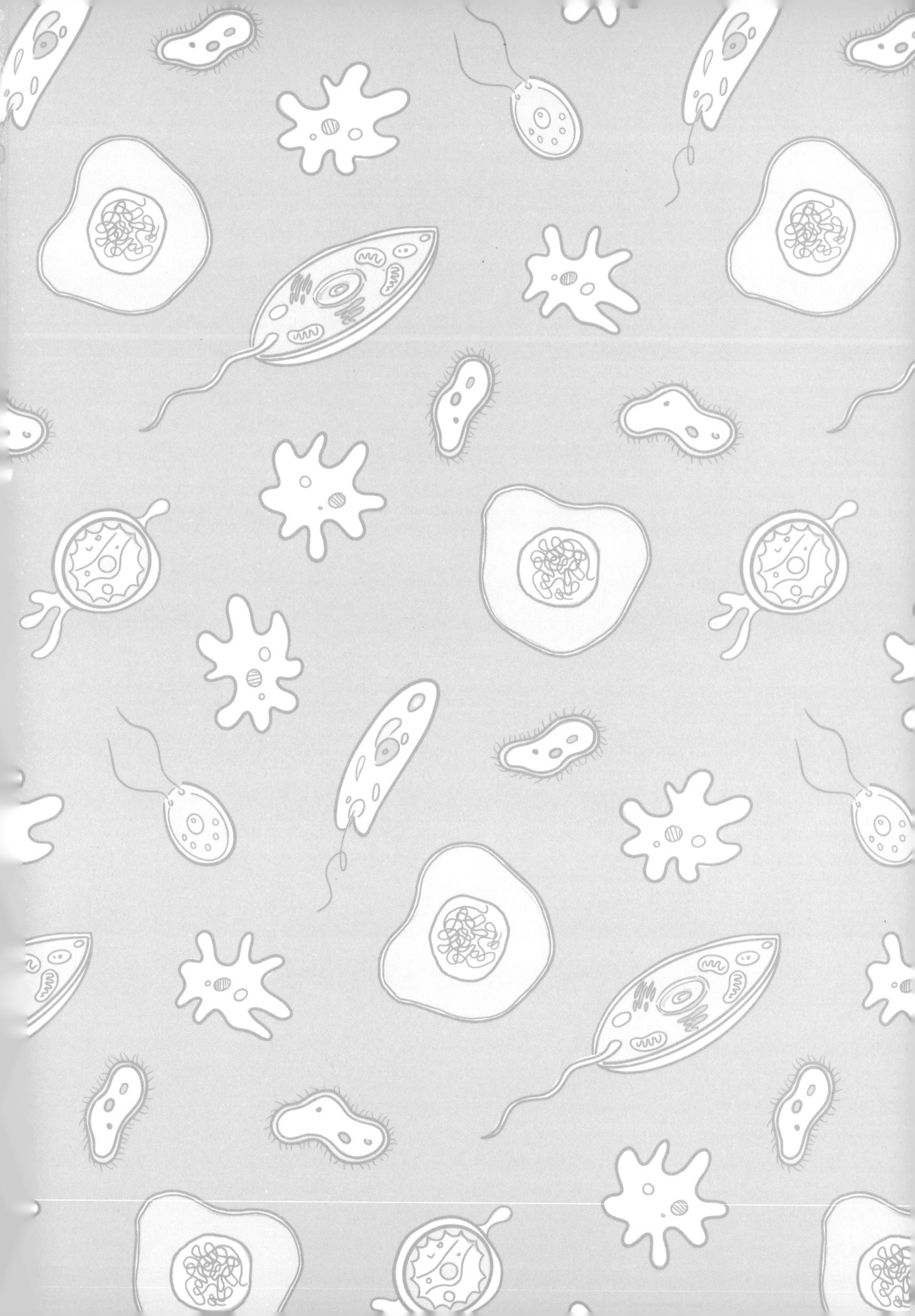

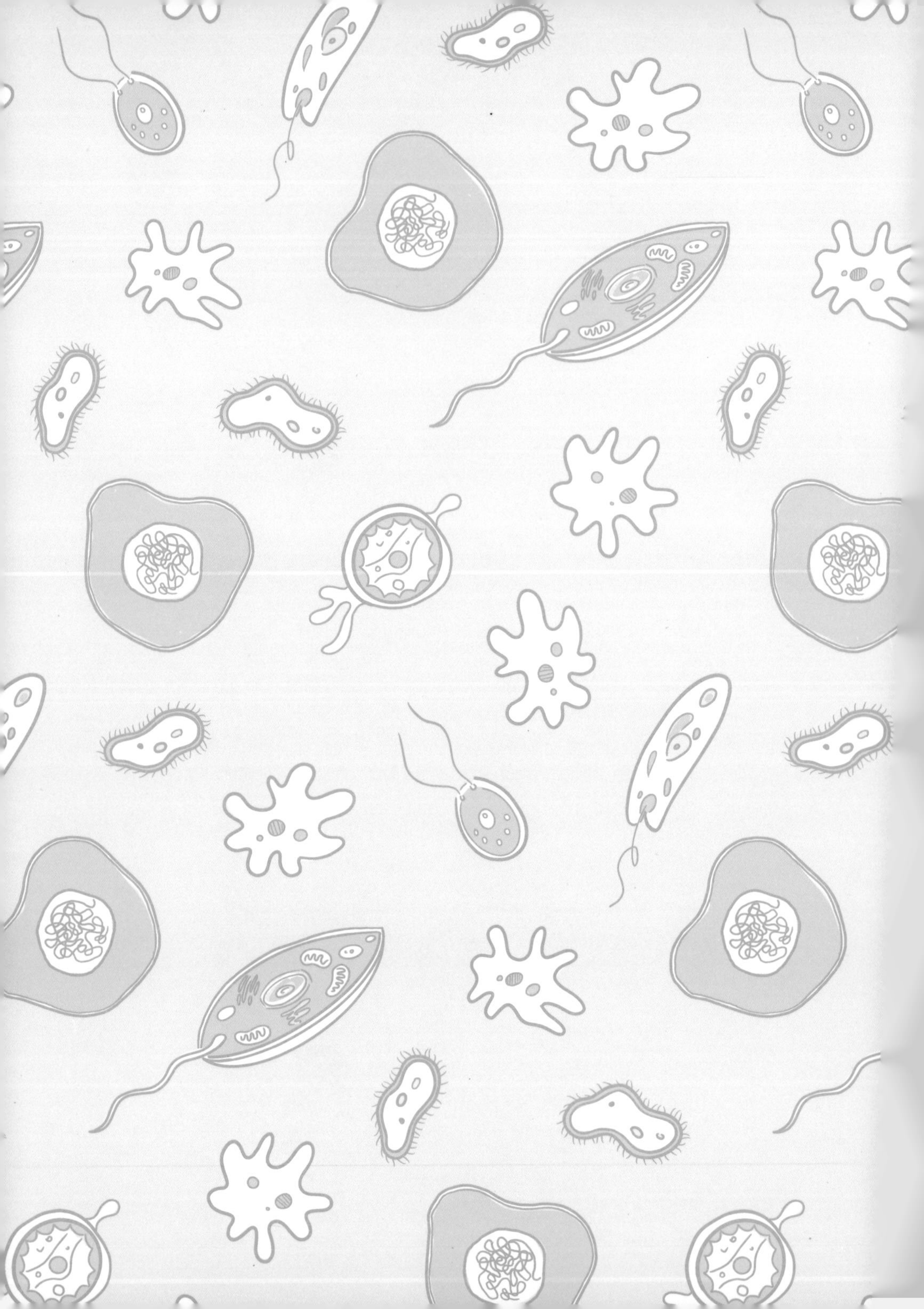